普通高等教育"十四五"规划教材

建 筑 冷 热 源

主 编 张维亚 魏 鋆

应急管理出版社

·北 京·

内 容 提 要

本书是高等院校规划教材，为"建筑环境与能源应用工程"专业的专业方向及专业前沿课程教材。旨在使学生了解能源与环境、能源与建筑冷热源的关系，掌握建筑冷热源及其设备、冷热源一体化设备等的基础理论、基本知识和新技术、新设备，掌握建筑冷热源系统与机房设计的基本方法，并获得建筑冷热源系统设计基本技能。内容包括：绪论、制冷的基本原理、制冷剂及冷媒、冷源设备、燃料及燃烧计算、热源设备、冷热源一体化设备、蓄冷技术、冷热源系统及机房设计等。

本书可作为建筑环境与能源应用工程专业的教学用书，也可供暖通空调设计、施工与运用管理、维修等相关技术人员参考。

前　　言

建筑冷热源是维持建筑环境舒适条件的能源供应中心，在建筑空调系统的投资和运行能耗中扮演主要角色，其应用和发展受到建筑、气候、能源及环境等诸多因素和国家能源政策的影响。

本书是在国家大力提倡节能与合理利用能源，完善能源绿色低碳转型体制机制，特别是"碳达峰、碳中和"目标提出并有序有力推进的背景下，根据《高等学校建筑环境与能源应用工程本科指导性专业规范》《普通高等学校本科专业类教学质量国家标准》等要求的知识点，将原专业平台课程中的"空调用制冷技术""热泵""锅炉与锅炉房设备"的主要内容进行优化和整合，融入建筑冷热源的新进展与新技术再编而成。

建筑冷热源作为建筑环境与能源应用工程专业的专业核心课程，在专业人才培养和课程体系中占有重要地位。因此，在本书内容的编排上力求突出应用性、先进性和严谨性；既介绍了常规冷源及热源设备，又增加了冷热源一体化设备；在系统阐述建筑冷热源方案的选择、冷源热源设备、冷热源系统与机房设计等内容的基础上，介绍了蓄冷、新能源利用等冷热源新技术和新产品，对涉及国家相关标准、规范和技术规程的内容进行了更新。在冷热源系统设计方面注重学生实践能力培养，努力体现节约能源、保护环境、助力实现"双碳"目标的理念。

本书共九章，具体编写分工为：魏鋆负责编写第一章、第二章，张维亚负责编写第三章、第四章、第九章，于楠负责编写第五章、第六章，孔祥蕊负责编写第七章，吴金顺负责编写第八章。

在编写过程中参考和引用了许多教材、专著和论文，在此向相关作者表示衷心的感谢。本书的出版得到了应急管理出版社的大力支持，凝聚了编辑的辛劳付出，在此致敬并感谢。

本书内容涉及范围广，且属于建筑冷热源内容的再次整合和优化，虽然力求对读者的工程实践更具参考价值，但由于编者水平有限，书中存在不妥之处在所难免，恳请广大读者批评指正。

编　者

2024 年 6 月

目　　次

第一章　绪论 …………………………………………………………………… 1
　　第一节　建筑与建筑冷热源 ………………………………………………… 1
　　第二节　建筑冷热源种类 …………………………………………………… 2
　　第三节　建筑冷热源系统基本组成 ………………………………………… 3

第二章　制冷的基本原理 ……………………………………………………… 6
　　第一节　概述 ………………………………………………………………… 6
　　第二节　理想制冷循环——逆卡诺循环 …………………………………… 9
　　第三节　蒸气压缩式制冷的理论循环 ……………………………………… 12
　　第四节　蒸气压缩式制冷的实际循环 ……………………………………… 15

第三章　制冷剂及冷媒 ………………………………………………………… 22
　　第一节　制冷剂 ……………………………………………………………… 22
　　第二节　冷媒 ………………………………………………………………… 27

第四章　冷源设备 ……………………………………………………………… 30
　　第一节　压缩机 ……………………………………………………………… 30
　　第二节　制冷系统设备 ……………………………………………………… 43
　　第三节　蒸气压缩式制冷机组 ……………………………………………… 59

第五章　燃料及燃烧计算 ……………………………………………………… 66
　　第一节　燃料 ………………………………………………………………… 66
　　第二节　燃料的燃烧计算 …………………………………………………… 75

第六章　热源设备 ……………………………………………………………… 82
　　第一节　锅炉的基本知识 …………………………………………………… 82
　　第二节　锅炉的热平衡 ……………………………………………………… 87
　　第三节　水管锅炉水循环及汽水分离 ……………………………………… 92
　　第四节　锅炉的燃烧方式与设备 …………………………………………… 94
　　第五节　常用供热锅炉 ……………………………………………………… 101
　　第六节　其他热源设备 ……………………………………………………… 109

第七章　冷热源一体化设备 ································ 115

　　第一节　热泵 ···································· 115

　　第二节　吸收式制冷及设备 ·························· 127

第八章　蓄冷技术 ································· 145

　　第一节　概述 ···································· 145

　　第二节　冰蓄冷技术 ······························ 146

　　第三节　水蓄冷技术 ······························ 152

　　第四节　蓄冷系统的设计 ···························· 154

第九章　冷热源系统及机房设计 ························ 157

　　第一节　燃气供应系统设计 ·························· 157

　　第二节　燃油供应系统设计 ·························· 159

　　第三节　锅炉烟风系统设计 ·························· 162

　　第四节　冷热源水系统 ····························· 164

　　第五节　冷热源机房设计 ···························· 180

　　第六节　空调冷热源系统设计示例 ······················ 191

附图 ··· 194

参考文献 ······································ 200

第一章 绪 论

第一节 建筑与建筑冷热源

一、建筑热湿环境

建筑热湿环境主要反映建筑物内空气的热湿特性，是建筑环境中最重要的内容之一。影响建筑内部热湿环境的因素分为外扰和内扰两种。外扰因素主要包括建筑外部气候参数，如室外空气温湿度、太阳辐射、风速、风向，以及邻室的空气温湿度变化等，可通过围护结构的热湿传递、空气渗透，使外部热量和湿量进入室内，对室内热湿环境产生影响。内扰因素主要包括建筑内部的设备、照明、人员等热湿源，同样可使室内热湿环境发生变化。

二、建筑的能源供应

供暖通风与空气调节（简称暖通空调）是实现建筑环境控制的技术。暖通空调系统在对建筑热湿环境进行控制时，有时需要从建筑内部移除多余的热量和湿量，有时需要向建筑内部供给热量和湿量。建筑物夏季与冬季热湿传递过程如图 1-1 所示。在夏季，进入建筑物内的热量或湿量有：①透过玻璃的太阳辐射热量；②通过墙、屋顶、窗、门等围护结构传入的热量；③照明散热量；④人员散热量和散湿量；⑤设备散热量和散湿量等。这时要维持室内的温度和湿度，必须运行空调设备，将建筑内多余的热量、湿量移除。在冬季，建筑物通过墙、屋顶、窗、门等向室外传递热量，当室内获得的热量（设备散热量、人员散热量等）不足以抵消传出的热量时，室内温度就会降低。因此，为维持冬季室内一定温度，必须通过供热设备向建筑内供给热量。

移除建筑内部的热量和湿量需要低温介质，通过换热器对室内空气进行冷却和除湿。低温介质可以从自然界获取，如温度较低的地下水，在冬季制取和储存的天然冰融化得到的低温水等。这类在自然界中存在的低温物质称为天然冷源。天然冷源受地理位置和气候等条件的限制，获取与保存困难。因此，在暖通空调工程中普遍靠人工的办法来制备低温介质。这种人工制备低温介质的装置称为人工冷源。由此可见，对于室内热量或湿量多余的建筑，必须有冷源提供低温介质，以移除建筑内多余的热量和湿量，从而维持室内的温度和湿度。建筑内的热量被空调设备吸收后，经冷源排到建筑外环境中。图 1-1a 中的人工冷源为冷水机组，通过消耗一定量的高品位能量，制备低温介质（冷冻水）输送至空调设备。

向建筑内部供热需要用到温度较高的介质，通过换热器与室内空气进行换热实现。除地热等天然热源外，建筑中普遍使用的热介质是人工制备的，这类以供热为目的制备较高温度介质的装置称为人工热源。自然界中还存在许多低品位热源，如江河湖海水、地下水等，因其温度偏低而无法直接利用，这时可以利用热泵将这些热能转移到温度较高的建筑中，因此，热泵也是建筑热源之一。图1-1b中的人工热源为热水锅炉，制备热水输送至供暖系统，通过散热器向室内供热，同时，锅炉需要消耗燃料或电能等。

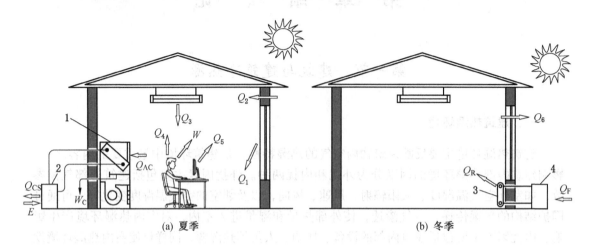

1—空调设备；2—冷水机组（冷源）；3—散热设备；4—热水锅炉（热源）；

Q_1—透过玻璃窗进入的太阳辐射热量；Q_2—通过围护结构传入的热量；Q_3—照明散热量；Q_4—人员散热量；

Q_5—设备散热量；W—人员散湿量；Q_6—通过围护结构传出的热量；Q_{AC}—空调设备从房间吸取的热量；

Q_{CS}—冷源向环境排出的热量；Q_R—散热设备散热量；Q_F—燃料热量；W_C—空调除湿量

图1-1 建筑物夏季与冬季热湿传递过程示意图

人工冷源从被冷却的房间或物体中提取热量称为"制冷"，所提取的热量称为制冷量。制冷量与热量是有温差的两个物体间传递的方向不同的能量。对于某一建筑，通过温差传递获得的能量称为供热量，而向外传递的能量称为制冷量。对于装置来说，由温差向外传递的能量称为该装置的供热量、制热量；由温差传递进入的能量称为该装置的制冷量。冷源、热源和暖通空调系统中传递冷量和热量的介质称为冷媒和热媒，水是常用的冷媒和热媒。

人工冷源实质上是一套由各种设备组成，以消耗一定量的高品位能为代价，将热由低温热源转移到高温热源的装置，又称为制冷装置或制冷机；若该设备用于供热，则称为热泵。

建筑热源除了为暖通空调系统提供热量外，还可用于建筑热水供应、生产工艺过程用热等。建筑中的各种用热，可共用同一热源，也可分别设置热源。

第二节 建筑冷热源种类

一、建筑冷源种类

建筑的空调用冷源可分为两大类，即天然冷源和人工冷源。天然冷源有天然冰、深井水、深湖水、水库的底层水等。人工冷源按消耗的能量可分为以下两类。

1. 消耗机械功实现制冷的冷源

蒸气压缩式制冷装置是消耗机械功实现制冷的人工冷源。机械功主要由消耗电能的电动机提供。空调工程中应用的制冷装置按冷却介质分为：①水冷式制冷装置，利用冷却水带走热量；②风冷式制冷装置，利用室外空气带走热量。按供冷方式不同分为：①冷水机组，制冷机制备冷冻水，通过冷冻水把冷量传递给空调系统的空气处理设备；②空调机（器），制冷机产生的冷量直接用于对室内空气进行冷却、除湿，它实质上是冷源与空调一体化设备（或自带冷源的空调设备）。

2. 消耗热能实现制冷的冷源

吸收式制冷机是消耗热能实现制冷的冷源。空调用吸收式制冷机常用溴化锂水溶液作工质对，因此也称为溴化锂吸收式制冷机。按携带热能的介质不同可分为：①蒸汽型溴化锂吸收式制冷机；②热水型溴化锂吸收式制冷机；③直燃型溴化锂吸收式冷热水机组；④烟气型溴化锂吸收式冷热水机组；⑤烟气热水型溴化锂吸收式冷热水机组等。

二、建筑热源种类

地热水是可以直接利用的天然热源，此外，在建筑中大量应用的热源都需要用其他能源直接转换或采用制冷的方法获取热能。人工热源按获取热能的原理不同可分为以下几类。

1. 燃烧燃料将化学能转换为热能的热源

按消耗燃料的不同可分为：①固体燃料型热源；②燃油型热源；③燃气型热源等。

2. 太阳能热源

利用太阳能生产热能，可作为建筑供暖、热水供应和吸收式制冷的热源。

3. 热泵

热泵是一种利用低品位能量的热源。制冷装置在制冷的同时伴随着热量的排出，因此可用作热源，此时制冷装置称为热泵机组，简称热泵。按工作原理不同，可分为蒸气压缩式热泵和吸收式热泵。

4. 电能直接转换为热能的热源

此类热源（或称电热设备）有以下几种：①电热水锅炉和电蒸汽锅炉；②电热水器；③电热风机、电暖气等。

5. 余热热源

余热是指生产过程中释放出的可被利用的热能。大部分余热需要采用余热锅炉等换热设备进行热回收才能作为热源应用。

第三节　建筑冷热源系统基本组成

建筑冷热源系统是指由制冷机、锅炉等冷热源设备与配套的各子系统共同组合而成的综合系统，实现对建筑的供冷与供热。冷热源设备的种类不同，系统的组成也各不相同。

一、建筑冷源系统

图 1-2 所示为典型制冷机组成的冷源系统示意图，表示了以电动制冷机、蒸汽型或热水型溴化锂吸收式制冷机、直燃型溴化锂吸收式冷热水机组等为核心组成的冷源系统（点画线所围的区域），虚线所围的区域是生产冷量的设备及系统。冷源系统中都有排出热量的冷却系统，图中所示为采用冷却塔排热的冷却系统。任何冷源都有动力电系统，电动制冷机靠电力拖动，且需较大的电功率；吸收式制冷机中溶液泵与直燃机中的风机等都需要耗电；另外冷却塔及各种机械循环水系统中的水泵等也需要配电。蒸汽型或热水型溴化锂吸收式制冷机（图 1-2b）还需要由外部热源供应蒸汽或热水，因此该制冷系统配备相应的蒸汽供应及凝结水回收系统或热水供回水系统。直燃型溴化锂吸收式冷热水机组（图 1-2c）有燃气或燃油供应系统和烟气排出系统，机组自带空气供应系统。冷源生产的冷量通过冷媒供给建筑冷用户，因此，在冷源与冷用户之间需要有冷媒系统。冷媒系统附设补水系统及相应的水处理设备。图 1-2c 中的机组也可以供热，因此，该系统实质上是冷热源系统。

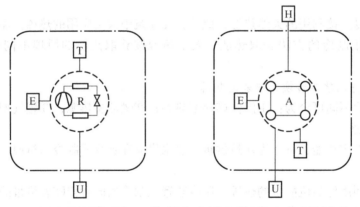

(a) 电动制冷机冷源系统　　　(b) 蒸汽型或热水型溴化锂吸收式制冷机冷源系统

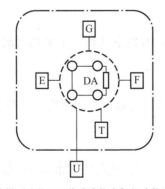

(c) 直燃型溴化锂吸收式冷热水机组冷热源系统

U—建筑冷热用户；R—电动制冷机；A—蒸汽或热水型溴化锂吸收式制冷机；
DA—直燃型溴化锂吸收式制冷机；E—电源；T—冷却塔；H—外部热源；G—烟气；F—燃料

图 1-2　典型制冷机组成的冷源系统示意图

二、建筑热源系统

图1-3所示为典型热源组成的热源系统示意图，表示的是以锅炉和电动热泵为核心组成的热源系统（点画线所围区域）。图1-3a是以锅炉为核心的锅炉热源系统。该系统中除锅炉本体外（图中虚线所围设备），还有燃料供给系统、燃烧用空气供应系统、排烟系统、汽水系统、控制系统等子系统，汽水系统包括相应的水处理设备。

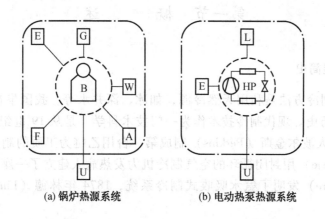

(a) 锅炉热源系统   (b) 电动热泵热源系统

B—锅炉；HP—电动热泵；A—供空气；W—给水；L—低品位热源；其他符号同图1-2

图1-3 典型热源组成的热源系统示意图

图1-3b是以电动热泵机组（虚线所围设备及系统）为核心的电动热泵热源系统。该系统的组成与图1-2a所示电动制冷机的系统类似，不同点是原排热用的冷却系统，现为向热用户供热的热媒系统；而原供给用户的冷媒系统现为从低位热源（如地下水、河水、湖水、海水、空气等）取热的系统。对于以热泵为核心的热源系统，经常是冬季供热、夏季供冷，这时以热泵为核心的系统实质上是冷热源系统。

以上给出的5种冷热源系统是目前经常使用的系统，其他形式冷热源设备组成的冷热源系统也大同小异。

第二章 制冷的基本原理

第一节 概 述

一、制冷发展简史

人类最早的制冷方法是利用天然冷源，如冰、深井水等。我国早在 3000 年前的周朝就有了用冰的历史。现代制冷技术作为一门技术科学，是从 19 世纪中后期发展起来的。1834 年美国人波尔金斯（Perkins）制成第一台用乙醚为工质的制冷机，1844 年美国医生高里（Gorrie）用封闭循环的空气制冷机为发热病人建立了一座空调站，1860 年法国人卡列（Carre）发明了氨水吸收式制冷系统，1874 年林德（Linde）研制成功氨制冷机。

1913 年美国工程师拉森（Larsen）制造出世界上第一台手操纵家用电冰箱，1918 年美国开尔文纳特（Kelvinator）公司首次在市场上推出自动电冰箱，1926 年美国奇异（G. E.）公司研制成功了世界上第一台全封闭式制冷系统的自动电冰箱，1927 年家用吸收式冰箱问世。

进入 20 世纪以后，制冷技术有了更大的发展。随着制冷机械的发展，制冷剂的种类也不断增多。1930 年以后，氟利昂制冷剂的出现和大量应用，曾使压缩式制冷技术及其应用得到长足发展。1974 年以后，人类发现氟利昂中的氯氟碳化物（简称 CFCs）严重破坏臭氧层，危害人类健康并破坏地球生态环境。因此减少和禁止 CFCs 的生产和使用，已成为国际社会共同的紧迫任务，研究和寻求 CFCs 制冷剂的替代物，也成为亟待解决的问题。与此同时，其他制冷方式和制冷机的研究工作进一步加快，特别是吸收式制冷机有了更大的发展。而且面对世界性的能源危机和环境污染，对制冷机的发展提出了更高的节能和环保要求。

随着科技的不断进步，制冷技术取得了突破性发展。制冷的温度可以获得从稍低于环境温度到接近绝对零度的低温；单机组的制冷量从几十瓦到几万千瓦；制冷机的种类和形式也在不断增加，制冷系统的流程、主机、辅机、制冷剂及自动控制都在不断地发展。计算机技术的广泛应用，实现了设计的优化及制冷系统调节控制的自动化，为取得最佳技术经济效益和环境效益提供了有力保障。

直到 1949 年，我国还没有制冷设备制造工厂，制冷设备均为国外引进。全国仅有少数冷库，总库容量不到 3 万吨。我国的制冷机制造始于 20 世纪 50 年代末期。从开始仿制生产活塞式制冷机，到自行设计和制造，并制定相关的系列标准，之后又陆续发展其他类型的制冷机。目前已有活塞式、螺杆式、离心式、涡旋式、吸收式、热电式及蒸汽喷射式等类型的制冷装置，许多产品的质量和性能已达到世界先进水平。

二、制冷的方法

制冷的方法很多，可分为物理方法和化学方法。绝大多数的制冷方法是物理方法。目前广泛应用的制冷方法有相变制冷、气体绝热膨胀制冷和温差电制冷等。

1. 相变制冷

液体转变为气体、固体转变为液体、固体转变为气体时都要吸收潜热，可以利用这种性质实现制冷，包括融化制冷、气化制冷和升华制冷。

（1）融化制冷。利用固体融化的吸热效应实现制冷。如冰融化时要吸收 334.9 kJ/kg 的熔解热，并维持 0 ℃温度。若在一小室内放一个盛冰的容器，则冰融化吸热而将小室冷却，并维持一定的温度。由于小室周围的环境温度较高，环境的热量经小室的壁面传入室内，借小室内空气自然对流将热量传递到容器内融化着的冰，而维持小室一定的低温。冰融化的水携带着热量排出小室。

（2）气化制冷。利用液体气化的吸热效应实现制冷。例如，氨在 1 标准大气压下要吸收 1370 kJ/kg 的气化潜热，这时的沸点为 -33.4 ℃。如果将盛有氨液的容器放于小室内，则可将小室冷却到一定的低温。温度较高的环境热量通过小室的围护结构传入小室内，借空气自然对流将热量经容器壁传递到沸腾着的氨液，从而将小室冷却到某一稳定的温度。蒸气压缩式制冷、吸收式制冷和蒸气喷射式制冷都是利用这种物理性质实现制冷的。

（3）升华制冷。利用固体升华的吸热效应实现制冷。例如干冰（固体 CO_2）在 1 标准大气压下升华要吸收 573.6 kJ/kg 的升华潜热，升华时的温度维持在 -78.9 ℃。目前干冰制冷常被用于人工增雨和医疗。

2. 气体绝热膨胀制冷

一定状态的气体通过节流阀或膨胀机绝热膨胀时，其温度会降低，从而达到制冷的目的。气体经过节流阀时，流速大、时间短，来不及与外界进行热交换，可以近似地看作绝热过程。根据稳定流动能量方程，气体绝热节流后焓值不变。对于实际气体，焓值是温度、压力的函数，节流后的温度将发生变化，这一现象称为焦耳-汤姆逊效应。空气、氧、氮、二氧化碳等气体常温下经节流后温度会下降，可以用于制冷。

3. 温差电制冷

1934 年帕尔帖发现：两种不同金属组成的闭合电路中接上一个直流电源，一个接合点变冷（吸热），另一个接合点变热（放热），这种现象称为帕尔帖效应。但是纯金属的帕尔帖效应很弱，直到近代半导体的发现才使温差电制冷变为现实。半导体可分为电子型（N 型）和空穴型（P 型）两类。用这两类半导体组成的闭合电路，具有明显的帕尔帖效应。目前温差电制冷常用于小型制冷器。

三、制冷的分类及应用

1. 分类

物理制冷方法很多，除上述的方法外，还有绝热放气制冷、涡流管制冷、绝热退磁制冷、氦稀释制冷等。

按照不同的制冷温度要求，制冷技术可分为普通制冷、深度制冷、低温制冷和极低温制冷 4 类。

（1）普通制冷（普冷）：稍低于环境温度至 – 100 ℃（173 K）。冷库制冷技术和空调用制冷技术属于这一类。

（2）深度制冷（深冷）：– 100 ℃（173 K）～ – 200 ℃（73 K）。空气分离的工艺用制冷技术属于这一类。

（3）低温制冷（低温）：– 200 ℃（73 K）～ – 268.95 ℃（4.2 K）。4.2 K 是液氦的沸点。

（4）极低温制冷（极低温）：低于 4.2 K。

低温和极低温制冷技术一般只在高科技研究工作中才需要如此低的制冷温度条件。

2. 制冷技术的应用

1）空调工程

空调工程是制冷技术应用的一个广阔领域。任何一个空调系统必须有一个冷源——无论是天然的还是人工的。天然冷源不是随处都有，而且使用范围和场合均受到限制，这就必须采用人工制冷。空调中的制冷装置不仅可用于空气的冷却和除湿，还可以用于加热空气——供热，即热泵循环。随着社会经济的发展，空气调节将在更大范围内发挥作用，制冷技术的应用领域也将日益扩大。

2）食品的冷加工、冷藏和冷藏运输

易腐食品（肉类、鱼类、蛋类、蔬菜和水果等）需要良好的保鲜设备，否则会腐烂变质。因此，易腐食品从采购（捕捞）、加工、储存、运输到销售的全部流通过程都必须保持稳定的低温环境，如某一环节处理不当就会发生腐烂变质。这种从食品生产到销售的各环节始终采用冷藏保存的系统称为冷藏链。这就需要各种制冷设备——冷加工设备、冷藏库、冷藏汽车、冷藏船、铁路机械冷藏车、冷藏销售柜台等。

3）机械、电子工业

精密机床油压系统利用制冷控制油温，可稳定油膜刚度，保证机床的正常工作。应用冷处理方法，可以改善钢的性能，使产品硬度增加、寿命延长。电子工业中，许多电子元器件需要在低温或恒温环境中工作，以提高其性能，减少元件发热对环境温度的影响。例如，计算机储能器、多路通信、雷达、卫星地面站等电子设备需要在低温下工作。

4）医疗卫生领域

制冷技术在医疗卫生领域的应用是多方面的。如血浆、疫苗及某些特殊药品的低温保存，尸体或器官组织的冷藏，低温麻醉，低温切片，低温手术和低温治疗，高烧患者的冷敷降温等。低温治疗或手术已用于肿瘤科、皮肤科、妇科、耳鼻喉科、神经外科、眼科等方面。在治疗皮肤癌、视网膜脱落等疾病中有显著的疗效。

5）土木工程

在建造堤坝、码头、隧道、挖掘矿井时，如遇到含水的泥沙层，可以利用制冷方法在施工地段的周围造成冻土围墙，以防止水分渗入，增加护壁的强度，保障工程安全进行。混凝土固化时会释放反应热，为避免发生热膨胀和产生应力，应把这些热量除去。在大型工程（如三峡大坝）施工中，可以用制冷的办法预先将砂、砾石、水和水泥等在混合前冷却，或在混凝土内埋入冷却水管使之冷却。

6）体育事业

现代冰上运动包括冰球、速滑、花样滑冰、冰上舞蹈等，它们对冰的质量、环境提出了更高的要求。因此，人工冰场在各国得到了迅速发展。人工冰场的出现对普及冰上运动、延长冰上运动时间、扩大冰上运动的地域，以及提高冰上运动水平都起到了积极的作用。

7）科学研究方面

一些科学研究机构，如材料研究所、物理研究所、化学研究所等都需要人工制冷，以满足科学研究和试验的需要。

8）现代农业方面

现代农业中，浸种、育苗、微生物除虫、良种的低温储存、冻干法保存种子、低温储粮等都要求运用制冷技术。

总之，制冷技术的应用是非常广泛的，随着科学技术的进步、社会经济的发展，以及人民生活水平的不断提高，制冷技术的应用将展现出更广阔的前景。

第二节　理想制冷循环——逆卡诺循环

一、无温差传热的逆卡诺循环

逆卡诺循环由两个可逆等温过程和两个可逆绝热过程组成，循环沿逆时针方向进行，逆卡诺循环如图 2-1 所示。它是一个工作在恒温热源和一个恒温冷源之间的理想制冷循环。制冷工质从恒温冷源吸收的热量 $q_0 = T_0(s_1 - s_4)$，用面积 41654 表示；工质向恒温热源放出的热量 $q_k = T_k(s_2 - s_3)$，用面积 23562 表示；工质完成一个循环所消耗的净功 $w_0 = q_k - q_0 = (T_k - T_0)(s_1 - s_4)$，用面积 12341 表示。

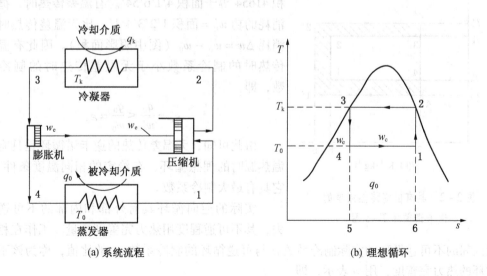

(a) 系统流程　　　　　(b) 理想循环

图 2-1　逆卡诺循环

在制冷循环中，制冷剂从被冷却物体中吸取的热量（制冷量）q_0 与所消耗的机械功

9

w_0 之比称为制冷系数，用 ε 表示。它是评价制冷循环经济性的指标之一。在逆卡诺循环中：

$$\varepsilon_c = \frac{q_0}{w_0} = \frac{q_0}{q_k - q_0} = \frac{T_0}{T_k - T_0} \qquad (2-1)$$

由式（2-1）可知，逆卡诺循环的制冷系数仅取决于热源温度 T_k 和冷源温度 T_0，ε 随 T_k 的降低或 T_0 的升高而增大，与制冷剂本身的性质无关。由于高温热源和低温热源温度恒定、无传热温差存在，制冷工质流经各设备不考虑任何损失，因此逆卡诺循环是理想制冷循环，其制冷系数最高。

此外，逆卡诺循环也可用于获得供热效果，例如冬季将大气环境作为低温热源、将供热房间作为高温热源进行供热，这样工作的装置称为热泵。热泵的经济性用供热系数 μ 表示。供热系数为单位耗功量获取的热量：

$$\mu_c = \frac{q_k}{w_0} = \frac{q_0 + w_0}{w_0} = \varepsilon_c + 1 \qquad (2-2)$$

由式（2-2）可知，热泵的供热量永远大于消耗的功量，是综合利用能源的一种很有价值的措施。

二、有温差传热的逆卡诺循环

前面假定制冷剂与热源和冷源进行热交换时不存在温差，这就意味着换热器的面积要无限大，这显然是不切实际的。实际上，制冷剂在吸热过程中，它的温度 T_0' 总是低于被冷却物体的温度 T_0；在放热过程中，它的温度 T_k' 总是高于环境介质温度 T_k。具有恒定传热温差的逆卡诺循环的 $T-s$ 图如图 2-2 所示，过程线用 $1'-2'-3'-4'-1'$ 表示。假定

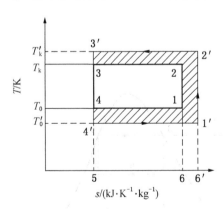

循环的制冷量与无温差传热时的制冷量相等，即面积 41654 等于面积 $4'1'6'54'$。有温差传热时，循环消耗的功 $w_0'=$ 面积 $1'2'3'4'1'$，比无温差传热时多消耗 $\Delta w = w_0' - w_0$（图中阴影面积）。因此有温差传热时的制冷系数小于无温差传热时的制冷系数，即

$$\varepsilon_c' = \frac{q_0}{w_0'} < \frac{q_0}{w_0} = \varepsilon_c$$

由此可知，无温差传热的逆卡诺循环是具有恒温热源时的理想循环，在给定的相同温度条件下，它具有最大制冷系数。

图 2-2　具有恒定传热温差的
逆卡诺循环 $T-s$ 图

实际的逆向循环具有外部和内部的不可逆损失，其不可逆程度用热力完善度衡量。工作在相同温度区间的不可逆循环的实际制冷系数 ε 与可逆循环的制冷系数 ε_c 的比值，称为该不可逆循环的热力完善度，用 η 表示，即

$$\eta = \frac{\varepsilon}{\varepsilon_c} \qquad (2-3)$$

η 值越接近 1，说明实际循环越接近可逆循环，不可逆循环损失越小，经济性越好。

应当指出，制冷系数 ε 只是从热力学第一定律（能量转换）的角度反映循环的经济

性，在数值上它可以小于1、等于1或大于1；热力完善度 η 同时考虑了能量转换的数量关系和实际循环中不可逆因素的影响，它在数值上始终小于1。当比较两个制冷循环的经济性时，如果两者的 T_k、T_0 相同，则采用 ε 与 η 比较是等价的；如果两者的 T_k、T_0 不相同，采用 η 进行比较才是有意义的。

三、具有变温热源的理想制冷循环——劳伦兹循环

在制冷循环实际工作时，有时会遇到热源的温度是变化的。例如，利用窗式空调器向房间供冷时，随着时间的延续，房间温度会降低。如图2-3所示的劳伦兹循环，冷源（被冷却物体）的温度由 T_1 逐渐下降到 T_4，热源（环境介质）的温度由 T_3 逐渐升高到 T_2，冷源放出的热量 q_0 可用面积14651表示。在上述给定条件下，如果进行逆卡诺循环，为保证从变温热源放热和从冷源吸热过程的连续进行，制冷循环的温度区间应为 T_4 和 T_2。为制取相同的制冷量，面积14651应与面积44'764相等，即应采用 4'-2'-3'-4-4' 所示逆卡诺循环。这样制冷剂在吸热、放热过程中，与变温的冷热源之间的热交换过程是一个有温差存在的换热过程，势必引起不可逆损失，由此引起的耗

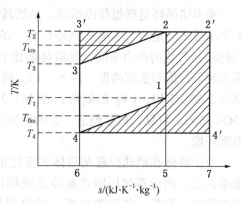

图2-3 劳伦兹循环

功的增加可用图中阴影面积表示。换言之，在变温热源情况下，制冷剂实现逆卡诺循环所消耗的功并不是最小功。

为了达到变温条件下耗功最小的目的，制冷剂的循环过程应为 1-2-3-4-1，使制冷剂在吸热、放热过程中的温度也发生相应的变化，做到制冷剂与热源之间的热交换过程为无温差传热，不存在不可逆换热损失。1-2过程和3-4过程仍分别为可逆绝热压缩过程和可逆绝热膨胀过程。这样，1-2-3-4循环为一个变温条件下的可逆逆向循环——劳伦兹循环。实现这一循环所消耗的功最小，制冷系数达到给定条件下的最大值。

为表达变温条件下可逆循环的制冷系数，采用平均当量温度这一概念。若用 T_{0m} 表示制冷剂的平均吸热温度，用 T_{km} 表示制冷剂的平均放热温度，则

$$q_0 = T_{0m}(s_1 - s_4)$$
$$q_k = T_{km}(s_2 - s_3) = T_{km}(s_1 - s_4)$$

q_0 与 q_k 的大小可分别用面积41564和面积23652表示。平均吸热温度 T_{0m} 与平均放热温度 T_{km} 是以熵差 $(s_1 - s_4)$ 为底，分别等于面积41564和23652的矩形的高度。变温情况下可逆循环的制冷系数可表示为

$$\varepsilon_r = \frac{T_{0m}}{T_{km} - T_{0m}}$$

即相当于工作在 T_{0m}、T_{km} 之间的逆卡诺循环的制冷系数。变温热源时计算热力完善度的公式为

$$\eta = \frac{\varepsilon}{\varepsilon_r}$$

随着非共沸混合制冷剂的应用逐渐增多，可以寻找到某些非共沸混合制冷剂，使循环过程中制冷剂与热源之间的换热温差比单一制冷剂循环更小，因而可以提高循环的热力完善度。

第三节 蒸气压缩式制冷的理论循环

一、蒸气压缩式制冷的理论循环

逆卡诺循环是理想制冷循环，虽然其制冷系数最高，但在工程上是无法实现的。工程上采用最多的是蒸气压缩式制冷循环。液态制冷剂由饱和液体气化成蒸气时要吸收热量（潜热）。气化时压力不同，其液体的饱和温度（沸点）不同，气化潜热的数值也不同，压力越低，饱和温度越低。例如，1 kg 的水，在 827 Pa 压力下，饱和温度为 5 ℃，气化潜热为 2489.05 kJ；1 kg 的氨液，在 101.3 Pa 压力下，饱和温度为 - 33 ℃，气化潜热为 1368.15 kJ。可见，只要创造一定的低压条件，利用制冷剂气化时吸热就可以获得较低的温度环境。

由于液体在绝热膨胀前后体积变化很小，输出的膨胀功也极小，且高精度的膨胀机很难加工，因此蒸气压缩式制冷系统均用节流机构（节流阀、膨胀阀、毛细管等）代替膨胀机。另外，若压缩机吸入的是湿蒸气，压缩过程中必然产生湿压缩。湿压缩会引起种种不良后果，严重时甚至毁坏压缩机，实际运行中应严禁发生。因此，在蒸气压缩式制冷循环中，进入压缩机的制冷剂应是干饱和蒸气或过热蒸气，这种压缩过程称为干压缩。图 2-4 所示为工程中常用的单级蒸气压缩式制冷系统图。它由压缩机、冷凝器、节流阀和蒸发器组成。工作过程为：在蒸发压力 p_0、蒸发温度 T_0 下，液态制冷剂吸收被冷却物体的热量而气化，变成低温、低压的蒸气；而后被压缩机吸入，经压缩提高压力和温度后送入冷凝器；制冷剂在冷凝压力 p_k 下将热量传递给冷却介质（通常是水或空气），由高压过热蒸气冷凝成液体；高压液态制冷剂通过节流阀降压、降温后进入蒸发器，重复上述过程。

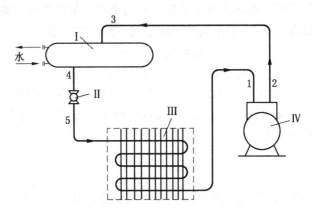

I—冷凝器；II—节流阀；III—蒸发器；IV—压缩机

图 2-4 工程中常用的单级蒸气压缩式制冷系统图

二、蒸气压缩式制冷循环在压焓图上的表示

为全面深入地分析蒸气压缩式制冷循环，不仅要研究循环中的每一个过程，还要了解各过程之间的内在关系及其相互影响。用热力状态图来研究整个循环，可以直观地看到循环中各过程的状态变化及其特点，问题也得到简化。在制冷循环的分析和计算中，通常借助制冷工质的温熵图和压焓图。由于制冷循环中各过程功量和热量的变化均可用过程初、终态的焓值变化来计算，因此压焓图在制冷工程中得到了更广泛的应用。

1. 压焓图

压焓图以绝对压力对数为纵坐标，焓值为横坐标，如图 2-5 所示。图 2-5 中 K 点为临界点，K 点左边为饱和液体线（称下界线），干度 $x=0$；右边为干饱和蒸气线（称上界线），干度 $x=1$。临界点 K 和上、下界线将图分为 3 个区域：下界线以左为过冷液体区，上界线以右为过热蒸气区，上、下界线之间为湿蒸气区（两相区）。6 条等参数线：等压线——水平线；等焓线——垂直线；等温线——液体区内几乎为垂直线，湿蒸气区内与等压线重合为水平线，过热区内为右下方弯曲的倾斜线；等熵线——向右上方倾斜的实线；等容线——向右上方倾斜的虚线，但比等熵线平缓；等干度线——只在湿蒸气区域内，其方向大致与饱和液体线或饱和蒸气线相近，其大小从左向右逐渐增大。

2. 制冷循环在压焓图上的表示

最简单的蒸气压缩式制冷循环的条件是指离开蒸发器和进入压缩机的制冷工质为蒸发压力 p_0 下的饱和蒸气；离开冷凝器和进入节流阀的液体是冷凝压力 p_k 下的饱和液体；压缩机的压缩过程为等熵压缩；制冷工质的冷凝温度等于冷却介质的温度；制冷工质的蒸发温度等于被冷却物体的温度；系统管路中无任何损失，压力降仅在节流膨胀过程中产生。显然，上述条件是经过简化后的理想情况，与实际情况有偏差，但便于进行分析研究，且可作为讨论实际循环的基础和比较标准。因此有必要加以详细分析和讨论。

图 2-6 所示为单级蒸气压缩式制冷理论循环的压焓图。

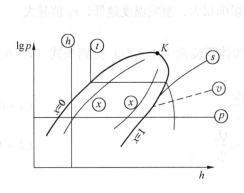

图 2-5 压焓图

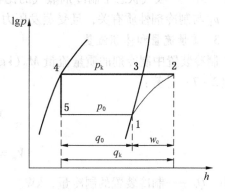

图 2-6 蒸气压缩式制冷理论循环

点 1 表示蒸发器出口和进入压缩机的制冷剂的状态。它是与蒸发压力 p_0 对应的蒸发温度为 t_0 的饱和蒸气。

点 2 是压缩机排气即进入冷凝器的过热蒸气状态。过程线 1-2 为制冷剂在压缩机中的等熵压缩过程（$s_1 = s_2$），压力由蒸发压力 p_0 升高到冷凝压力 p_k，点 2 可通过点 1 的等熵线与压力 p_k 的等压线的交点确定。

点 4 是制冷剂出冷凝器的状态。它是冷凝压力下 p_k 的饱和液体。过程线 2-3-4 表示制冷剂在冷凝器中定压下的放热过程；其中 2-3 为冷却过程，放出过热热量，温度降低；3-4 为凝结过程，放出凝结潜热，温度 t_k 不变。

点 5 为制冷剂出节流阀进入蒸发器的状态。过程线 4-5 为制冷剂液体在节流阀中的节流过程，节流前后的焓值不变（$h_4 = h_5$），压力由 p_k 降到 p_0，温度由 t_k 降到 t_0，由饱和液体状态进入气、液两相区，即节流后有部分液体制冷剂闪发成饱和蒸气。过程线 5-1 为制冷剂在蒸发器中的定压定温气化过程，在该过程中 p_0 和 t_0 保持不变，利用制冷剂液体在低压、低温下气化吸收被冷却物体的热量，使其温度降低而达到制冷目的。

三、蒸气压缩式制冷的理论循环的热力计算

根据稳定流动能量方程式，利用图 2-6 可对蒸气压缩式制冷理论循环进行热力计算。

1. 单位质量制冷量

1 kg 制冷剂在蒸发器内完成一次循环所制取的冷量称为单位质量制冷量，用 q_0 表示，单位为 kJ/kg。即

$$q_0 = h_1 - h_5 \tag{2-4}$$

式中 h_1、h_5——制冷剂进、出蒸发器时的比焓值，kJ/kg。

2. 单位容积制冷量

压缩机每吸入 1 m³ 制冷剂蒸气（按吸气状态计）所制取的冷量称为单位容积制冷量，用 q_v 表示，单位为 kJ/m³。即

$$q_v = \frac{q_0}{\nu_1} = \frac{h_1 - h_5}{\nu_1} \tag{2-5}$$

式中 ν_1——吸气状态下制冷剂蒸气的比容，m³/kg。

ν_1 与制冷剂性质有关，且受蒸发压力 p_0 的影响很大，蒸发温度越低，ν_1 值越大。

3. 质量流量和体积流量

制冷装置中制冷剂的质量流量 M_R（kg/s）和体积流量 V_R（m³/s）分别按式（2-6）、式（2-7）计算：

$$M_R = \frac{Q_0}{q_0} \tag{2-6}$$

$$V_R = M_R \nu_1 = \frac{Q_0}{q_v} \tag{2-7}$$

式中 Q_0——制冷装置的制冷量，kW。

4. 单位功

压缩机压缩并输送 1 kg 制冷剂所消耗的功，称为单位功，用 w_0 表示，单位为 kJ/kg。由于节流过程中制冷剂不对外做功，因此循环单位功与压缩机的单位功相等。它可用制冷剂进出压缩机的焓差表示：

$$w_0 = h_2 - h_1 \tag{2-8}$$

w_0 的大小不仅与制冷剂的性质有关，也与压缩机的压缩比（p_k/p_0）有关。

5. 冷凝器单位热负荷

1 kg 制冷剂在冷凝器中放给冷却介质的热量，用 q_k 表示，单位为 kJ/kg。

$$q_k = h_2 - h_4 \tag{2-9}$$

冷凝器的热负荷 $Q_k(\mathrm{kW})$ 可按下式计算：

$$Q_k = M_R q_k \tag{2-10}$$

6. 制冷系数

制冷循环的单位制冷量与单位功之比称为制冷系数，用 ε_0 表示。即

$$\varepsilon_0 = \frac{q_0}{w_0} = \frac{h_1 - h_5}{h_2 - h_1} \tag{2-11}$$

7. 热力完善度

理论循环仍是一个不可逆循环，其不可逆程度用热力完善度表示，即

$$\eta = \frac{\varepsilon_0}{\varepsilon_c} = \frac{h_1 - h_5}{h_2 - h_1} \frac{T_k - T_0}{T_0} \tag{2-12}$$

第四节　蒸气压缩式制冷的实际循环

蒸气压缩的理论循环与实际循环之间存在许多差别。例如，理论循环没有考虑制冷剂液体过冷和蒸气过热的影响；压缩机中的实际压缩过程并非等熵过程；冷凝和蒸发过程中存在传热温差等。下面分别予以分析和讨论。

一、液体过冷

制冷剂节流后湿蒸气干度的大小直接影响单位质量制冷量 q_0 的大小。在冷凝压力 p_k 一定的情况下，若能进一步降低节流前液体的温度，使其低于冷凝温度 t_k 而处于过冷液体状态，则可减少节流后产生的闪发蒸气量，提高单位质量制冷量。工程上通常利用温度较低的冷却水，首先通过串接于冷凝器后的过冷器（或称再冷器），将制冷剂的温度进一步降低，从而实现制冷剂液体过冷。

图 2-7 所示为具有液体过冷的制冷循环系统图和相应的温熵图及压焓图。图中 4-4′ 为液体过冷过程，此线段在温熵图上与饱和液体线接近重合。过冷温度 t_g 低于冷凝温度 t_k，其差值 $\Delta t_g = t_k - t_g$ 称为过冷度（或称再冷度）。

过冷过程中 1 kg 液态制冷剂放出的热量为

$$q_g = h_4 - h_4' = c' \Delta t_g \tag{2-13}$$

式中　h_4'——液态制冷剂过冷后的焓值，可用与其相同温度的饱和液体的焓值代替；

　　　c'——液态制冷剂的比热，kJ/(kg·K)。

过冷度越大，单位质量制冷量越大。因液体过冷使制冷量的增加量为

$$\Delta q_0 = h_5 - h_5' = h_4 - h_4' \tag{2-14}$$

由于液体过冷，循环的单位质量制冷量增加了，而循环的压缩功 w_0 并未增加，故液体过冷的制冷循环的制冷系数提高了，因此应用液体过冷对改善循环的性能总是有利的。但是，采用液体过冷势必增加工程初投资和设备运行费用，应进行全面技术经济分析比

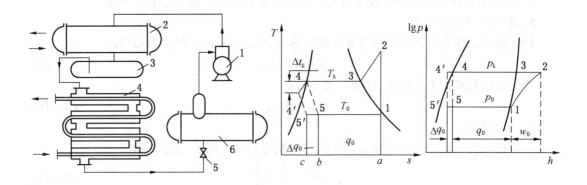

1—压缩机；2—冷凝器；3—贮液筒；4—过冷器；5—节流阀；6—蒸发器

图 2-7　具有液体过冷的制冷循环

较。对于大型且蒸发温度 t_0 在 $-5\,℃$ 以下的氨制冷装置，通常采用液体过冷，过冷度一般取 $2\sim3\,℃$；对于空气调节用的制冷装置，一般不单独设置过冷器，而是通过适当增加冷凝器传热面积的方法，实现制冷剂在冷凝器中的过冷。此外，在小型制冷装置中采用气-液热交换器（也称回热器）也能实现液体过冷，这一点将在后面论述。

二、蒸气过热及回热循环

在制冷循环中，压缩机不可能吸入饱和状态的蒸气，因为来自蒸发器的低温蒸气在进入压缩机之前的吸气管路中要吸收周围空气的热量而使蒸气温度升高。另外，为了不使制冷剂液滴进入压缩机，也要求液态制冷剂在蒸发器中完全蒸发后继续吸收一部分热量。因

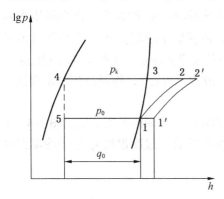

图 2-8　蒸气过热制冷循环的压焓图

此，吸入蒸气在压缩之前已处于过热状态。图 2-8 所示为蒸气过热制冷循环的压焓图。为了便于比较，在同一图中也示出了理论循环。

在相同压力下，蒸气过热后的温度与饱和温度之差称为过热度 Δt_n。比较蒸发器出口的饱和蒸气在吸气管路中吸热的过热循环 $1'-2'-3-4-5-1'$ 与理论循环 $1-2-3-4-5-1$ 之后可知，两者单位质量的制冷量相同，但蒸气过热循环的单位压缩功增加了，冷凝器的单位负荷也增加了，进入压缩机蒸气的比容增大了，因而压缩机单位时间内制冷剂的质量循环量减少了，故制冷装置的制冷能力降低，单位容积制冷量、制冷系数都将降低。

上述分析表明，吸入蒸气在管道内过热是不利的，称为有害过热。蒸发温度越低，蒸气与周围环境空气间的温差越大，有害过热就越大。虽然吸入蒸气过热对循环性能有不利影响，但大多数情况下都希望吸入蒸气有适当的过热度，以免湿蒸气进入压缩机造成液击事故。吸入蒸气过热度也不宜过大，以免造成排气温度过高。一般吸入蒸气允许的过热度与制冷剂有关，例如用氨时一般取 Δt_n 等于 $5\,℃$；用氟利昂时过热度较大。

应当指出，有时蒸气在蒸发器内已经过热（例如使用热力膨胀阀的氟利昂制冷机），此时这部分热量就应计入单位制冷量，不属于有害过热，这一点在热力计算时应特别注意。

利用气–液热交换器（又称回热器）使节流前的常温液态工质与蒸发器出来的低温蒸气进行热交换，这样不仅可以增加节流前的液体过冷度，提高单位质量制冷量，而且可以减少甚至消除吸气管道中的有害过热。这种循环称为回热循环（图2-9）。图2-9所示中1-2-3-4-5-1为理论循环，1-1'-2'-3-4-4'-5'-1表示回热循环，其中1-1'和4-4'表示等压下的回热过程。在无冷量损失的情况下液体放出的热量应等于蒸气吸收的热量，即回热器的单位热负荷：

$$q_h = h_4 - h_{4'} = h_{1'} - h_1 \tag{2-15}$$

或
$$q_h = c'(t_4 - t_{4'}) = c_p(t_{1'} - t_1) = c'(t_k - t_{4'}) = c_p(t_{1'} - t_0) \tag{2-16}$$

式中　c_p——制冷剂过热蒸气的定压比热，kJ/(kg·K)。

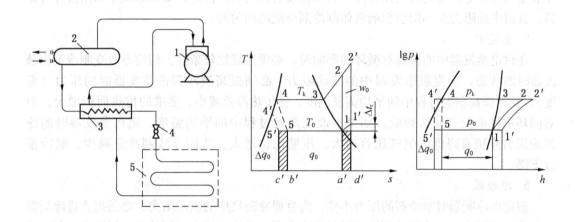

1—压缩机；2—冷凝器；3—回热器；4—节流阀；5—蒸发器

图2-9　回热循环

由于制冷剂液体的比热大于气体的比热，故液体的温降总比蒸气的温升小。回热循环的单位制冷量和单位压缩功都比理论循环大，因而不能直接判断制冷系数是否增大。小型氟利昂空调装置一般不单独设回热器，而是将高压液体管与低压回气管包扎在一起，以达到回热的效果。

三、热交换及压力损失对循环性能的影响

理论循环中曾假定在各设备的连接管道中，制冷剂不发生状态变化。实际上，由于热交换和流动阻力的存在，制冷剂热力状态的变化是不可避免的。

1. 吸入管道

吸入管道中的热交换和压力降直接影响压缩机吸入气体的状态。热交换的影响前面已作过详细分析。压力降使吸气比容增大、单位容积制冷量减少，压缩机的实际输气量降低、压缩功增大、制冷系数减小。

2. 排气管道

压缩机的排气温度一般高于环境温度，向环境空气传热能减少冷凝器热负荷。管道中的压力降会增加压缩机的排气压力及功耗，使实际输气量降低、制冷系数减小。

3. 冷凝器到膨胀阀之间的液体管道

热量通常由液体制冷剂传给周围空气，产生过冷效应，使制冷量增大。如果冷凝温度低于环境空气温度，则会导致部分液体气化，使制冷量下降。管路中的压力降会引起部分液体气化，导致制冷量降低。引起管路中压力降的主要因素并不在于流体与管壁之间的摩擦，而在于液体流动高度的变化。因此希望出冷凝器的制冷剂液体具有一定的过冷度，避免因位差而出现气化现象。

4. 膨胀阀到蒸发器之间的管道

热量的传递将使制冷量减少。管道中的压力降对性能没有影响。因为对于给定的蒸发温度，制冷剂在进入蒸发器之前的压力必须降低到相应的蒸发压力。压力的降低无论发生在节流机构本身，还是发生在管路中，都是没有区别的。但是，如果系统中采用液体分配器，管道中的阻力大小则会影响液体制冷剂分配的均匀性。

5. 蒸发器

在讨论蒸发器中的压降对循环的影响时，必须注意比较条件。假定不改变制冷剂出蒸发器时的状态，为克服蒸发器中的流动阻力，必须提高制冷剂进蒸发器时的压力（温度），从而提高蒸发过程中的平均蒸发温度，使传热温差减小、要求的传热面积增大，但对循环的性能没有什么影响。如果不改变蒸发过程中的平均温度，则出蒸发器时制冷剂的压力应稍有降低，吸气比容增大，压缩比也增大，从而导致制冷量减少、制冷系数下降。

6. 冷凝器

假定出冷凝器时制冷剂的压力不变，为克服冷凝器中的流动阻力，必须提高进冷凝器时制冷剂的压力，必然导致压缩机排气压力升高，压缩比增大，压缩机功耗增大，制冷系数减小。

7. 冷凝、蒸发过程存在传热温差

冷凝器和蒸发器中传热温差的存在会使循环的制冷系数减小，但不会改变制冷剂状态变化的本质，只是使实际冷凝压力比理论循环的冷凝压力高，蒸发压力则比理论循环的蒸发压力低。可以根据有温差的理论循环进行实际循环的热力计算。

如果将实际循环偏离理论循环的各种因素综合在一起考虑，可以用图 2－10 表示。图 2－10 所示的 T'_k 表示冷却介质的温度；T'_0 表示被冷却介质的温度；$4'-1$ 表示制冷剂在蒸发器中的蒸发和压降过程；$1-1'$ 表示蒸气在吸气管道中的加热和压降过程；$1'-1''$ 表示蒸气经过吸气阀时的加热和压降过程；$1''-2_s$ 表示实际多变压缩过程；$2_s-2'_s$ 表示排气经过排气阀时的压降过程；$2'_s-3$ 表示制冷剂蒸气在冷凝器中的冷却、冷凝及压降过程；$3-4'$ 表示节流过程。图 2－10 所示中 $1-2-3-4-1$ 表示存在温差时的理论循环。

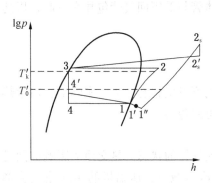

图 2－10　单级压缩制冷实际循环

四、运行工况对制冷性能的影响

制冷机工作参数（蒸发温度 t_0、冷凝温度 t_k、过冷温度 t_g、吸气温度 t_n）常称为制冷机的运行工况。一台既定的压缩机在转速不变的情况下，其理论输气量是定值，与循环的工作温度无关，但压缩机的性能会随着蒸发温度和冷凝温度的变化而变化，其中蒸发温度的变化对性能的影响更大。当工作温度发生变化时，循环的单位质量制冷量、单位压缩功、制冷剂的循环量都将变化，制冷机的制冷量、功率消耗等也相应改变。现以理论循环为例进行分析，讨论温度变化时制冷机性能的变化规律，其结论同样适用于实际循环。

在给定冷凝温度及蒸发温度的情况下，制冷量 Q_0 及理论功率 $N_0(\mathrm{kW})$ 可分别由下式求出：

$$Q_0 = V_s q_v = \lambda V_h q_v \tag{2-17}$$

$$N_0 = M_R w_0 = \frac{\lambda V_h}{\nu_1} w_0 \tag{2-18}$$

式中　V_s、V_h——实际输气量、理论输气量；

　　　　λ——输气系数。

由式（2-17）、式（2-18）可看出，当压缩机理论输气量 V_h 为定值时，Q_0、N_0 仅分别与 q_v 及 w_0/ν_1 有关。因此可通过分析温度变化时 q_v、w_0 的变化了解 Q_0、N_0 的变化规律。

1. 蒸发温度对循环性能的影响

分析蒸发温度对循环性能的影响时，假定冷凝温度不变，这种情况相当于制冷机在环境条件一定时用于不同目的或制冷机启动运行阶段。如图 2-11 所示，当蒸发温度由 t_0 降至 t_0' 时，循环由 1-2-3-4-1 变为 1'-2'-3-4'-1'。从图 2-11 中可看出：

（1）单位质量制冷量 q_0 减小为 q_0'。

（2）制冷系数减小。

（3）单位质量耗功量 w_0 增大到 w_0'。在这种情况下就无法直接看出制冷机功率的变化情况。为找出其变化规律，可近似地将低压蒸气视为理想气体，将压缩过程视为绝热压

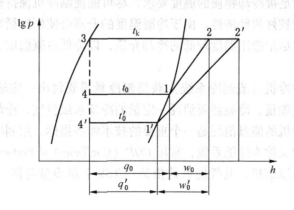

图 2-11　蒸发温度变化对循环性能的影响

缩，则单位容积压缩功可表示为

$$w_\text{v} = \frac{w_0}{\nu_1} = \frac{\kappa}{\kappa-1} \cdot \frac{p_0 \nu_1}{\nu_1} \left[\left(\frac{p_\text{k}}{p_0} \right)^{\frac{\kappa-1}{\kappa}} - 1 \right] = \frac{\kappa}{\kappa-1} p_0 \left[\left(\frac{p_\text{k}}{p_0} \right)^{\frac{\kappa-1}{\kappa}} - 1 \right] \qquad (2-19)$$

压缩机的理论功率为

$$N_0 = \frac{\lambda V_h}{\nu_1} w_0 = V_h w_\text{v} \lambda = \frac{\kappa}{\kappa-1} p_0 \lambda V_h \left[\left(\frac{p_\text{k}}{p_0} \right)^{\frac{\kappa-1}{\kappa}} - 1 \right] \qquad (2-20)$$

当 $p_0 = 0$ 或 $p_\text{k} = p_0$ 时，N_0 均为零，而当蒸发压力 p_0 由 p_k 逐渐下降时，所消耗的功率逐渐增大，当达到某一最大值时（计算表明，常用制冷剂的压缩比 $P_\text{k}/P_0 \approx 3$ 时，功率消耗出现最大值）又逐渐降低。

由以上分析可知，当 t_k 为定值时，随着 t_0 的下降，制冷机的制冷量减小，功率变化则与压缩比有关，当压缩比大约等于 3 时，功率消耗最大。

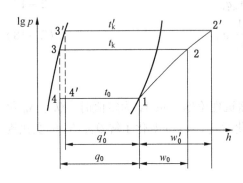

图 2-12 冷凝温度变化对
循环性能的影响

2. 冷凝温度对循环性能的影响

在分析冷凝温度对循环性能的影响时，假定蒸发温度不变，这种情况为用途既定的制冷机在不同地区和季节条件下运行。冷凝温度变化对循环性能的影响如图 2-12 所示，当冷凝温度由 t_k 升高到 t_k' 时，循环由 1-2-3-4-1 变为 1-2'-3'-4'-1。从图 2-12 中可看出：

（1）循环的单位质量制冷量 q_0 减少了（$q_0' < q_0$）。

（2）虽然进入压缩机的蒸气比容 ν_1 没有变化，但因 q_0 减小，单位容积制冷量 q_v 也减少了。

（3）单位压缩功 w_0 增大了（$w_0' > w_0$）。

由以上分析可知，当 t_0 为定值，随着 t_k 的升高，制冷机的制冷量 Q_0 减少，功率消耗 N_e 增加，制冷系数减小。

综上所述，随着蒸发温度的降低，制冷循环的制冷量 Q_0、制冷系数 ε_0 均明显下降。因此，运行中只要满足被冷却物质的温度要求，尽可能使制冷机保持较高的蒸发温度，以获得较大的制冷量和较好的经济性。由于冷凝温度的升高会使制冷循环的制冷量及制冷系数减小，故运行中要尽量选用温度较低的冷却介质，以降低冷凝温度，提高循环的经济性和安全性。

由前述可知，制冷机（或制冷系统）获得制冷量需要付出一定输送代价，如制冷机中的压缩机需要消耗能量，冷凝器要消耗一定量的冷却水或空气，冷却水或空气流动也要消耗能量。其中制冷机的能量消耗是一个重要的技术经济指标。用制冷系数衡量制冷机的能量消耗，在工程中又称为性能系数，常用 COP（Coefficient of Performance）表示。

对于开启式制冷压缩机，其性能系数指某一工况下制冷量与同一工况下轴功率的比值，即

$$COP = \frac{Q_0}{P} \qquad (2-21)$$

对于全封闭、半封闭式制冷压缩机，其性能系数也称能效比，用 *EER*（Energy Efficiency Ratio）表示，是指某一工况下制冷量与同一工况下输入功率的比值，即

$$EER = \frac{Q_0}{P_{in}}$$ 　　　　　　　　(2-22)

式中　P_{in}——压缩机电动机的输入功率，W 或 kW。

第三章 制冷剂及冷媒

第一节 制 冷 剂

一、制冷剂的作用

制冷剂又称制冷工质,是制冷装置中能够循环变化和发挥冷却作用的工作媒介。蒸气压缩式制冷系统中的制冷工质从低温热源中吸取热量,先在低温下气化,再在高温下凝结,向高温热源排放热量。

二、对制冷剂的要求

1．热力学性质

1）蒸发压力和冷凝压力

制冷剂在低温状态下的饱和压力最好接近大气压力,甚至高于大气压力。如果蒸发压力低于大气压力,空气易渗入系统,这不仅会影响蒸发器、冷凝器的传热效果,而且会增加压缩机的耗功量,所以希望制冷剂是大气压力下沸点较低的物质。

同时,常温下制冷剂的冷凝压力也不应过高。制冷系统一般采用水或空气使制冷剂冷凝为液态,故希望常温下制冷剂的冷凝压力不要过高,一般不超过 1.5 MPa,这样可以减少制冷装置承受的压力,也可以减少制冷剂向外渗漏的可能性。

一般来说,在相同温度条件下,大气压力下沸点低的制冷剂,其饱和压力较高,因此若制冷温度较低,宜选用大气压力下沸点低的制冷剂;若制冷温度较高,宜选用大气压力下沸点高一些的制冷剂。

此外,压缩比较小,能够减少压缩机的功耗量,同时有利于提高压缩机的容积效率。

2）单位质量制冷量 q_0 和单位容积制冷量 q_v

对于总制冷量一定的装置,q_0 较大可减少制冷工质的循环量;q_v 较大可减少压缩机的输气量,缩小压缩机的尺寸。

3）制冷剂的临界温度

制冷剂的临界温度高,便于用一般冷却水或空气进行冷凝。此外,制冷循环的工作区越远离临界点,制冷循环越接近逆卡诺循环,节流损失越小,制冷系数越大。

4）凝固温度

凝固温度要适当地低一些,这样可得到较低的蒸发温度。

5）绝热指数

绝热指数越小,压缩机排气温度越低,不但有利于提高压缩机的容积效率,而且对压缩机的润滑也有好处。

2．物理化学性质

（1）制冷剂在润滑油中的可溶性。在蒸气压缩式制冷装置中，除采用离心式制冷压缩机外，制冷剂一般与润滑油接触，两者相互混合或吸收形成制冷剂–润滑油溶液。根据制冷剂在润滑油中的可溶性，分为有限溶于润滑油的制冷剂和无限溶于润滑油的制冷剂。

（2）制冷剂的导热系数、放热系数要高。这样可提高热交换效率，减小蒸发器、冷凝器等热交换设备的传热面积。

（3）制冷剂的密度、黏度要小。制冷剂的密度和黏度小，在管道中的流动阻力就小，可以降低压缩机的功耗并缩小管道直径。

（4）制冷剂对金属和其他材料（如橡胶等）应无腐蚀和侵蚀作用。

（5）制冷剂应在高温下不分解，且不燃烧、不爆炸。

3. 其他

（1）制冷剂应对人的生命和健康无危害，不具有毒性、窒息性和刺激性。

（2）温室效应小，不破坏大气臭氧层。

（3）易于购买且价廉。

当然，完全满足上述要求的制冷工质并不存在。使用要求、机器容量和使用条件不同，对制冷工质性质要求的侧重也不同，应按主要要求选择相应的制冷工质。

三、安全性分类

国际上对制冷剂的安全性分类一般采用美国国家标准协会和美国供热制冷空调工程师学会标准《制冷剂命名和安全性分类》（ANSI/ASHRAE34）。我国国家标准《制冷剂编号方法和安全性分类》（GB/T 7778—2017），主要等效于 ANSI/ASHRAE34 标准。

制冷剂的安全性分类包括毒性和可燃性两项内容。

制冷剂根据容许的接触量，毒性分为 A、B 两类。A 类（低慢性毒性），制冷剂的职业接触限定值 OEL ≥ 400 ppm；B 类（高慢性毒性），制冷剂的职业接触限定值 OEL < 400 ppm。

职业接触限定值 OEL 是指对于一个普通的 8 h 工作日和 40 h 工作周时间来说，几乎所有的工人都可以多次接触而无不良反应的一个时间加权平均浓度值。

按制冷剂的可燃性危险程度，制冷剂的可燃性根据可燃下限（LFL）、燃烧热（HOC）和燃烧速度（S_u）分为 1、2L、2 和 3 四类。

可燃下限是指在《制冷剂编号方法和安全性分类》规定的试验条件下，能够使火焰通过均质的制冷剂和空气混合物传播的最小制冷剂浓度。

燃烧热是指根据《制冷剂编号方法和安全性分类》规定的试验方法测定的某一物质与氧气发生规定的反应而生成的热量。

表 3-1 制冷剂的安全性分类

可燃性	毒性	
	低慢性毒性	高慢性毒性
可燃易爆	A3	B3
可燃	A2	B2
弱可燃	A2L	B2L
无火焰传播	A1	B1

燃烧速度指层流火焰沿着与其前面的未燃烧气体垂直的方向传播的最大速度。

根据制冷剂的毒性和可燃性分类原则，把制冷剂分为 8 个安全分类（A1、A2L、A2、A3、B1、B2L、B2 和 B3），见表 3-1。

四、制冷剂的分类与代号

目前使用的制冷剂有很多种，归纳起来可分无机化合物、烃类、卤代烃、混合溶液和有机化合物 5 类。

为了方便起见，国际上统一规定用字母"R"和它后面的一组数字或字母作为制冷工质的简写符号。字母"R"表示制冷工质，后面的数字或字母则根据制冷工质的分子组成按一定的规则编写。

1. 无机化合物

无机化合物的简写符号规定为"R7（）"。括号代表一组数字，这组数字是该无机物分子量的整数部分。例如：$He-4$、H_2、NH_3、H_2O 及 CO_2 的分子质量的整数部分分别为 4、2、17、18、44；表示的符号分别为 R704、R702、R717、R718、R744。

2. 卤代烃（氟利昂）

氟利昂是饱和烃类（饱和碳氢化合物）的卤族衍生物的总称，是 20 世纪 30 年代出现的一类制冷剂。它的出现满足了对制冷剂的大部分要求。

饱和烃类的化学分子式为 C_mH_{2m+2}。氟利昂的化学分子式为 $C_mH_nF_xCl_yBr_z$，其原子数 m、n、x、y、z 之间有下列关系：

$$2m+2=n+x+y+z$$

氟利昂的代号用"R×××B×"表示。第一位数字为 $m-1$，该值为 0 时可省略不写，第二位数字为 $n+1$；第三位数字为 x；第四位数字为 y；第五位数字为 z，若 $z=0$，则与字母"B"一起省略。例如，一氯二氟甲烷分子式为 CHF_2Cl，因为 $m-1=0$、$n+1=2$、$x=2$、$z=0$，故代号为 R22，称为 R22；一溴三氟甲烷分子式为 CF_3Br，$m-1=0$、$n+1=1$、$x=3$、$z=1$，代号为 R13B1，称为 R13B1。

3. 烷烃类（碳氢化合物）

烃类制冷剂有烷烃类制冷剂（甲烷、乙烷）、链烯烃类制冷剂（乙烯、丙烯）等。它们从经济性讲是出色的制冷剂，但易燃烧，安全性很差，主要用于石油化学工业。

烷烃类化合物的分子通式为 C_mH_{2m+2}。它们的简写符号规定为 R($m-1$)($n+1$)，每个括号是一个数字，该数字数值为 0 时省去不写，同分异构体则在其最后加小写英文字母以示区别。值得指出的是，正丁烷和异丁烷例外，它们分别用 R600 和 R600a 表示。

4. 多元混合溶液

为充分利用现有结构的压缩机，改善耗能指标，扩大其温度使用范围，近年来国内外对于采用多元混合溶液作制冷剂给予极大的关注和研究，其中包括共沸溶液和非共沸溶液。

所谓多元混合溶液，是由两种或两种以上制冷剂按一定比例相互溶解而成的溶合物。

共沸溶液，在固定压力下蒸发或冷凝时，蒸发温度或冷凝温度恒定不变，而且气相和液相具有相同的组分。共沸混合制冷工质的简写符号为"R5（）"。括号代表一组数字，这组数字为该制冷工质命名的先后顺序号，从 00 开始。例如最早命名的共沸制冷工质写作 R500，以后命名的按先后次序分别为 R501、R502、R503、R504 等。

非共沸溶液，在固定压力下蒸发或冷凝时，其蒸发温度或冷凝温度以及各组分的浓度不能保持恒定。由此特点，当蒸发器和冷凝器进出口温差一定时，采用非共沸溶液的制冷系统或热泵，其冷凝压力较低，蒸发压力较高，循环耗功量较小，但冷凝器排放的热量却较高，因此它适用于热泵系统。非共沸混合制冷工质的简写符号为"R4（）"。括号代表一组数字，这组数字为该制冷工质命名的先后顺序号，从"00"开始。构成非共沸混合制冷工质的纯物质种类相同，但成分不同，分别在最后加上大写英文字母以示区别。例如，最早命名的非共沸混合制冷工质写作 R400，以后命名的按先后次序分别用 R401、R402……R407A、R407B、R407C 等表示。

5. 有机化合物

环状有机物以字母"RC"开头，其后的数字排写规则与氟利昂及烷烃类符号表示的数字排写规则相同。

不饱和有机化合物以字母"R1"开头，其后的数字排写规则与氟利昂及烷烃类符号表示的数字排写规则相同。

此外，有机氧化物——脂肪族胺，它们用"R6"开头，其后的数字是任选的。例如，乙醚为 R610，甲酸甲酯为 R611，甲胺为 R630，乙胺为 R631。

五、常用制冷剂

1. 氨

氨是应用较广的中温制冷工质。正常沸点为 -33.312 ℃，凝固点为 -77.9 ℃。氨具有较好的热力学性质和热物理性质，在常温和普通低温范围内压力比较适中，单位容积制冷量大，黏性小，流动阻力小，传热性能好。

氨对人体有较大的毒性，也有一定的可燃性，安全级别为 B2L。氨蒸气无色，具有强烈的刺激性臭味，刺激人的眼睛及呼吸器官。当空气中氨的体积分数达到 16% ~ 25% 时，可引起爆炸。

氨能以任意比例与水相互溶解，形成氨水溶液，低温时水也不会从溶液中析出而冻结成冰，所以氨系统中不必设置干燥器。但氨系统中有水分时，会加剧对金属的腐蚀，所以一般限制氨中的含水量不得超过 0.2%。氨在矿物润滑油中的溶解度很小，因此氨制冷工质管道及换热器的传热表面上会积有油膜，影响传热效果。氨对钢铁不起腐蚀作用，但含有水分，将会腐蚀锌、铜、青铜及其他铜合金。只有磷青铜不会被其腐蚀。

氨可用于蒸发温度为 -65 ℃ 以上的大型或中型单级、双级活塞式及螺杆式制冷机，也可用于大容量离心式制冷机。

2. 氟利昂

卤代烃也称氟利昂，是链状饱和碳氢化合物的氟、氯、溴衍生物的总称。氟利昂制冷工质的种类很多，它们之间的热力性质有很大区别，但在物理、化学性质上又有许多共同的优点，所以得到迅速推广，成为普冷范围的一类主要制冷工质。

在制冷工质中，R11、R12、R13、R14、R113、R114 等都是全卤代烃，即它们的分子中只有氯、氟、碳 3 种原子，这类氟利昂称为氯氟烃，简称 CFCs；如果分子中除了氯、氟、碳原子外，还有氢原子（如 R22），称为氢氯氟烃，简称 HCFCs；如果分子中没有氯原子，而有氢原子、氟原子和碳原子，称为氢氟烃，简称 HFCs。CFCs 对大气臭氧层的破坏性最大，这就是著名的 CFCs 问题。联合国环保组织于 1987 年在加拿大蒙特利尔市召开会议，36 个国家和 10 个国际组织共同签署了《关于消耗大气臭氧层物质的蒙特利尔议定书》，正式规定了逐步削减并最终禁止 CFCs 生产与消费。

1）R134a

又称四氟乙烷（CH_2FCF_3）。它是作为 R12 的替代制冷工质而提出的，许多特性与 R12 很接近。近年来，R134a 也被用于离心式制冷机，作为 R11 的替代制冷工质。

R134a 的毒性非常低，在空气中不可燃，安全级别为 A2L，比较安全。

R134a 与矿物润滑油不相溶，但在温度较高时能完全溶解于多元烷基醇类（Polyalkylene Glycol，简称 PAG）和多元醇酯类（Polyol Ester，简称 POE）合成润滑油；在温度较低时，只能溶解于 POE 合成润滑油。

R134a 的化学稳定性很好，但水溶性比 R12 强得多，对制冷系统很不利。R134a 对系统的干燥和清洁性要求高。

2）R22

又称二氟一氯甲烷（$CHClF_2$）。它属于 HCFC 类制冷工质，将被限制和禁止使用，但目前仍是较常用的中温制冷工质。R22 的沸点为 $-40.8\ ℃$，凝固点为 $-160\ ℃$。它在常温下的冷凝压力和单位容积制冷量与氨差不多，比 R12 大。

R22 无色、无味、不燃烧、不爆炸，安全级别为 A1。它的传热性能与 R12 差不多，流动性比 R12 好；水溶性比 R12 稍大，但仍然属于不溶于水的物质。R22 的含水量应限制在 0.01% 以内，同时系统内应装设干燥器。

R22 能够部分地与矿物润滑油相互溶解，其溶解度随着矿物润滑油的种类及温度而变化。矿物润滑油在 R22 制冷系统各部分中产生不同的影响。

3）R123

又称三氟二氯乙烷（$CHCl_2CF_3$）。它属于 HCFC 类制冷工质，也将被限制和禁止使用。R123 是作为 R11 的替代制冷工质而提出的。

R123 的沸点为 $27.87\ ℃$，凝固点为 $-107.15\ ℃$。安全级别为 B1 级，比 R11（A1 级）差。在理化热工性质方面，R123 的气化潜热较小，液体热容较大，热导率较小，黏度略大，故在蒸发器和冷凝器中传热系数有所下降。由于 R123 不仅属于 HCFC 类物质，而且具有轻微毒性，很多厂商已不再采用 R123，而是采用 R134a 替代 R11。

3. 混合制冷工质

混合制冷工质是由两种或两种以上的纯制冷工质以一定的比例混合而成的。按照混合后的溶液是否具有共沸的性质，可将混合制冷工质分为共沸混合制冷工质和非共沸混合制冷工质两类。

1）共沸混合制冷工质

目前使用较多的共沸制冷工质主要是 R507。共沸混合制冷工质具有下列特点。

（1）在一定的蒸发压力下蒸发时，具有几乎不变的蒸发温度，而且蒸发温度一般比组成它的单组分的低。

（2）在一定的蒸发温度下，共沸制冷工质的单位容积制冷量，比组成它的单一制冷工质的单位容积制冷量大。

（3）共沸制冷工质的化学稳定性较组成它的单一制冷工质好。

（4）在全封闭和半封闭压缩机中，采用共沸制冷工质可使电动机得到更好的冷却，电动机绕组温升减小。

基于上述特点，在一定的情况下，采用共沸制冷工质可使能耗减少。

2）非共沸混合制冷工质

该工质没有共沸点。在定压下蒸发或凝结时，气相和液相的成分不同，温度也在不断变化。图 3-1 表示非共沸制冷工质的温度—质量分数（$T-w$）图。由图 3-1 可见，在一定的压力下，当溶液加热时，首先到达饱和液体点 A。此时对应的状态称为泡点，温度称为泡点温度。若再加热到达点 B，即进入两相区，并分为饱和液体（点 B_1）和饱和蒸气（点 B_g）两部分，其质量分数分别为 w_{b1} 和 w_{bg}。继续加热到点 C 时，全部蒸发完，成为饱和蒸气，此时对应的状态称为露点，温度称为露点温度。泡点温度与露点温度的温差称为温度滑移。在露点时，若再加热，即可成为过热蒸气。

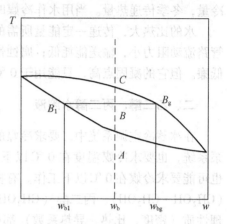

图 3-1 非共沸制冷工质的
温度-质量分数（$T-w$）图

可以看出，非共沸混合制冷工质在定压相变时，其温度要发生变化。定压蒸发时，温度从泡点温度变化到露点温度，定压凝结时则相反。非共沸混合制冷工质的这一特性，被广泛用于变温热源的温差匹配场合，实现近似的劳伦兹循环，以达到节能的目的。

3）常用混合制冷工质

（1）共沸制冷工质 R507。它是一种新的制冷工质，其 ODP 值（臭氧消耗潜能值）为 0，沸点为 -46.7 ℃，与 R502 的沸点非常接近；不溶于矿物油，但能溶于聚酯类润滑油。

（2）非共沸混合制冷工质 R401A 和 R401B。这两种制冷工质是作为 R12 替代物提出的，虽然 ODP 值不为 0，但比 R12 小得多，而且易于获得，价格比 R134a 或 R600a 低得多，能溶于聚醇类和聚酯类润滑油，饱和蒸气压力和其他性能与 R12 也较接近，作为过渡性替代物是合适的，曾在美国等国得到广泛应用。

（3）非共沸混合制冷工质 R407C。是一种三元非共沸混合制冷工质，是作为 R22 的替代物提出的。在标准大气压下，其泡点温度为 -43.4 ℃，露点温度为 -36.1 ℃，与 R22 的沸点较接近。不能与矿物润滑油互溶，但能溶解于聚酯类合成润滑油。由于 R407C 的泡露点温差较大，使用时最好将热交换器做成逆流形式，以充分发挥非共沸混合制冷工质的优势。

（4）非共沸混合制冷工质 R410A。它是一种二元混合制冷工质，其泡露点温差仅 0.2 ℃，可称为近共沸混合制冷工质。R407C 不能与矿物润滑油互溶，但能溶解于聚酯类合成润滑油，它也是作为 R22 的替代物提出的。容积制冷量在低温工况时比 R22 高约 60%，制冷系数也比 R22 高约 5%；在空调工况时，容积制冷量和制冷系数均与 R22 差不多。

第二节 冷 媒

建筑冷源制取的冷量经常通过中间介质输送并分配到建筑各用冷场所，这种用于传递冷量的中间介质称为冷媒（又称载冷剂）。

一、水

水是一种优良的冷媒和热媒。在建筑的空调系统中，经常用水作中间介质，夏季传递冷量，冬季传递热量。当用水作冷媒时，称为冷水或冷冻水。

水的比热大，传递一定能量所需的循环流量小，管路的管径、泵的尺寸小；黏度小，管路流动阻力小，输送能耗低；腐蚀性小；无毒、无燃烧爆炸危险；化学稳定性好；价格低廉。但它的凝固点高，只能用于 0 ℃以上的场合。

二、乙二醇、丙二醇水溶液

在冰蓄冷空调系统中，要求冷媒的温度在 0 ℃以下；低位热源温度可能低于 0 ℃的热泵系统，也要求冷媒温度在 0 ℃以下工作；许多工业用途的制冷系统（如食品冷加工）也可能要求冷媒在 0 ℃以下工作。有机溶液是适用于 0 ℃以下工作的一类冷媒，如乙二醇（$CH_2OH \cdot CH_2OH$）、丙二醇（$CH_2OH \cdot CHOH \cdot CH_3$）水溶液。除了黏度外，两者的物理性质（密度、比热、导热系数）都相近。表 3-2 列出了乙二醇水溶液和丙二醇水溶液不同浓度下的凝固点；表 3-3 为乙二醇水溶液和丙二醇水溶液的部分物理性质。当乙二醇水溶液浓度＞60% 时，随着浓度的增加，凝固点逐渐升高。当丙二醇水溶液浓度大于 60% 时，没有凝固点，随着温度的降低，将成为黏度非常高的无定形玻璃体。当浓度小于 60%，两种溶液冷却到凝固点时，就析出冰；当浓度大于 60%，达到凝固点时，析出乙二醇或丙二醇。

表 3-2　乙二醇水溶液和丙二醇水溶液不同浓度下的凝固点

质量浓度/%	10	15	20	22	24	26	28	30	35
乙二醇水溶液	-3.2	-5.4	-7.8	-8.9	-10.2	-11.4	-12.7	-14.1	-17.9
丙二醇水溶液	-3.3	-5.1	-7.1	-8.0	-9.1	-10.2	-11.4	-12.7	-16.4

乙二醇和丙二醇水溶液都是无色、无味、无电解性、无燃烧性、化学性质稳定的溶液。因乙二醇的黏度更低，一般选用乙二醇水溶液作冷媒。但乙二醇略有毒性，而丙二醇无毒。因此，在人可能直接接触水溶液或食品加工等场所，宜选用丙二醇水溶液作冷媒。

表 3-3　乙二醇水溶液和丙二醇水溶液的部分物理性质

质量浓度/%	温度/℃	密度/ ($kg \cdot m^{-3}$)	比热/ ($kJ \cdot kg^{-1} \cdot ℃^{-1}$)	导热系数/ ($W \cdot m^{-1} \cdot ℃^{-1}$)	黏度/ ($mPa \cdot s$)
10	5	1017.57 1012.61	3.946 4.050	0.520 0.518	1.79 2.23
	0	1018.73 1013.85	3.937 4.042	0.511 0.510	2.08 2.68
20	0	1035.67 1025.84	3.769 3.929	0.468 0.464	3.02 4.05
	-5	1036.85 1027.24	3.757 3.918	0.460 0.456	3.65 4.98

表 3-3（续）

质量浓度/%	温度/℃	密度/ (kg·m^{-3})	比热/ (kJ·kg^{-1}·℃$^{-1}$)	导热系数/ (W·m^{-1}·℃$^{-1}$)	黏度/ (mPa·s)
30	-5	1053.11 1037.89	3.574 3.779	0.422 0.416	5.03 9.08
	-10	1054.31 1039.42	3.560 3.765	0.415 0.410	6.19 11.87

注：表中横线上方为乙二醇水溶液的物理性质，横线下方为丙二醇水溶液的物理性质。

纯乙二醇和丙二醇对一般金属的腐蚀性小于水，但是它们的水溶液呈腐蚀性，且随着使用而增强；另外乙二醇和丙二醇水溶液在使用过程中若发生氧化，则会产生酸性物质。因此，可以在溶液中添加碱性缓蚀剂，如硼砂，使溶液呈碱性。

乙二醇水溶液使用的最低温度不宜低于-23℃，丙二醇溶液不宜低于-18℃。太低的使用温度，溶液的黏度增加，例如40%的乙二醇水溶液，-20℃时的黏度为-5℃时的2倍多，从而导致冷媒输送能耗增加，换热器传热系数减小。乙二醇水溶液浓度选择通常可以使其凝固温度比最低使用温度低3℃。

三、盐水溶液

常用的盐水溶液有氯化钙（$CaCl_2$）水溶液和氯化钠（$NaCl$）水溶液。前者使用温度可达-50℃，而后者使用温度宜为-16℃以上。氯化钙、氯化钠水溶液的物理性质与乙二醇水溶液相近，价格便宜，但对金属有强烈的腐蚀作用，在空调中很少用它们作冷媒。

第四章 冷源设备

第一节 压缩机

制冷压缩机是蒸气压缩式制冷系统中的主要设备。制冷压缩机的形式很多，按工作原理可分为容积型和速度型两大类。容积型压缩机又可分为活塞式（往复式）和回转式两种。回转式又可分为螺杆式、滚动转子式、涡旋式等。在速度型压缩机中，气体压力的提高是由气体的速度转化而来的，常用的有离心式压缩机。

一、活塞式制冷压缩机

活塞式压缩机利用气缸中活塞的往复运动来压缩气体，通常利用曲轴连杆机构将原动机的旋转运动变为活塞的往复直线运动，故也称为往复式压缩机。活塞式压缩机主要由机体、气缸、活塞、连杆、曲轴和气阀等组成。图4-1为立式两缸活塞式制冷压缩机。

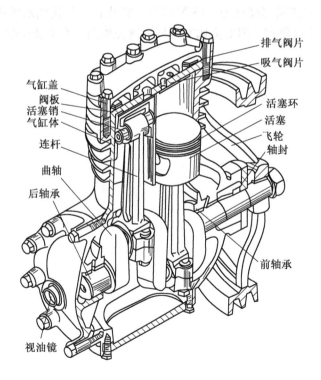

图4-1 立式两缸活塞式制冷压缩机

1. 分类

1）按压缩机的密封方式分类

为防止制冷系统中的制冷剂从运动着的压缩机中泄漏，必须采用密封结构。根据密封方式可分为开启式、半封闭式和全封闭式3类，3类压缩机结构示意图如图4-2所示。

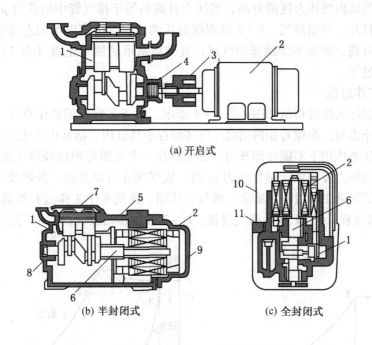

(a) 开启式

(b) 半封闭式　　　　　　　　　(c) 全封闭式

1—压缩机；2—电机；3—联轴器；4—轴封；5—机体；6—主轴；
7、8、9—可拆的密封盖板；10—焊封的罩壳；11—弹性支撑

图4-2　3类压缩机结构示意图

开启式压缩机的曲轴功率输入端伸出机体之外，通过传动装置（联轴器或胶带轮）与原动机连接。曲轴伸出端设有轴封装置，以防止制冷剂泄漏。

半封闭式压缩机的机体与电动机外壳铸成一体，构成密闭的机身，气缸盖可拆卸。

全封闭式压缩机和电动机共同装在一个封闭壳体内，上、下机壳连接处采用焊封。全封闭式压缩机与所配用的电动机共用一根主轴装在机壳内，因而可不用轴封装置，以减小泄漏的可能性。

2）按压缩机气缸的布置方式分类

根据气缸布置形式，可将压缩机分为卧式、立式和角度式。角度式压缩机的气缸轴线在垂直于曲轴轴线的平面内呈一定的夹角，这种压缩机具有结构紧凑、质量轻、运转平稳等特点，目前中小型空调工程中多采用这种压缩机。

2. 工作过程

1）理想工作过程

活塞式压缩机的实际工作过程是相当复杂的，为便于分析讨论，对压缩机的理想工作过程作如下假设：①压缩机没有余隙容积；②吸、排气过程中没有阻力损失；③吸、排气过程中与外界没有热量交换；④没有制冷剂的泄漏。

压缩机的理想工作过程示功图如图 4-3 所示，整个工作过程分为进气、压缩、排气 3 个过程。当活塞由上止点位置（点 4）向右移动时，压力为 p_1 的低压蒸气便不断地由蒸发器经吸气管和吸气阀进入气缸，直到活塞运动到下止点（点 1）为止。4-1 过程称为吸气过程。活塞在曲轴连杆机构的带动下开始向左移动，吸气阀关闭，气缸工作容积逐渐缩小，密闭在气缸内的压力逐渐升高，当压力升高到等于排气管中的压力 p_2 时（点 2），排气阀门自动打开，开始排气。1-2 过程称为压缩过程。活塞继续向左运动，气缸内气体的压力不再升高，而是不断地排出气缸，直到活塞运动到上止点（点 3）为止。2-3 过程称为排气过程。

2）实际工作过程

压缩机的实际工作过程示功图如图 4-4 所示。由于实际压缩机中存在余隙容积，当活塞运动到上止点时，余隙容积内的高压气体留存于气缸内，活塞由上止点开始向下运动时，吸气阀在压差作用下不能立即开启，首先存在一个余隙容积内高压气体的膨胀过程，当气缸内气体的压力降到低于蒸发压力 p_1 时，吸气阀才自动开启，开始吸气过程。由此可知，压缩机的实际工作过程由膨胀、吸气、压缩、排气 4 个工作过程组成。图 4-4 中 $3'-4'$ 表示膨胀过程；$4'-1'$ 表示吸气过程；$1'-2'$ 表示压缩过程；$2'-3'$ 表示排气过程。

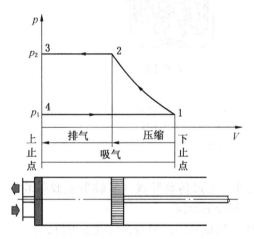

图 4-3　压缩机的理想工作过程示功图

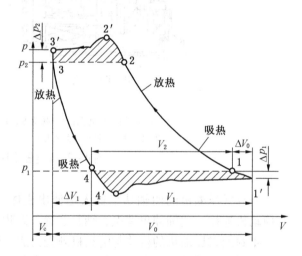

图 4-4　压缩机的实际工作过程示功图

3. 活塞式制冷压缩机的性能

1）压缩机的输气系数

由于各种因素的影响，压缩机的实际输气量 V_s 总是小于理论输气量 V_h。

实际输气量与理论输气量之比称为压缩机的输气系数，用 λ 表示。即

$$\lambda = \frac{V_s}{V_h} \tag{4-1}$$

λ 表示压缩机气缸工作容积的有效程度，它综合了余隙容积、吸排气阻力、吸入蒸气过热和泄漏对压缩机输气量的影响共 4 个主要因素。即

$$\lambda = \lambda_v \lambda_p \lambda_t \lambda_l \tag{4-2}$$

式中　λ_v、λ_p、λ_t、λ_1——容积系数、压力系数、温度系数、气密系数。

（1）余隙容积的影响。由于余隙容积的存在，少量高压气体首先膨胀占据一部分气缸的工作容积，如图 4-4 中的 ΔV_1，从而减少气缸的有效工作容积。

（2）吸排气阻力的影响。吸、排气过程中，蒸气流经吸气腔、排气腔、通道及阀门等处都存在流动阻力，导致气体产生压力降，结果使实际吸气压力低于吸气管内压力，排气压力高于排气管内压力，增大了吸排气压力差，并使压缩机的实际吸气量减小。

（3）吸入蒸气过热的影响。压缩机实际工作时，从蒸发器出来的低温蒸气在流经吸气管、吸气腔、吸气阀进入气缸前均要吸热而使温度升高、比容增大，导致实际吸入蒸气的质量减少。为减少吸入蒸气过热的影响，除吸气管道应隔热外，还应尽量降低压缩比，同时改善压缩机的冷却效果。

（4）泄漏的影响。气体的泄漏主要是压缩后的高压气体通过气缸壁与活塞之间的不严密处向曲轴箱内泄漏，吸、排气阀关闭不严或关闭滞后也会造成泄漏，从而使压缩机的排气量减少。

2）活塞式制冷压缩机的功率和效率

由原动机传到压缩机主轴上的功率称为轴功率 N_e，其中一部分直接用于压缩气体，称为指示功率 N_i；另一部分用于克服运动机构的摩擦阻力并带动油泵工作，称为摩擦功率 N_m。即

$$N_e = N_i + N_m \tag{4-3}$$

（1）指示功率和指示效率。指示功率取决于压缩机的气缸数、转数和单位（曲轴转一圈）指示功，而后者可直接由 $p-V$ 图（示功图）的面积表示。工程中，指示功率可根据同类型压缩机选取指示效率 η_i 计算决定。指示效率 η_i 是单位质量制冷剂的理论耗功（即绝热压缩）与实际功量 w_s 之比。即

$$\eta_i = \frac{w_0}{w_s} \tag{4-4}$$

蒸气的绝热压缩理论功 w_0 可按下式计算：

$$w_0 = h_2 - h_1 \tag{4-5}$$

式中　h_2、h_1——蒸气压缩终、初态的焓。

指示功率 N_i（kW）可按下式计算：

$$N_i = M_R w_s = M_R \frac{w_0}{\eta_i} = \frac{V_h \lambda}{\nu_1} \frac{h_2 - h_1}{\eta_i} \tag{4-6}$$

其中，质量流量 $M_R = M_h \lambda = \frac{V_h}{\nu_1} \lambda$。

指示效率 η_i 主要与运行工况、多变指数、吸排气压力损失等多种因素有关。

（2）摩擦功率和机械效率。压缩机的摩擦功率主要与压缩机的结构、制造、装配质量、转速和润滑油的温度等因素有关。工程中，摩擦功率 N_m 可利用机械效率 η_m 的方法予以计算。机械效率是压缩机指示功率与轴功率之比。即

$$\eta_m = \frac{N_i}{N_e} = \frac{N_i}{N_i + N_m} \tag{4-7}$$

活塞式制冷压缩机的机械效率 η_m 一般为 $0.8 \sim 0.9$。在制冷压缩机系列产品中，缸数较多的压缩机消耗的摩擦功率相对低些。活塞式制冷压缩机的指示效率、摩擦效率如图 $4-5$ 和图 $4-6$ 所示。

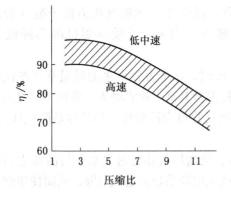
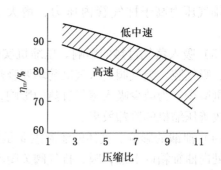

图 $4-5$ 活塞式制冷压缩机的指示效率　　　图 $4-6$ 活塞式制冷压缩机的摩擦效率

（3）轴功率和轴效率。制冷压缩机的轴功率 N_e（kW）可按下式计算：

$$N_e = N_i + N_m = \frac{N_i}{\eta_m} = \frac{V_h \lambda}{\nu_1} \frac{h_2 - h_1}{\eta_i \eta_m} \tag{4-8}$$

式中指示效率与机械效率的乘积称为压缩机的轴效率 $\eta_e = \eta_i \eta_m$，或称为总效率。

在实际工程中，实际制冷系数定义为单位轴功率的制冷量，用 COP 值表示。COP 值与理论循环制冷系数 ε_0 的关系为

$$COP = \varepsilon_0 \eta_e = \varepsilon_0 \eta_i \eta_m \tag{4-9}$$

对于封闭式压缩机，由于电动机置于压缩机机壳内部，没有外伸轴，压缩机消耗的功往往用电动机的输入功表示。单位制冷量与输入功之比称为能效比，用 EER 值表示。

（4）制冷压缩机电动机功率的校核计算。制冷压缩机所需的轴功率随运行工况而变化。在冷凝温度一定的情况下，压缩比约为 3 时轴功率最大，所以空调用压缩机可按最大轴功率工况选配。对于经常在较低蒸发温度下工作的低温压缩机，如果只考虑启动时要通过最大功率工况而按最大轴功率选配，势必造成电动机效率很低、整机容量过大和电力的浪费。为此，对于制冷量大的开启式压缩机，可考虑按其常用的工况范围分档选配。对于选配低档的功率，为防止电动机启动过载，可采用启动卸载的方法。

对于小型开启式压缩机，所需电动机的名义功率可按最大功率工况下的轴功率并考虑其传动效率 η_d，再加上启动时需要增加 $10\% \sim 15\%$ 计算，即制冷压缩机配用电动机的功率 N（kW）应为

$$N = (1.10 \sim 1.15)\frac{N_e}{\eta_d} = (1.10 \sim 1.15)\frac{V_h \lambda (h_2 - h_1)}{\nu_1 \eta_i \eta_m \eta_d} \tag{4-10}$$

式中　η_d——传动效率，直联时为 1，三角皮带连接时为 $0.90 \sim 0.95$。

4. 活塞式制冷压缩机的能量调节

活塞式压缩机采用油压操纵的输气量调节机构，根据运行条件的变化，改变压缩机工

作气缸数量，以达到调节制冷量的目的。此外，它还可以起到压缩机的卸载启动作用，以减少启动转矩，简化电动机的启动设备和操作运行程序。

二、螺杆式制冷压缩机

1. 基本构造

螺杆式制冷压缩机主要由阳转子、阴转子、机体、轴承、轴封、平衡活塞及能量调节装置等组成，喷油式螺杆制冷压缩机基本构造如图4-7所示。压缩机的工作气缸容积由转子齿槽、气缸体和吸排气端座构成。吸气端座和气缸体的壁上开有吸气口（分轴向吸气口和径向吸气口），排气端座和气缸体内壁上也开有排气口，而不像活塞式压缩机那样设有吸、排气阀。吸、排气口的大小和位置要经过精心设计计算确定。随着转子的旋转，吸、排气口可按需要准确地使转子的齿槽与吸、排气腔连通或隔断，周期性地完成进气、压缩、排气过程。

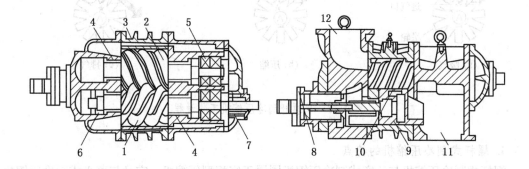

1—阳转子；2—阴转子；3—机体；4—滑动轴承；5—止推轴承；6—平衡活塞；
7—轴封；8—能量调节用卸载活塞；9—卸载滑阀；10—喷油孔；11—排气口；12—吸气口

图4-7 喷油式螺杆制冷压缩机基本构造

喷油的作用是冷却气缸壁、降低排气温度、润滑转子，并在转子与气缸壁之间形成油膜密封、减小机械噪声。螺杆压缩机运转时，由于转子上产生较大轴向力，必须采用平衡措施，通常在两转子的轴上设置推力轴承。另外，阳转子上轴向力较大，还要加装平衡活塞进行平衡。

2. 能量调节

一般螺杆制冷压缩机的能量调节范围为10%～100%，并且为无级调节。当制冷量在50%以上时，功率消耗与制冷量近似成正比关系，而在低负荷下运行时功率消耗较大。因此，从节能角度考虑，螺杆式制冷压缩机的负荷（制冷量）应在50%以上的工况下运行为宜。

3. 单螺杆压缩机

单螺杆压缩机的结构类似机械传动中的蜗轮蜗杆，主要零件是一个外圆柱面上铣有6个螺旋槽的转子外螺杆。在螺杆的两侧垂直对称地布置完全相同的11个齿条的行星齿轮。单螺杆的一端与电动机直联，在水平方向旋转时，同时带动2个行星齿轮以相反的方向在垂直方向上旋转。运转时，行星齿轮的齿条与螺杆的沟槽相啮合，形成密封线、行星齿轮的齿条一方面绕中心垂直旋转，同时逐渐侵入螺杆沟槽中，使沟槽的容积逐渐缩小，从而达到压缩气体的目的。由于2个行星齿轮是反方向旋转，所以吸、排气口的布置正好上下相反。

螺杆压缩机工作过程与容积式压缩机类似，包括吸气、压缩、排气3个过程，单螺杆制冷压缩机工作过程如图4-8所示。单螺杆压缩机也采用滑阀进行能量调节，容量可在10%~100%范围内进行无级调节，用户可根据常年使用工况选择合适的内容积比，以达到节能效果。单螺杆用锻钢制成，2个行星齿轮采用工程塑料模压而成，因此运行时磨损较小且能起到消声作用。单螺杆压缩机常用于冷水机组。

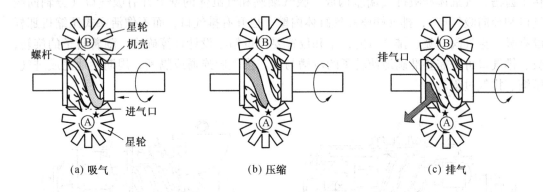

图4-8 单螺杆制冷压缩机工作过程

4. 螺杆式制冷压缩机的特点

螺杆式制冷压缩机与活塞式制冷压缩机同属于容积型压缩机，它又与离心式制冷压缩机类似，转子做高速旋转运动，所以螺杆式制冷压缩机兼有活塞式和离心式压缩机两者的优点。

（1）具有较高转速（3000~4400 r/min），可与原动机直联，因而单位制冷量的体积小，质量轻，占地面积小，输气脉动小。

（2）没有吸、排气阀和活塞环等易损件，故结构简单，运行可靠，寿命长。

（3）因向气缸中喷油，油能起到冷却、密封、润滑的作用，因而排气温度低（不超过90℃）。

（4）没有往复运动部件，不存在不平衡质量惯性力和力矩，对基础要求低，可提高转速。

（5）具有强制输气的特点，输气量几乎不受排气压力的影响。

（6）对湿压缩不敏感，易于操作管理。

（7）没有余隙容积，也不存在吸气阀片及弹簧等阻力，因此容积效率较高。

（8）输气量调节范围宽，且经济性较好，小流量时也不会出现离心式压缩机那样的喘振现象。

但螺杆式制冷压缩机也存在油系统复杂、耗油量大、油处理设备庞大且结构较复杂、不适用于变工况下运行、噪声大、转子加工精度高、泄漏量大，只适用于中、低压力比下工作等一系列缺点。

三、离心式制冷压缩机

离心式制冷压缩机通过高速旋转的叶轮对气体做功，先使其流速提高，然后通过扩压器使气体减速，将气体的动能转换为压力能，气体的压力就得到相应的提高。离心式制冷压缩机具有制冷量大、型小体轻、运转平稳等特点，多应用于大型空气调节系统。

1. 结构简述

离心式制冷压缩机分为单级和多级两种类型，单级和多级离心式压缩机简图如图4-9和图4-10所示。离心式压缩机主要由吸气室、叶轮、扩压器、弯道、回流器、蜗壳、主轴、轴承、机体及轴封等零件构成。

工作时，电动机通过增速箱带动主轴高速旋转，从蒸发器出来的制冷剂蒸气由吸气室进入由叶片构成的叶轮通道。由于叶片的高速旋转产生的离心力作用，使气体获得动能和压力能。高速气流经叶片进入扩压器，由于流通截面逐渐扩大，气流逐渐减速而增压，将气体的动能转变为压力能。为使气体继续增压，用弯道、回流器将气体均匀引入下一级叶轮，并重复上述过程。当被压缩的气体从最后一级的扩压器流出后，用蜗室将气体汇集起来，由排气管输送到冷凝器中，从而完成压缩过程。

由上述工作过程可以看出，离心式压缩机的工作原理与活塞式不同，它不是利用容积减小提高气体的压力，而是利用旋转的叶轮对气体做功，提高气体的压力。空调用离心式压缩机中过去应用最广泛的工质是R11和R12，只有制冷量特别大的离心式压缩机才用R114或R22，但由于R11和R12对大气环境的影响，已禁止使用。目前空调用离心式压缩机制冷剂主要选用R134a、R123和R22。

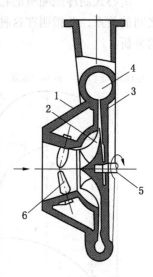

1—机体；2—叶轮；3—扩压器；4—蜗壳；5—主轴；6—导流叶片能量调节装置

图4-9 单级离心式压缩机简图

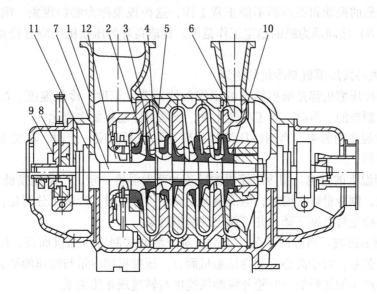

1—机体；2—叶轮；3—扩压器；4—弯道；5—回流器；6—蜗壳；7—主轴；
8—轴承；9—推力轴承；10—梳齿密封；11—轴封；12—进口导流装置

图4-10 多级离心式压缩机简图

2. 离心式制冷压缩机的特性

1）离心式制冷压缩机的特性

离心式制冷压缩机的特性是指在一定的进口压力下，输气量、功率、效率与排出压力之间的关系，并指明在这种压力下的稳定工作范围。下面借助一个级的特性曲线进行简单的分析。

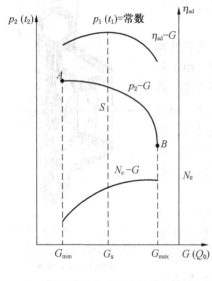

图 4-11 级的特性曲线

图 4-11 所示为一个级的特性曲线。图中 S 点为设计点，对应的工况为设计工况。由流量—效率曲线可见，在设计工况附近，级的效率较高；偏离越远，效率降低越多。图 4-11 所示中的流量—排出压力曲线表示级的出口压力与输气量之间的关系，B 点为该进口压力下的最大流量点。当流量达到这一数值时，叶轮中叶片进口截面上的气流速度接近或达到音速，流动损失都很大，气体所得的能量用以克服这些阻力损失，流量不可能再增加，通常将此点称为滞止工况。图 4-11 所示中 A 点为喘振点，其对应的工况为喘振工况，此时的流量为进口压力下级的最小流量。当流量低于这一数值时，由于供气量减少，制冷剂通过叶轮流道的损失增大到一定的程度，有效能量将不断下降，使叶轮不能正常排气，致使排气压力陡然下降。这样叶轮以后高压部位的气体将倒流回来。当倒流的气体补充了叶轮中气量时，叶轮又开始工作，将气体排出。尔后供气量仍然不足，排气压力又会下降，出现倒流，这样周期性重复进行，使压缩机产生剧烈的振动和噪声而不能正常工作，这种现象称为喘振现象。喘振工况（A）和滞止工况（B）之间即为级的稳定工作范围。性能良好的压缩机级应有较宽的稳定工作范围。

2）影响离心式压缩机制冷量的因素

离心式制冷压缩机都是根据给定的工作条件（蒸发温度、冷凝温度、制冷量）选定制冷工质设计制造的。因此，当工况变化时，压缩机性能将发生变化。

（1）蒸发温度的影响。当制冷压缩机的转速和冷凝温度一定时，蒸发温度越低，制冷量下降越剧烈。

（2）冷凝温度的影响。制冷压缩机的转速和蒸发温度一定，冷凝温度低于设计值时，由于流量增大，制冷量略有增加；但冷凝温度高于设计值时，影响十分明显，随着冷凝温度的升高，制冷量将急剧下降，并可能出现喘振现象。

（3）转速的影响。当运行工况一定时，对于活塞式制冷压缩机而言，压缩机制冷量与转速成正比关系；对于离心式制冷压缩机而言，压缩机制冷量与转速的平方成正比，这是因为压缩机产生的能量头及叶轮外缘圆周速度与转速成正比关系。

3. 离心式制冷压缩机的调节

制冷压缩机运行时往往需要利用自动测量和调节仪表或用手动操作来维持各参数值及制冷量的恒定。离心式制冷压缩机主要根据冷负荷的变化调节制冷机的制冷量及反喘振调节。

1) 制冷量的调节

根据用户对冷负荷的需要，可调节离心式压缩机制冷量。

（1）改变压缩机的转速。转速降低，制冷量相应减少。当转速从100%降低到80%时，制冷量减少了60%，轴功率也减少了60%以上。

（2）压缩机吸入管道上节流。它是通过改变蒸发器到压缩机吸入口之间管道上节流阀的开启度实现的。为避免调节时影响压缩机的工作、降低压缩机的效率，吸气节流阀通常采用蝶阀，使节流后的气体沿圆周方向均匀流动。

（3）转动吸气口导流叶片调节。这种方法是旋转导流叶片，改变导流叶片的角度，从而改变吸气口气流方向，以调节压缩机的制冷能力。这种调节方法经济性好，调节范围宽（40%~100%），可手动或根据蒸发温度（或冷冻水温度）自动调节，广泛用于氟利昂离心式制冷压缩机。

（4）改变冷凝器冷却水量。冷却水量减少，冷凝温度增高，压缩机制冷量明显减少，但动力消耗变化很小，因而经济性差，一般不宜单独采用，可与改变转速或导流叶片调节等方法结合使用。

2) 反喘振调节

当调节压缩机制冷量，其负荷过小时，会产生喘振现象。为此必须进行保护性的反喘振调节，旁通调节法是反喘振调节的一种措施。当要求压缩机的制冷量减少到喘振点以下时，可从压缩机排出口引出一部分气态制冷剂不经过冷凝器而流入压缩机的吸入口。这样既减少了流入蒸发器的制冷剂流量，相应地减少了制冷机的制冷量，又不致使压缩机吸入量过小，从而防止喘振现象产生。

四、其他形式的制冷压缩机

1. 滚动转子式制冷压缩机

滚动转子式制冷压缩机也是利用气缸工作容积的变化实现吸气、压缩和排气过程的。依靠一个偏心装置的圆筒形转子在气缸内滚动，实现气缸工作容积的变化（图4-12）。圆筒形气缸上有吸气孔和排气孔。排气孔道内装有簧片式排气阀，气缸内偏心配置的转子装在偏心轴的偏心轮上。当转子绕气缸中心线 O 转动时，转子在气缸内表面上滚动，两者具有一条接触线，因而在气缸与转子之间形成一个月牙形空腔，其大小不变，但位置随转子的滚动而变化，该月牙形空腔即为压缩机的气缸容积。在气缸的吸、排气孔之间开有一个纵向槽道，槽中装有能上下滑动的滑片，靠弹簧紧压在转子表面。滑片就将月牙形空腔分隔为两部分，一部分与吸气孔相通，称为吸气腔；另一部分通过排气阀片与排气孔口相通，称为压缩—排气腔。转子转动时，两个腔的工作容积都在不断发生变

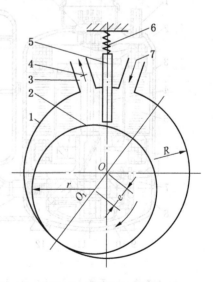

1—气缸；2—转子；3—排气孔；4—排气阀；5—滑片；6—弹簧；7—吸气孔

图4-12 偏心滚动转子式压缩机
结构示意图

化。当转子与气缸的接触线转到超过吸气口位置时，吸气腔与吸气孔口连通，吸气过程开始，吸气容积随转子的继续转动而不断增大；当转子接触线转到最上端位置时，吸气容积达到最大值，此时工作腔内充满气体，压力与吸气管中压力相等。当转子继续转动到吸气孔口下边缘时，上一转中吸入的气体开始被封闭，随着转子的继续转动，这部分空间容积逐渐减小，其中的气体受到压缩，压力逐渐提高；当压力升高到等于（或稍高于）排气管中压力时，排气阀片自动开启，压缩过程结束、排气过程开始。当转子接触线达到排气孔口的下边缘时，排气过程结束。此时，转子离最上端位置还有一个很小的角度，排气腔内还有一定的容积，它就是滚动转子式压缩机的余隙容积。余隙容积内残留的高压气体将膨胀进入吸气腔。

由上述分析可知，转子每转2周，完成吸气、压缩和排出过程，但吸气与压缩和排出过程是在滑片两侧同时进行的，因而仍然可以认为转子每转一周完成一个吸气、压缩、排气过程，即完成一个循环。

小型滚动转子式压缩机多做成全封闭型，有立式和卧式之分。图4-13所示为立式滚动转子式压缩机结构图，压缩机及电动机垂直安装在钢制壳体内，电动机在上部，压缩机在下部。制冷剂蒸气由机壳下部进入气缸，压缩后经排气阀排入机壳内，通过电动机的环隙通道，将电动机冷却后由顶部排出。排气中夹带的润滑油通过电动机转子离心力的作用分离。压缩机的润滑油通过装在偏心轴下部中心孔中的油片，靠离心力供油。偏心轴内部与表面开有油道或油槽，将油供至各轴承处。在电动机转子的上部和下部装有平衡块，用以平衡压缩机转子的不平衡惯性力及力矩。为防止过多的液体制冷剂进入压缩机气缸，吸气管道上专门装有气液分离器，将液体分离。分离出的液体在气液分

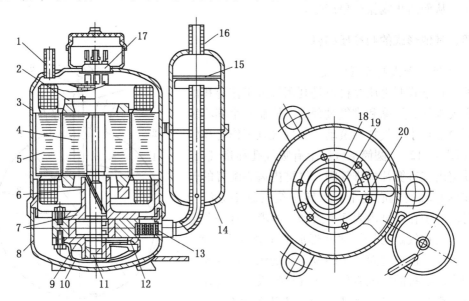

1—排气管；2—平衡块；3—上机壳；4—电机转子；5—电机定子；6—曲轴；7—主轴承；8—下机壳；
9—副轴承；10—壳罩；11—上油片；12—排气阀片；13—弹簧；14—气液分离器；15—隔板；
16—吸气管；17—接线柱；18—气缸；19—转子；20—滑片

图4-13　立式滚动转子式压缩机结构图

离器中蒸发成蒸气，一起进入压缩机。分离出的油则通过下部小孔进入吸气管道，随蒸气一起进入气缸。

对于机壳内为高压腔的这类压缩机，吸气预热较小，可获得较高的输气系数。但由于排气温度较高，对电动机冷却不利。所以，有的压缩机将排出的气体直接排至机壳外的冷却盘管中，在环境空气的冷却下降低制冷剂蒸气的温度，然后送入机壳内，冷却电动机后再由机壳排至冷凝器。

滚动转子式压缩机与活塞式压缩机相比，具有如下特点：①零部件少，结构简单；②易损件少，运行可靠；③没有吸气阀，余隙容积小，输气系数较高，如果气缸内采用喷油冷却，排气温度较低，适用于较大压缩比和较低蒸发温度的场合；④在相同的冷量情况下，压缩机体积小，重量轻，运行平稳；⑤加工精度要求较高；⑥密封线较长，密封性能较差，泄漏损失较大。

2. 涡旋式制冷压缩机

涡旋式制冷压缩机由运动涡旋盘（动盘）、固定涡旋盘（静盘）、机体、防自转环、偏心轴等零部件组成（图 4-14）。动盘和静盘的涡线是渐开线形状，安装时使两者中心线距离一个回转半径 e，相位差 180°。这样两盘啮合时，与端板配合形成一系列月牙形柱体工作容积。静盘固定在机体上，涡线外侧设有吸气室，端板中心设有气孔。动盘由一个偏心轴带动，使之绕静盘的轴线摆动。为防止动盘的自转，结构中设置了防自转环。制冷剂蒸气由涡旋体的外边缘吸入月牙形工作容积中，随着动盘的摆动，工作容积逐渐向中心移动，容积逐渐缩小而压缩气体，最后由静盘中心部位的排气孔轴向排出。

图 4-15 所示为涡旋式压缩机工作原理示意图。当动盘位置处于 0°位（图 4-15a）时，涡线体的啮合线在左右两侧，由啮合线组成封闭空间，此时完成吸气过程；当动盘顺时针方向公转 90°时，密封啮合线也移动 90°，处于上、下位置（图 4-15b），封闭空间

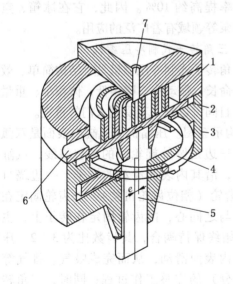

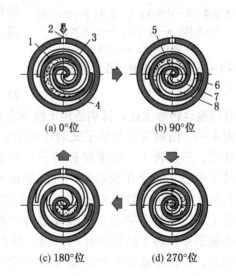

1—动盘；2—静盘；3—机体；4—防自转环；
5—偏心轴；6—进气口；7—排气口

1—压缩室；2—进气口；3—动盘；4—静盘；5—排气口；
6—吸气室；7—排气室；8—压缩室

图 4-14　涡旋式制冷压缩机的结构简图　　图 4-15　涡旋式压缩机工作原理示意图

的气体被压缩。与此同时，涡线体的外侧进行吸气过程，内侧进行排气过程；动盘公转180°时（图4-15c），涡线体的外、中、内侧继续进行吸气、压缩和排气过程；动盘继续公转至270°时（图4-15d），内侧排气过程结束，中间部分的气体压缩过程也结束，外侧吸气过程仍在继续进行；当动盘转至原来位置时（图4-15a），外侧吸气过程结束，内侧排气过程仍在进行。如此循环。

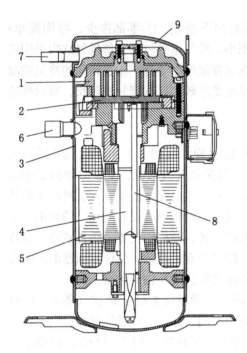

1—定涡盘；2—动涡盘；3—壳体；4—偏心轴；
5—电机；6—吸气口；7—排气口；
8—润滑油道；9—排气腔
图4-16 全封闭涡旋式压缩机结构图

图4-16所示为全封闭涡旋式压缩机结构图。涡旋式压缩机具有以下特点：①相邻两室的压差小，气体的泄漏量小；②由于吸气、压缩、排气过程同时连续地进行，压力上升速度慢，因此转矩变化幅度小、振动小；③没有余隙容积，不存在引起输气系数下降的膨胀过程；④无吸、排气阀，效率高、可靠性高、噪声低；⑤由于采用气体支承机构，允许带液压缩，一旦压缩腔内压力过高，可使动盘与静盘端面脱离，压力立即得到释放；⑥机壳内腔为排气室，可减少吸气预热，提高压缩机的输气系数；⑦涡线体型线加工精度非常高，必须采用专用的精密加工设备；⑧密封要求高，密封机构复杂。

涡旋式制冷压缩机与活塞式制冷压缩机比较，在相同工作条件、相同制冷量下，体积可减少40%，质量减小15%，输气系数提高30%，绝热效率提高约10%。因此，它在冰箱、空调器、热泵等领域有着广泛的应用。

3. 三角转子式制冷压缩机

三角转子式制冷压缩机具有结构简单、效率高、寿命长、振动小、噪声低、体积小、重量轻及适合高速运转等优点，特别适用于汽车空调，自问世以来一直受到人们的重视。

图4-17所示为三角转子式制冷压缩机结构示意图。压缩机的气缸内表面是双弧圆外旋轮线，三角转子（以下简称转子）外表的三边是圆外旋轮线的内包络线，汽缸中心与转子中心之间存在偏心距；汽缸静止不动，沿其内表面滑动的转子，一边绕自身中心自转，一边绕汽缸中心公转。一对啮合的齿轮（相位齿轮机构），外齿轮固定在气缸端盖上，压缩机主轴的主轴颈穿过外齿轮并与之同心，内齿轮固定在转子上，主轴的偏心轴颈穿在转子的轴承孔内。内、外齿轮始终保持啮合，其齿数比为3∶2。压缩机工作时，主轴带动偏心轴颈推动转子沿汽缸内表面滑动，从而完成吸气、排气等工作过程。图4-17示出1个工作室（有黑点部分）的完整工作过程；同时，三角转子压缩机有3个工作室同时工作，以上工作过程在另外两个工作室内也同时进行，只是存在一时间位置差。因此，压缩机主轴转1圈，就有2个室完成"吸气-压缩-排气"过程，即排气2次。

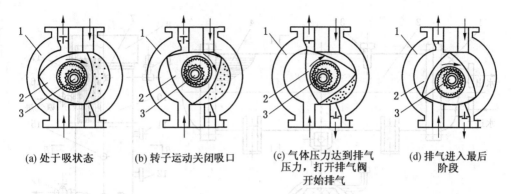

(a) 处于吸状态　　(b) 转子运动关闭吸口　　(c) 气体压力达到排气　　(d) 排气进入最后
　　　　　　　　　　　　　　　　　　　　　压力，打开排气阀　　　　阶段
　　　　　　　　　　　　　　　　　　　　　开始排气

1—压缩机；2—三角转子；3—主轴

图 4-17　三角转子式制冷压缩机结构示意图

第二节　制冷系统设备

蒸气压缩式制冷系统主要由压缩机、冷凝器、膨胀阀、蒸发器四大基本设备组成，称为制冷系统设备。另外还有一些辅助设备，如各种分离器、储液器、回热器、过冷器、安全阀等，它们在制冷系统中的作用是提高系统运行稳定性、经济性和安全性。

一、换热器

制冷系统的基本换热设备是冷凝器和蒸发器，辅助换热设备有过冷器、回热器、中间冷却器等。制冷换热器以表面式居多，结构形式繁多，应用较为普遍的有壳管式、蛇管式、螺管式、翅片管式、板式等。其结构形式的选择取决于用途、传热介质（包括制冷剂、载冷剂和冷却介质）的种类特性及流动方式。不同结构形式换热器的传热能力及单位金属耗量会对制冷装置的制造成本和运行经济性带来直接影响。

1. 冷凝器

冷凝器的任务是使将压缩机排出的高压过热制冷剂蒸气，通过向环境介质放出热量而被冷却、冷凝为饱和液体，甚至过冷液体。

按照冷凝器使用冷却介质和冷却方式的不同，可分为水冷式、空气冷却式和蒸发式3种。

1）水冷式冷凝器

水冷式冷凝器根据结构不同，主要分为壳管式和套管式两种。

壳管式冷凝器结构如图 4-18 所示，分为立式和卧式两种。一般立式壳管式冷凝器适用于大型氨制冷装置，而卧式壳管式冷凝器普遍用于大、中型氨或氟利昂制冷装置。壳管式冷凝器壳内管外为制冷剂，管内为冷却水。壳体的两端管板上穿有传热管，壳体一般用钢板卷制（或直接采用无缝钢管）焊接而成。管板与传热管的固定方式一般采用胀接法，以便修理和更换传热管。

（1）卧式壳管式冷凝器。管板外侧设有左右端盖，盖的内侧具有水流程需要的隔腔，保证冷却水在管程中往返流动，使冷却水从一侧端盖的下部进入冷凝器，经过若干流程后

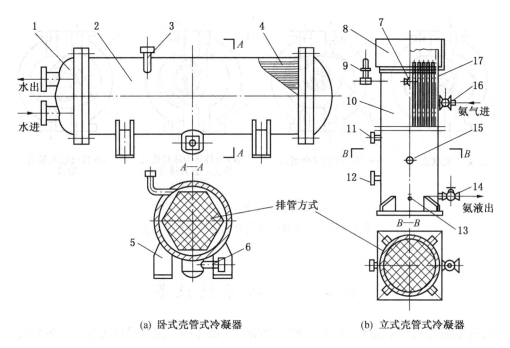

(a) 卧式壳管式冷凝器　　　　　　　　(b) 立式壳管式冷凝器

1—端盖；2、10—壳体；3—进气管；4、17—传热管；5—支架；6—出液管；7—放空气管；8—水槽；
9—安全阀；11—平衡管；12—混合管；13—放油阀；14—出液阀；15—压力表；16—进气阀

图4-18　壳管式冷凝器结构

由同侧端盖的上部流出。端盖的上部和下部设有排气和放水阀，以便装置启动运行时排出水侧空气，停止运行时排出管内存水。

　　壳体下部设有集污包，以便集存润滑油或机械杂质，集污包上还设有放油管接头，壳体上方设有压力表、安全阀、均压管、放空气接头等。

　　（2）立式壳管式冷凝器。壳体两端无端盖，制冷剂过热蒸气由竖直壳体的上部进入壳内，在竖直管簇外冷凝为液体，然后从壳体下部引出。壳体的上端口设有配水槽，管簇的每一根管口装有一个水分配器，冷却水通过该分配器上的斜水槽进入管内，并沿内表面形成液膜向下流动，以提高表面传热系数，节约冷却水循环量。

　　2）空气冷却式冷凝器

　　空气冷却式冷凝器以空气为冷却介质，制冷剂在管内冷凝，空气在管外流动，吸收管内制冷剂蒸汽放出的热量。由于空气的换热系数较小，管外（空气侧）常设置肋片，以强化管外换热。

　　按空气流动的方式不同，可将此类冷凝器分为空气自由流动和空气强制流动两种形式。

　　（1）空气自由流动的空气冷却式冷凝器。该冷凝器利用空气在管外流动时吸收制冷剂排放的热量后，密度发生变化引起空气的自由流动而不断带走制冷剂蒸气的凝结热。它不需要风机，没有噪声，多用于小型制冷装置。

　　（2）空气强制流动的空气冷却式冷凝器。图4-19所示的冷凝器是由一组或几组带有肋片的蛇管组成。制冷剂蒸气从上部集管进入蛇管，其管外肋片用以强化空气侧换热，补偿空气表面传热系数过低的缺陷。由低噪声轴流式通风机迫使空气流过肋片间隙，通过肋片及管外壁与管内制冷剂蒸气进行热交换，将其冷凝为液体。这种冷凝器的传热系数较空气自由流动型冷凝器高，具有结构紧凑、换热效果好、制造简单等优点。

3）蒸发式冷凝器

蒸发式冷凝器以水和空气为冷却介质。它利用水蒸发时吸收热量使管内制冷剂蒸气凝结。水经水泵提升再由喷嘴喷淋到传热管的外表面，形成水膜吸热蒸发变成水蒸气，然后被进入冷凝器的空气带走，未被蒸发的水滴则落到下部的水池内。箱体上方设有挡水栅，用于阻挡空气中的水滴散失。蒸发式冷凝器结构原理如图 4-20 所示。该冷凝器空气流量不大，耗水量也很少。对于循环水量为 60~80 L/h 的蒸发式冷凝器，其空气流量为 100~200 m³/h，补水量为 3~5 L/h。为防止传热管外壁面结垢，对循环水应进行软化处理后使用。

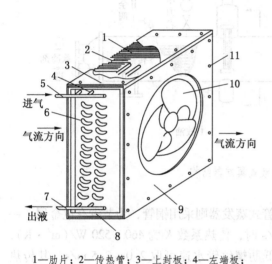

1—肋片；2—传热管；3—上封板；4—左端板；5—进气集管；6—弯头；7—出液集管；8—下封板；9—前封板；10—通风机；11—装配螺钉

图 4-19 空气强制流动的空气冷却式冷凝器

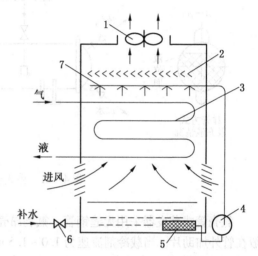

1—通风机；2—挡水栅；3—传热管组；4—水泵；5—滤网；6—补水阀；7—喷水嘴

图 4-20 蒸发式冷凝器结构原理

蒸发式冷凝器的风量配备与进口空气的湿球温度 t_{s1} 有关，t_{s1} 越高，所要求的送风量越大，送风耗能也越多。水量配备应以保证润湿全部换热表面为原则。

此外，与蒸发式冷凝器结构和工作原理相似的一种仅靠水在管外喷淋，使管内制冷剂蒸气凝结的冷凝器，称为淋水式冷凝器。一般应用于大、中型氨制冷装置。

2. 蒸发器

蒸发器根据被冷却的介质可分为冷却液体载冷剂的蒸发器和冷却空气的蒸发器；根据制冷剂供液方式可分为满液式、干式、循环式和喷淋式蒸发器等。

1）满液式蒸发器

按其结构分为卧式壳管式、水箱直管式、水箱螺旋管式等结构形式。它们的共同特点是在蒸发器内充满液态制冷剂，运行中吸热蒸发产生的制冷剂蒸气不断地从液体中分离出来。由于制冷剂与传热面充分接触，具有较大的换热系数。但不足之处是制冷剂充注量大，液柱静压会给蒸发温度造成不良影响。

（1）壳管式满液式蒸发器。一般为卧式结构，卧式满液式蒸发器结构如图4-21所示。制冷剂在壳内管外蒸发，载冷剂在管内流动，一般为多程式。载冷剂的进出口设在端盖上，取下进上出走向。制冷剂液体从壳底部或侧面进入壳内，蒸气由上部引出后返回压缩机。壳内制冷剂始终保持壳径70%~80%的静液面高度。为防止液滴被抽回压缩机而产生"液击"，一般在壳体上方留出一定的空间，或在壳体上焊制一个气包，以便对蒸发器中出的制冷剂蒸气进行气液分离。对于氨用壳管式满液式蒸发器，还在其壳体下部专门设置集污包，便于由此排出油及沉积物。壳体长径比一般为4~8。

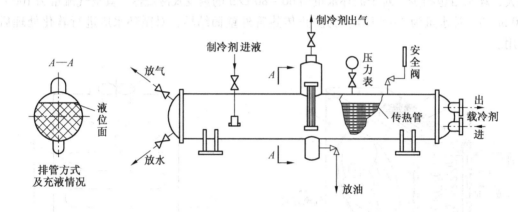

图4-21　卧式满液式蒸发器结构

氨壳管式蒸发器采用无缝钢管，氟利昂壳管式蒸发器则采用铜管，为节省有色金属，一般在管外加助片。当载冷剂流速为1.0~1.5 m/s时，传热系数K为460~520 W/（m² · K），其单位面积热流量q_F为2300~2600 W/m²。低肋螺纹管水速可取2.0~2.5 m/s，其传热系数K可达512~797 W/（m² · K）。

采用壳管式蒸发器应注意以下问题：①以水为载冷剂，蒸发温度低于0℃时，管内将会结冰，严重时会导致传热管胀裂；②低蒸发压力时，液体在壳体内的静液柱会使底部温度升高，传热温差减小；③与润滑油互溶的制冷剂，使用满液式蒸发器存在回油困难；④制冷剂充注量较大。同时不适用于机器在运动条件下工作，液面摇晃会导致压缩机冲缸事故。

（2）水箱式蒸发器。水箱式蒸发器由平行直管或螺旋管组成（又称立式蒸发器）。它们均沉浸在液体载冷剂中，在搅拌器的作用下，液体载冷剂在水箱内循环流动，增强传热效果。

图4-22a所示为氨直管式蒸发器结构，全部采用无缝钢管制成。每个管组均有上、下水平集管。立管沿垂直于两集管的轴线方向焊接，其管径较集管小。进液管设置在一个较粗的立管中。上水平集管的一端焊接有一个气液分离器，下水平集管的一端与集油器连通。制冷剂液体从设置中间部位的进液管进入蒸发器（图4-22c），由于进液管一直延伸到靠近下水平集管，使其可利用氨液的冲力，促使制冷剂在立管内循环流动。制冷剂在蒸发过程中产生的氨气沿上水平集管进入气液分离器，因流动方向的改变和速度的降低，将

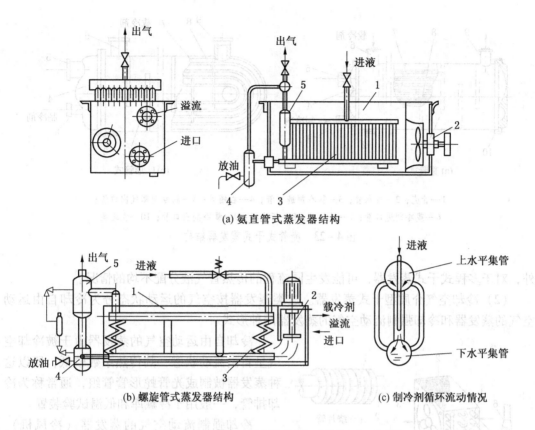

1—载冷剂容器；2—搅拌器；3—直管式（或螺旋管式）蒸发器；4—集油器；5—气液分离器

图 4-22　直管式、螺旋管式蒸发器及其制冷剂的循环流动情况

氨气中携带的液滴分离。蒸气由上方引出，液体则返回下水平集管进入新一轮的循环。集油器中沉积的润滑油通过放油阀可定时排放。沉浸在载冷剂中的蒸发器管组，可以是一组，也可以是多组并列安装。组数的多少由热负荷大小确定。

该类蒸发器在使用盐水作载冷剂时，因与空气接触易造成传热管严重腐蚀，因此应注意加强系统与空气隔离的措施。

2）干式蒸发器

干式蒸发器是一种制冷剂液体在传热管内能够完全气化的蒸发器。其传热管外侧的被冷却介质是载冷剂（水或空气），制冷剂则在管内吸热蒸发。按其被冷却介质可分为冷却液体介质型和冷却空气介质型两类。

（1）冷却液体介质型干式蒸发器。图 4-23 所示为壳管式干式蒸发器结构。它们的共同特点是壳内装有多块折流板，目的在于提高管外载冷剂流速、增强换热效果。折流板的数量取决于流速的大小。折流板穿装在传热管簇上，用拉杆将其固定在确定位置。此外，直管式和 U 形管式的结构也有许多相异之处。

壳管式干式蒸发器的特点是：能保证进入制冷系统的润滑油顺利返回压缩机；需要的制冷剂充注量较小，仅为同能力满液式蒸发器的 1/3；用于冷却水时，即使蒸发温度达到 0 ℃，也不会发生冻结事故；可采用热力膨胀阀供液，这比满液式浮球阀供液更可靠。此

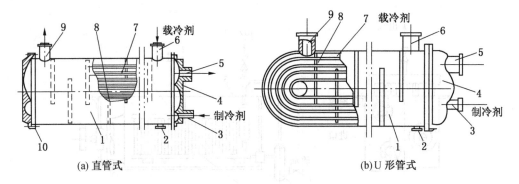

1—管壳；2—放水管；3—制冷剂进口管；4—右端盖；5—制冷剂蒸气出口管；
6—载冷剂进口管；7—传热管；8—折流板；9—载冷剂出口管；10—左端盖

图 4 - 23　壳管式干式蒸发器结构

外，对于多程式干式蒸发器，可能发生同流程的传热管气液分配不均的情况。

（2）冷却空气介质型干式蒸发器。这类蒸发器按空气的运动状态分为冷却自由运动空气的蒸发器和冷却强制流动空气的蒸发器两种形式。

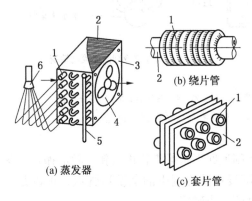

1—传热管；2—肋片；3—挡板；
4—通风机；5—集气管；6—分液器

图 4 - 24　冷却强制流动空气的
蒸发器及其肋片管形式

冷却自由运动空气的蒸发器由于被冷却空气呈自由流动状态，其传热系数较低，所以这种蒸发器被制成光管蛇形管管组，通常称为冷却排管，一般用于冷藏库和低温试验装置。

冷却强制流动空气的蒸发器（冷风机）。图 4 - 24 所示为冷却强制流动空气的蒸发器及其肋片管形式。这种蒸发器具有结构紧凑、传热效果好、可以改变空气的含湿量、应用范围广等优点。但从制造工艺要求分析，肋片与传热管的紧密接触是提高其传热效果的关键。

3）循环式蒸发器

循环式蒸发器中，制冷剂在其管内反复循环吸热蒸发直至完全气化，称为循环式蒸发器。循环式蒸发器多应用于大型液泵供液和重力供液冷库系统或低温环境试验装置。

3. 板式换热器

板式换热器一般作为冷凝器、蒸发器或冷却器等，在制冷及冷水机组中的应用相当普遍。

二、节流机构

节流机构是制冷装置中的重要部件之一，它的作用是将冷凝器或储液器中冷凝压力下的饱和液体（或过冷液体）节流后，降至蒸发压力和蒸发温度，同时根据负荷的变化，调节进入蒸发器制冷剂的流量。

按照节流机构的供液量调节方式可分为手动节流阀、浮球节流阀、热力膨胀阀、热电膨胀阀和电子脉冲式膨胀阀、毛细管5个类型。

1. 手动节流阀

手动节流阀又称为手动调节阀或膨胀阀,其外形与普通截止阀相似。节流阀的阀芯为针形或具有 V 形缺口的锥体,阀杆采用细牙螺纹,当旋转手轮时,可使阀门的开启度缓慢增大或减小,以保证良好的调节性能。

手动节流阀开启的大小,需要操作人员频繁地调节,以适应负荷的变化。目前手动节流阀大部分已被自动节流机构取代,只有氨制冷系统或试验装置还在使用。在氟利昂制冷系统中,手动节流阀作为备用阀安装在旁通管路中,以便自动节流机构维修时使用。

2. 浮球节流阀

浮球节流阀(或称浮球调节阀)用于具有自由液面的蒸发器(如卧式壳管式蒸发器、直立管式或螺旋管式蒸发器)的供液量的自动调节,同时起着节流的作用。通过浮球调节阀的调节,设备中的液面保持恒定。

浮球调节阀广泛应用于氨制冷装置中,按照流通方式可将浮球调节阀分为直通式和非直通式两种,其结构及非直通式管路系统如图 4-25 所示。浮球调节阀有一个铸铁的外

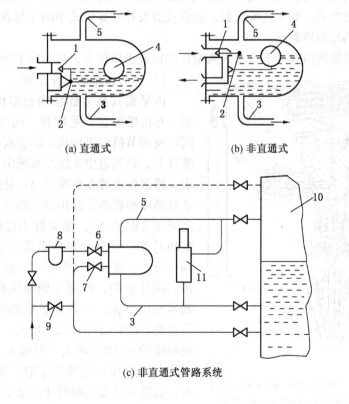

(a) 直通式　　　　　　　　　　(b) 非直通式

(c) 非直通式管路系统

1—阀针;2—支点;3—液体连接管;4—浮子;5—气体连接管;6—进液阀;7—出液阀;
8—过滤器;9—手动节流阀;10—蒸发器;11—远距离液面指示器

图 4-25　浮球调节阀结构及非直通式管路系统

壳，用液体连接管及气体连接管分别与被控制的蒸发器的液体和蒸气两部分相连接，因而浮球调节阀壳体内的液面与蒸发器内的液面一致。当蒸发器内的液面降低时，壳体内的液面也随着降低，浮子落下，阀针便将节流孔开大，供入的制冷剂量增多；反之当液面上升时，浮子浮起，阀针将节流孔关小，使供液量减少。而当液面升高到一定的高度时，节流孔被关闭，即停止供液。在直通式浮球调节阀中，液体经节流后先进入浮球阀的壳体内，再经液体连接管进入蒸发器，在非直通式浮球调节阀中，节流后的液体不直接由浮球阀的壳体进入，而是由出液阀引出，并另用一根单独的管子送入蒸发器，如图4-25b、图4-25c所示。

直通式浮球调节阀结构比较简单，但由于液体冲击作用引起的壳体内液面波动较大，使调节阀的工作不太稳定，而且液体从壳体流入蒸发器是依靠静液柱的高度差，因此液体只能供到容器的液面以下。非直通式浮球调节阀工作比较稳定，而且可以供液到蒸发器的任何部位（图4-25c）。制冷剂液体可由最下面实线表示的管子供入蒸发器，也可以由上面虚线表示的管子供入蒸发器。但是，非直通式浮球调节间的构造及安装都比直通式的复杂一些。

3. 热力膨胀阀

热力膨胀阀属于一种自动膨胀阀，又称热力调节阀或感温调节阀，是应用最广的一类节流机构。它利用蒸发器出口制冷剂蒸气的过热度调节阀孔开度调节供液量，故适用于没有自由液面的蒸发器，如干式蒸发器、蛇管式蒸发器和蛇管式中间冷却器等。热力膨胀阀现主要用于氟利昂制冷系统。

根据热力膨胀阀内膜片下方引入蒸发器进口或出口压力，分为内平衡式和外平衡式。

1）热力膨胀的工作原理

内平衡式热力膨胀阀的结构如图4-26所示。它由感温包、毛细管、阀座、膜片、顶杆、阀针及调节机构等构成。膨胀阀接在蒸发器的进液管上，感温包中充注与系统中制冷剂相同的工质，感温包设置在蒸发器出口处的管外壁上。由于过热度的影响，其出口处温度 t_1' 与蒸发温度 t_0 之间存在温差 Δt_g，通常称为过热度。感温包感受到 t_1' 后，使整个感应系统处于与 t_1' 对应的饱和压力 p_b。图4-27所示中，该压力通过毛细管传到膜片上侧，在膜片侧面施有调整弹簧力 p_T 和蒸发压力 p_0，三者处于平衡时有 $p_b = p_T + p_0$。若蒸发器出口过热度 Δt_g 增大，即表示 t_1' 提高，使对应的 p_b 随之增大，形成 $p_b > p_T + p_0$，膜片下移，通过顶杆使阀芯下移，阀孔通道面积增大，故进入蒸发器的制冷剂流量增大。蒸发器的制冷量也随之增大。倘若进入蒸发器的制冷剂量增大到一定程度时，蒸发器的热负荷还不能使之完全变为 t_1' 的过热蒸气，造成 Δt_g 减小，t_1'

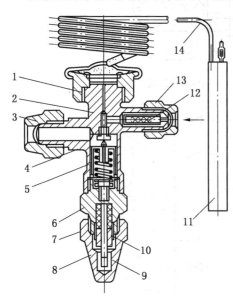

1—气箱座；2—阀体；3、13—螺母；4—阀座；
5—阀针；6—调节杆座；7—填料；8—阀帽；
9—调节杆；10—填料压盖；11—感温包；
12—过滤网；14—毛细管

图4-26　内平衡式热力膨胀阀结构

降低导致对应的感应机构内压力 p_b 减小，形成 $p_b < p_T + p_0$。因而膜片回缩，阀芯上移，阀孔通道面积减小，使进入蒸发器的制冷剂量相应减少。

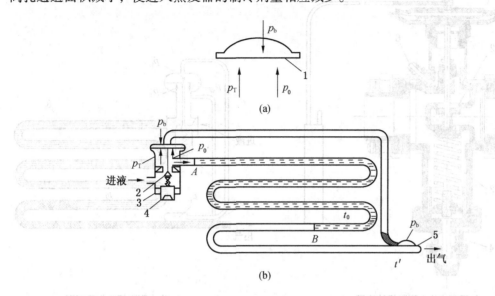

1—弹性金属膜片；2—阀芯；3—弹簧；4—调节杆；5—感温包

图 4-27　内平衡式热力膨胀阀工作原理图

在许多制冷装置中，蒸发器的管组长度较大，从进口到出口存在较大的压降 Δp_0，造成蒸发器进出口温度各不相同，p_0 不是一个固定值。在这种情况下若使用内平衡式热力膨胀阀，则会因蒸发器出口温度过低而造成 $p_b \ll p_T + p_0$，热力膨胀阀的过度关闭导致丧失对蒸发器实施供液量调节的能力。而采用外平衡式热力膨胀阀则可以避免产生过度关闭的情况，保证有压降 Δp_0 的蒸发器得到正常的供液。外平衡式热力膨胀阀的结构与工作原理如图 4-28 所示，它是将内平衡式热力膨胀阀膜片驱动力系中的蒸发压力 p_0，由外平衡管接头引入的蒸发器出口压力 p_w 取代，以此消除蒸发器管组内的压降 Δp_0 造成的膜片力系失衡，而带来的使膨胀阀失去调节能力的不利影响。由于 $p_w = p_0 - \Delta p_0$，尽管蒸发器出口过热度偏低，但膜片力系变为 $p_b = p_T + (p_0 - \Delta p_0)$ 时，仍然能保证在允许的装配过热度范围内达到平衡。在这个范围内，当 $p_b > p_T + p_w$ 时，表示蒸发器热负荷偏大，出口过热度偏高，膨胀阀流通面积增大，使制冷剂供液量按比例增大；反之按比例减小。

2）热力膨胀阀的选择与使用

正常情况下，热力膨胀阀应控制进入蒸发器中的液态制冷剂量刚好等于蒸发器中吸热蒸发的制冷剂量，使之在工作温度下蒸发器出口过热度适中，蒸发器的传热面积得到充分利用。同时在工作过程中能随着蒸发器热负荷的变化，迅速改变供液量，使之随时保持系统平衡。实际中的热力膨胀阀感温系统存在一定的热惰性，形成信号传递滞后，往往使蒸发器产生供液量过大或过小的超调现象。为削弱这种超调，稳定蒸发器的工作，在确定热力膨胀阀容量时，一般取蒸发器热负荷的 1.2～1.3 倍。

4. 热电膨胀阀和电子脉冲式膨胀阀

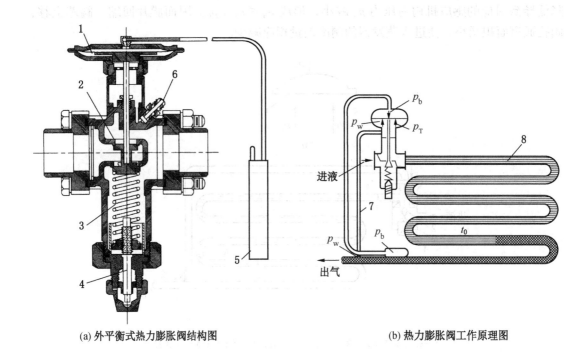

(a) 外平衡式热力膨胀阀结构图　　　　　(b) 热力膨胀阀工作原理图

1—弹性金属膜片；2—阀芯与阀座；3—弹簧；4—调节螺杆；5—感温包；
6—外平衡管接口；7—外平衡管；8—干式蒸发器

图 4 - 28　外平衡式热力膨胀阀的结构与工作原理图

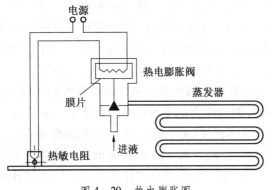

图 4 - 29　热电膨胀图

1）热电膨胀阀

热电膨胀阀也称电动膨胀阀。它是利用热敏电阻的作用调节蒸发器供液量的节流装置，结构简单、反应速度快。热电膨胀阀的基本结构及其与蒸发器的连接方式如图 4 - 29 所示。热敏电阻具有负温度系数特性，即温度升高，电阻减小。它直接与蒸发器出口的制冷剂蒸气接触。在电路中，热敏电阻与膨胀阀膜片上的加热器串联，电热器的电流随热敏电阻值的大小而变化。当蒸发器出口制冷剂蒸气的过热度增加时，热敏电阻温度升高，电阻值降低，电加热器的电流增加，膜室内充注的液体被加热而温度增加、压力升高，推动膜片和阀杆下移，使阀孔开启或开大。当蒸发器的负荷减小，蒸发器出口蒸汽的过热度减小或者变成湿蒸汽时，热敏电阻被冷却，阀孔关小或关闭。这样热电膨胀阀可以控制蒸发器的供液量，使其与热负荷相适应。

2）电子脉冲式膨胀阀

图 4 - 30 所示的结构是由步进电动机、阀芯、阀体、进出液管等主要部件组成。由一个屏蔽套将步进电动机的转子和定子隔开。在屏蔽套下部与阀体做周向焊接，形成

一个密封的间内空间。电动机转子通过一个螺丝套与阀芯连接，转子转动时可以使阀芯下端的锥体部分在阀孔中上下移动，以改变阀孔的流通面积，起到调节制冷剂流量的作用。在屏蔽套上部设有升程限制机构，将阀芯的上下移动限制在一个设定的范围内。若有超出此范围的现象发生，步进电动机将发生堵转。通过升程限位机构可以使电脑调节装置方便地找到阀的开度基准，并在运转中获得阀芯位置信息，读出或记忆阀的开闭情况。

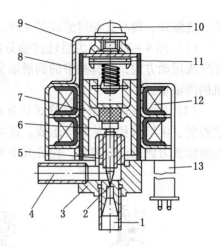

1—进液管；2—阀孔；3—阀体；4—出液管；
5—丝套；6—转轴（阀芯）；7—转子；
8—屏蔽套；9—尾板；10—定位螺钉；
11—限位器；12—定子线圈；13—导线
图 4-30　电子脉冲式膨胀阀的结构

对于需要精细流量调节的制冷装置，采用此种膨胀阀，可以得到满意可靠的高效节能效果。

5. 毛细管

毛细管又叫节流管，其内径常为 0.5~5 mm，长度不等，材料为铜或不锈钢。由于它不具备自身流量调节能力，被看作一种流量恒定的节流设备。

毛细管节流是根据流体在一定几何尺寸的管道内流动产生摩阻压降改变其流量的原理，当管径一定时，流体通过的管道短，则压降小，流量大；反之，压降大且流量小。在制冷系统中可代替膨胀阀作为节流机构。

毛细管的供液能力与其几何尺寸有关，长度增加或内径减小，供液能力减小。而在几何尺寸中，毛细管内径的偏差影响显著。

在工程设计中，可在某稳定工况下对不同管径和长度的毛细管进行实际运行试验，并将试验结果整理成线图。选配时根据已知条件通过线图近似地选择毛细管参数，即图表法。

毛细管节流的优点是结构简单，无运动部件，价格低廉；使用时系统不需装设储液器，制冷剂充注量少，而且压缩机停止运转后，冷凝器与蒸发器内的压力可较快地自动平衡，减轻电动机的启动负荷。主要缺点是调节性能差，因此只适用于蒸发温度变化范围不大、负荷比较稳定的场合。

三、辅助设备

（一）油分离器及集油器

制冷机工作时需要润滑油在机内起润滑、冷却和密封作用。系统运行过程中润滑油往往随压缩机排气进入冷凝器甚至蒸发器，降低它们的传热效果，影响整个制冷装置技术性能的发挥。

1. 油分离器

对制冷压缩机排出的高压蒸气中的润滑油进行分离。根据降低气流速度和改变气流方向的分油原理，使高压蒸气中的油粒在重力作用下得以分离。一般气流速度为 1 m/s 以下，就可将蒸气中所含直径为 0.2 mm 以上的油粒分离出来。通常使用的油分离器有惯性式、洗涤式、离心式和过滤式等4种。

（1）图4-31所示为惯性式油分离器。气态制冷剂进入壳体后，流速突然下降并改变气流运动方向，将其携带的润滑油分离下来集于底部，靠浮球阀或手动阀排回制冷压缩机的曲轴箱。

（2）图4-32所示为洗涤式油分离器，适用于氨制冷系统。它是由进气管、出气管、进液管、伞形罩和放油管等组成。进液管至少应比冷凝器的出液管低200~300 mm，以便氨液借重力流入油分离器，保证其中液面有一定高度。

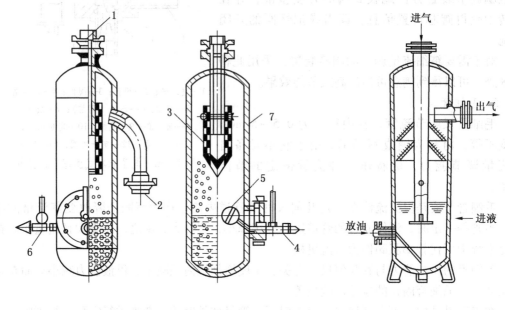

1—进口；2—出口；3—滤网；4—手动阀；
5—浮球阀；6—回油阀；7—壳体

图4-31　惯性式油分离器　　　　　图4-32　洗涤式油分离器

这种油分离器主要靠冷却作用分油。高压过热氨气进入氨液中被氨液洗涤，温度降低，从而使夹带的氨气中的雾状润滑油凝聚成较大的油滴，下沉到分离器的底部。尚未分离的润滑油随氨气一起离开液面后，还可借重力和伞形罩的阻挡作用进一步被分离。

（3）图4-33所示为过滤式油分离器，属高效油分离器。这种油分离器的壳体内装有滤层，滤层的充填物可以是小瓷环、金属丝网或金属切屑，其中编织的金属丝网效果最佳。

（4）图4-34所示为离心式油分离器，它的分油效率也很高，多用于制冷量较大的系统。高压气态制冷剂沿切线方向进入油分离器后，经螺旋状隔板自上向下旋转流动，借离心力作用将滴状润滑油甩到壳体壁面，聚积成较大的油液，下沉到分离器的底部。

油分离器可以根据进、出气管管径选择，一般进气管内气流速度为10~25 m/s。油分离器也可以根据所需要的筒体直径选择。滤过式油分离器气流通过滤层的速度为0.4~

0.5 m/s；其他形式的油分离器气流通过筒体的速度应不超过 0.8 m/s。

2. 集油器

对于氟利昂制冷系统，油分离器分离出的润滑油一般通过分离器下部的手动阀或浮球式自动放油阀直接送回压缩机的曲轴箱。

而在氨制冷系统中，除了油分离器以外，冷凝器、储液器和蒸发器等设备的底部均积存润滑油，为收集和放出这些润滑油，应装置集油器。

集油器（图4-35）为钢板制成的筒体容器，其上部设有进油管、放油管、回气管和压力表接管等。进油管分高、低压两路与油分离器、冷凝器、储液器及蒸发器相连，回气管与压缩机吸气管相接。手动放油最好在系统停止运行时进行，这样放油效率高，而且安全。

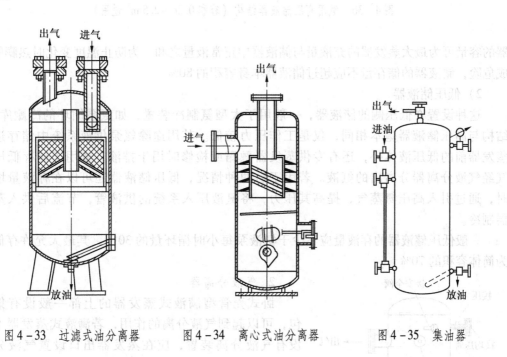

图4-33 过滤式油分离器　　　图4-34 离心式油分离器　　　图4-35 集油器

（二）储液器及气液分离器

1. 储液器

储液器又称储液筒，用于储存制冷剂液体。按其功能分高压储液器和低压储液器两种。

1）高压储液器

高压储液器的用途是储存高压液体，设置在冷凝器之后，保证制冷系统在冷负荷变化时制冷剂供液量调节的需要，也有利于减少定期检修时向系统补充制冷剂的次数。其结构一般为卧式圆筒形，图4-36所示为氨用高压储液器结构。其与冷凝器之间除连有液体管道外，还设有气体平衡管以保证两者压力平衡，保证冷凝器的液体顺利流入储液器。

高压储液器的容量一般应能收容系统中的全部充液量。在有多台蒸发器时，高压储液

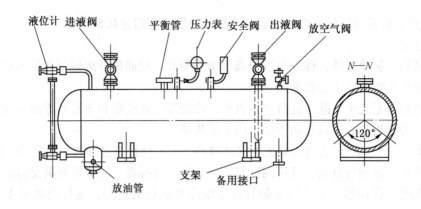

图 4 - 36　氨用高压储液器结构（容积 0.26 ~ 2.5 m^3 适用）

器的容量可为最大蒸发器的充液量与储液器中正常液量之和。为防止温度变化时热膨胀造成危险，储液器的储存量不应超过储液器本身容积的 80%。

2）低压储液器

这种设置在低压侧的储液器，一般用于大型氨制冷装置，如氨泵循环的冷藏库等。结构与高压储液器基本相同，仅是工作压力较低。其用途除氨泵供液系统中储存进入蒸发器前的低压液体外，还有专供蒸发器融霜或检修时用于排液，或用于储存低压回气经气液分离器分离出的氨液。若用于后两种情况，低压储液器还可以在存液量增多时，通过引入高压氨蒸气，提高其压力，将氨液压入系统的供液管，节流后供入蒸发器制冷。

一般低压储液器的存液量应不少于氨液泵每小时循环量的 30%，其最大允许存储量为筒体容积的 70%。

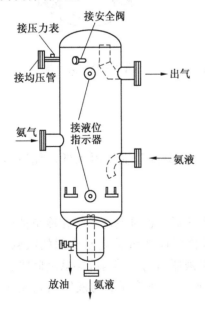

图 4 - 37　立式氨液分离器

2. 气液分离器

卧式壳管型满液式蒸发器的上部一般设有集气包，可以起到气液分离的作用，若满液式蒸发器本身没有气液分离装置，应在蒸发器出口设置气液分离器，靠气流速度的降低和方向的改变，将低压气态制冷剂中携带的液滴分离，防止压缩机发生湿压缩或液击现象。

图 4 - 37 所示为立式氨液分离器。布置制冷管道时，也可将浮球式膨胀阀安装在氨液分离器的侧面，经气液分离器向蒸发器供液。这样可将输入蒸发系统的液体中经节流产生的闪发蒸气分离，提高蒸发系统的传热效果。而干饱和蒸气则从上部的出气管被压缩机吸回。在氨重力供液系统中，氨液分离器是必不可少的设备，由于靠液体的位能向各蒸发器供液，所以要求氨液分离器保持一定高度的液位并保持稳定。装设液位指示器以监视液位，正常的液面是靠浮球膨胀

阀或液位计配合电磁供液主阀来控制的。为了使具有的位能头足以克服管路阻力，氨液分离器的正常液面应高出最高层冷排管液面 0.5~2 m。并规定分离器的出液管截面积为进液管截面积的两倍，以保证正常地供液。

选择气液分离器时，应保证筒体横截面上的气流速度不超过 0.5 m/s。

（三）制冷剂的净化设备

1. 不凝性气体分离器

由于系统渗入空气或润滑油分解等因素，制冷系统中总会存在不可凝气体（主要是空气），这些气体会在冷凝器表面附近聚集，形成气膜热阻，降低冷凝器的传热效果，引起压缩机排气压力和排气温度的升高，致使制冷机的耗功率增加，制冷量降低。因此，在制冷系统中应装有不凝性气体分离设备。

不凝性气体分离器实际上是个冷却设备。分离器圆形筒体为钢板卷焊制成，内装冷却盘管，外敷保温层，其工作原理如图 4-38 所示。

放空气时，首先打开阀门 9、10、13，使冷凝器或储液器上部积存的混合气体进入分离器的筒体，再开启与压缩机吸气管相通的出气阀，并稍微开启膨胀阀，使低压液态制冷剂进入蒸发盘管，以冷却管外的混合气体，使其温度降低，从而提高混合气体中空气的含量。被冷凝出的制冷剂沉于分离器的底部，打开

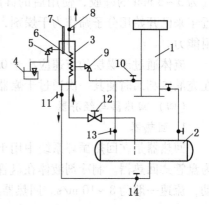

1—冷凝器；2—储液器；3—不凝性气体
分离器；4—玻璃容器；5—放空气阀；
6—蒸发盘管；7—温度计；8—出气阀；
9、10、11、13、14—阀门；12—膨胀阀

图 4-38 不凝性气体分离器工作原理

阀门 11、14，通过回液管流入储液器，而不凝性气体则积集在分离器的上部，通过放空气阀放出。

为了了解系统中是否含有不可凝性气体，在分离器的顶部装有温度计。如果温度不低于冷凝压力下的制冷剂的饱和温度或相差很少，则说明气态制冷剂中不含有不凝性气体或所含甚少，可不必放气。反之，如果温度明显低于该压力下的饱和温度，说明制冷系统中存在较多的不可凝性气体，应该放气。

最后还要指出，采用开启式制冷压缩机，尤其是经常处于低温和低于大气压力运行的制冷系统，都应该装设不凝性气体分离器。对于空气调节用制冷系统，运行时系统的压力总是高于大气压力，特别是采用氟利昂作为制冷剂时，不可凝气体难于分离；经常使用全封闭或半封闭制冷压缩机，一般可不装设不凝性气体分离器。

2. 过滤器和干燥器

（1）过滤器。制冷压缩机的进气口应装有过滤器，以防止铁屑、铁锈等污物进入压缩机，损伤阀片和气缸。膨胀阀等各种调节控制用阀类前也应安装过滤器，以防止污物阻塞阀孔或破坏阀芯的严密性。氨过滤器为 2~3 层钢丝网，网孔为 0.4 mm；氟利昂过滤器则采用铜丝网，滤气时网孔为 0.2 mm，滤液时网孔为 0.1 mm。

气态制冷剂通过滤网的速度为 1~1.5 m/s，液体制冷剂通过滤网的速度应小于0.1 m/s。

（2）干燥器。制冷系统中如果含有水分，当制冷剂流至膨胀阀孔时，温度急剧下降，

其溶解度相对降低，于是一部分水分被分离停留在阀孔周围，并且结冰堵塞阀孔，严重时不能向蒸发器供液，造成故障。同时，水长期溶解于制冷剂中会分解产生盐酸等，不但腐蚀金属，还会使冷冻油乳化，因此要利用干燥器将制冷剂的水分吸附干净。

干燥器应装在氟利昂制冷系统膨胀前的液管上，或装在充注液态制冷剂的管上。在实际氟利昂系统中常将过滤和干燥功能合在一起，称为干燥过滤器，其内部过滤网中装有粒径为 3 ~ 5 mm 的硅胶，使用后的硅胶还可以加热（约 200 ℃）去潮，再生后重复使用。近年来已开始用分子筛作为干燥剂，它的吸附力比硅胶强，特别是在低浓度下有较强的吸附能力。

流体通过干燥层的流速应小于 0.03 m/s。在小型制冷系统中，也可不装设干燥器，仅在充灌氟利昂时使其一次通过干燥器即可。

（四）回热器与经济器

1. 回热器

回热器是在回热循环系统中用于高压液体和压缩机吸气热交换的设备。图 4 – 39 所示为盘管式回热器。制冷剂液体在盘管内流动，流速一般为 0.8 ~ 1.0 m/s；蒸气在盘管外流动，流速一般为 8 ~ 10 m/s。回热器的传热系数一般为 230 ~ 290 W/（m² · ℃）。

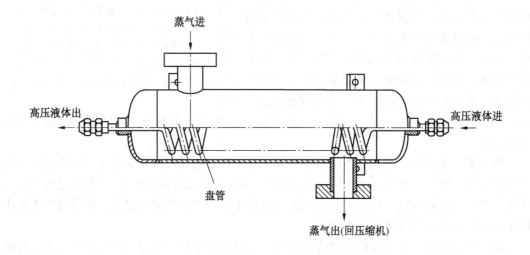

图 4 – 39 盘管式回热器

2. 经济器

经济器相当于双级压缩制冷（热泵）循环中的气液分离器或中间冷却器，是实现带经济器的准双级压缩制冷（热泵）循环的必备设备。图 4 – 40 所示为两种类型的经济器。其中图 4 – 40a 为闪发式经济器，它的作用是将一次节流产生的闪发蒸气分离，并进行第二次节流，向蒸发器供液。图 4 – 40b 是壳管式经济器，由冷凝器来的高压液体在壳程内流动而被过冷，然后流至蒸发器的膨胀阀；一小部分高压液体（已过冷）经热力膨胀阀节流到中间压力后进入经济器的管程（图中虚线所示），中间压力的蒸气返回压缩机补气口。

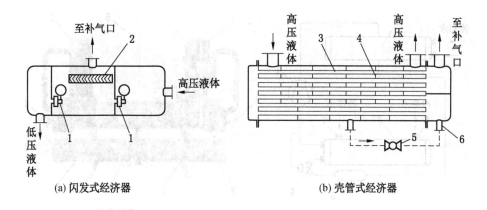

(a) 闪发式经济器　　　　　　　　　(b) 壳管式经济器

1—高压浮球阀；2—挡液装置；3—传热管簇；4—折流板；5—热力膨胀阀；6—中间压力制冷剂入口

图4-40　两种类型的经济器

第三节　蒸气压缩式制冷机组

一、蒸气压缩式制冷机组的分类

蒸气压缩式制冷机组是按蒸气压缩式制冷循环，由压缩机、冷凝器、蒸发器、节流机构等设备组合而成的成套装置，可制备冷水（冷冻水）或热水，作为建筑冷热源系统的核心设备。这类机组常称为冷水机组、热泵机组或冷热水机组。

冷水机组按其中的压缩机类型分为往复式冷水机组、螺杆式冷水机组、离心式冷水机组和涡旋式冷水机组等。

冷水机组按冷凝器的冷却方式分为水冷式、风冷式和蒸发式等。与不同的压缩机组合成多种类型的冷水机组，例如风冷螺杆式冷水机组、水冷单螺杆式冷水机组、水冷离心式冷水机组、风冷往复式冷水机组、水冷涡旋式冷水机组等。

二、水冷式冷水机组

（一）水冷式冷水机组

水冷式冷水机组是一种应用广泛的空调冷源。用作建筑冷源的水冷式冷水机组的制冷量范围为20～9000 kW。一般来说，小冷量范围通常是涡旋式和往复式机型，大冷量范围通常是离心式机型，而中冷量范围通常是螺杆式机型。

1. 水冷涡旋式冷水机组

图4-41所示为水冷涡旋式冷水机组流程图和外形图。制冷剂使用R22或者R410a/R407c/R134a等。该机组的制冷剂流程为：压缩机1→壳管式冷凝器2→干燥过滤器5→热力膨胀阀4→干式蒸发器3→压缩机1。1—2管路为高压蒸气管，即排气管；3—1管路为低压蒸气管，即吸气管；2—4管路为高压液体管；4—3管路为低压液体管。机组采用全封闭涡旋式压缩机，其优点是噪声低、振动小、效率高。

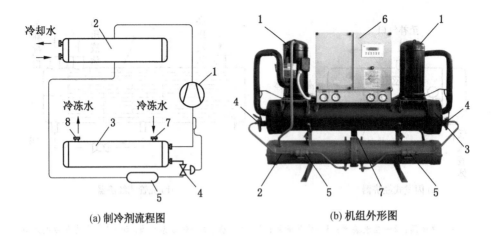

| (a) 制冷剂流程图 | (b) 机组外形图 |

1—全封闭涡旋式压缩机；2—壳管式冷凝器；3—干式蒸发器；4—热力膨胀阀；
5—干燥过滤器；6—控制箱；7—冷冻水入口；8—冷冻水出口
图4-41 水冷涡旋式冷水机组流程图和外形图

冷凝器为卧式水冷壳管式，传热管是低肋铜管。蒸发器是壳管式干式蒸发器，传热管是内肋铜管，制冷剂在管内蒸发，被冷却的冷冻水在筒内多次转折流动（横向冲刷传热管）。蒸发器有较大的水容量，冻结危险性小。热力膨胀阀根据吸气过热度调节蒸发器的供液量。为保证回油，管路和蒸发器管束内均应保证有一定的流速。这类小型水冷涡旋式冷水机组的名义工况制冷性能系数一般不大于4。

2. 水冷离心式冷水机组

图4-42所示为水冷离心式冷水机组流程图及外形图。制冷剂使用 R22 或者 R134a/R410a。制冷剂流程如下：半封闭离心式压缩机1→卧式壳管式冷凝器2→高压浮球膨胀阀3→满液式蒸发器4→半封闭离心式压缩机1。制冷剂流程中略去了由冷凝器向电机和油冷却器供液的流程。离心式冷水机组中都采用传热系数大的壳管型满液式蒸发器，但蒸发器中的润滑油难以返回压缩机，通常是在筒体上引一管到压缩机导叶罩内，制冷剂闪发，润

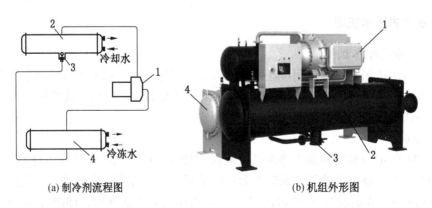

| (a) 制冷剂流程图 | (b) 机组外形图 |

1—半封闭离心式压缩机；2—卧式壳管式冷凝器；3—高压浮球膨胀阀；4—满液式蒸发器
图4-42 水冷离心式冷水机组流程图和外形图

滑油则返回润滑油系统。因采用满液式蒸发器，节流机构须采用浮球膨胀阀，根据冷凝器的液位调节蒸发器供液量。离心式冷水机组通过改变导叶角度并辅以热气旁通，实现制冷量无级调节。水冷离心式冷水机组制冷量一般很大，多数产品的制冷量都为 1000 kW 以上。水冷离心式冷水机组的制冷性能系数较高，一般为 5~5.6；个别大型冷水机组为 6 以上。

3. 水冷螺杆式冷水机组

图 4-43 所示为水冷螺杆式冷水机组流程图和外形图，该流程的特点是：①在压缩机的排气管路上增加了油分离器。在压缩机腔内喷油进行密封、润滑和冷却，因此排出的蒸气中含油量大，必须设油分离器。图中略去了油冷却器及润滑油系统。②增加了闪发式经济器，实现了制冷剂两次节流，高压液体经第一次节流后，闪发蒸气进入压缩机的中间补气口，液体经第二次节流后进入满液式蒸发器。经济器的采用实现了准双级循环，增大了制冷性能系数，一般可达 5.6 以上。有些水冷螺杆式冷水机组不带经济器，采用干式蒸发器，其制冷性能系数大多为 4.4~5.3。水冷螺杆冷水机组的制冷量采用滑阀调节，有的机组辅以热气旁通调节；有的机组采用无级调节冷量，也有的机组是分级调节冷量。

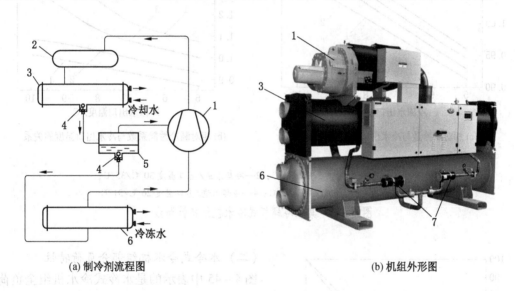

(a) 制冷剂流程图　　　　　　　　　　(b) 机组外形图

1—半封闭螺杆式压缩机；2—油分离器；3—壳管式冷凝器；4—高压浮球膨胀阀；
5—闪发式经济器；6—满液式蒸发器；7—干燥过滤器

图 4-43　水冷螺杆式冷水机组流程图和外形图

由第二章可知，无论是制冷循环还是制冷压缩机，制冷量和性能系数都与蒸发温度 t_0 和冷凝温度 t_k 有关，随着 t_0 的升高或 t_k 的降低，制冷量和性能系数都增大。对于水冷式冷水机组，冷冻水温度和流量影响 t_0，冷却水温度和流量影响 t_k。因此，通常直接建立冷水机组的性能与冷水、冷却水的温度和流量的关系。我国标准规定了水冷式冷水机组名义工况下的冷水、冷却水的温度与流量等参数，机组冷水出口水温为 7 ℃，单位制冷量冷水流量为 0.172 m³/(h·kW)；冷却水进口水温为 30 ℃，单位制冷量冷却水流量为 0.215 m³/(h·kW)；蒸发器水侧污垢热阻为 0.018 m²·℃/kW，冷凝器水侧污垢热阻为 0.044 m²·℃/kW。按规定的冷水流量，蒸发器冷水进出温差应为 5 ℃（7/12 ℃）。

目前水冷式冷水机组样本大多直接给出了冷水、冷却水进出水温度和流量条件下的性能。

图 4-44 所示为某水冷螺杆式冷水机组特性曲线。该机组在名义工况（冷水出/进口水温为 7℃/12℃，冷却水进/出口温度为 30/35℃）下的制冷量 $\dot{Q}_n = 767$ kW，制冷性能系数 $COP_n = 5.767$。图 4-44a 和 4-44b 所示的纵坐标表示机组制冷量 $\dot{Q}$ 的相对值（$\dot{Q}/\dot{Q}_n$）和制冷性能系数 COP 的相对值（COP/COP_n），横坐标为机组的冷水出口温度。因此，图上表示的特性，在不同工况下冷水或冷却水的流量是变化的。由图可见，随着冷冻水温度的升高（相当于 t_0 升高）或冷却水温度的降低（相当于 t_k 降低），制冷量和制冷系数均增大。

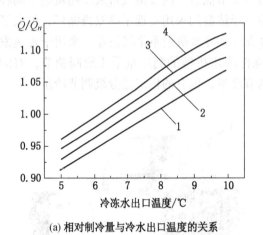

(a) 相对制冷量与冷水出口温度的关系

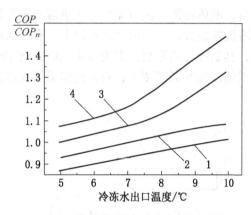

(b) 相对制冷性能系数与冷水出口温度的关系

1—冷却水进/出口温度 32℃/37℃；2—冷却水进/出口温度 30℃/35℃；

3—冷却水进/出口温度 28℃/32℃；4—冷却水进/出口温度 26℃/31℃

图 4-44 某水冷螺杆式冷水机组特性曲线

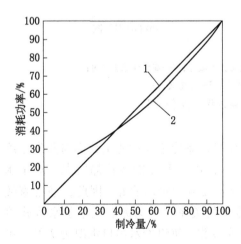

1—等比变化线；2—消耗功率与负荷的变化关系

图 4-45 水冷离心式冷水机组部分
负荷下的消耗功率

（二）水冷式冷水机组部分负荷特性

图 4-45 中表示的是水冷式冷水机组全负荷时的特性。若工况不变，部分负荷时冷水机组的制冷性能系数将如何变化呢？图 4-45 所示为水冷离心式冷水机组部分负荷下的消耗功率。名义工况为：冷却水进口温度 85℉（29.4℃），冷水出口温度 44℉（6.7℃）。由图可见，负荷为 40%~100% 时消耗功率在等比线之下，即制冷性能系数有所增加。原因在于部分负荷时，蒸发器和冷凝器的负荷减小，其传热面积并未改变，即使在外部条件（冷水出水温度、冷却水进水温度、水流量等）均不变时，也会使蒸发温度 t_0 上升、冷凝温度 t_k 下降，导致机组性能系数增大，且足以抵消压缩机在部分负荷时性能降低的

影响。并且机组在部分负荷下运行时，室外空气的干、湿球温度也降低了，冷却水温度下降，从而导致 t_k 下降，这也使机组的性能系数增大。但当负荷降低很多（比如负荷 < 40%）时，导致机组性能系数增加的因素已不足以抵消压缩机部分负荷时性能下降的因素，这时机组的消耗功率在等比线以上，性能系数随之减小。

我国相关标准规定，用综合部分负荷性能系数（Integrated Part Load Value，IPLV）表征冷水机组运行期间的平均性能。IPLV 表达式为

$$IPLV = 0.023A + 0.415B + 0.461C + 0.101D \tag{4-11}$$

其中，A、B、C、D 分别是负荷为 100%、75%、50%、25% 时的性能系数；0.023、0.415、0.461、0.101 为冷水机组运行季中运行时间的加权系数，这些系数表明，冷水机组平均 87.6% 的时间在 75%~50% 的负荷下运行。

IPLV 测试时，要求冷水和冷却水的流量、机组冷水出口温度均与名义工况一致；而冷却水进机组的温度在 100%、75%、50%、25% 负荷时分别为 30 ℃、26 ℃、23 ℃、19 ℃；此外，蒸发器和冷凝器水侧均应计入与名义工况一样的污垢热阻。

（三）水冷式热回收冷水机组

水冷式热回收冷水机组是在制冷剂系统中增加热回收器，以利用过热高压蒸气的显热。图 4-46 所示为水冷式热回收冷水机组制冷剂流程图。压缩机到冷凝器之间排气管上的热回收器，可以加热生活用的热水或其他用途的热水。冷凝器仍采用冷却水作冷却介质。有的热回收冷水机组，将热回收器与冷凝器放在同一壳体内，即制冷剂在同一壳体内，而冷却水、热水走不同的管束。当热回收不使用时，冷凝器可负担全部冷凝负荷。回收热量的多少与热水的出水温度有关。当供出热水温度为 35 ℃时，可全部回收冷凝热量，热回收器相当于冷凝器；当热水温度提高到 45 ℃时，其供热量（回收的热量）相当于制冷量的 33% 左右，如欲提高回收热量的比例，需提高冷凝温度，增加压缩机能耗，

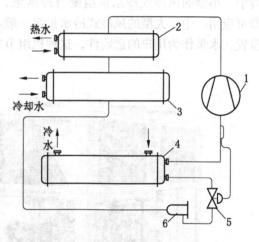

1—螺杆式压缩机；2—热回收器；3—壳管式冷凝器；
4—干式蒸发器；5—热力膨胀阀；6—干燥过滤器
图 4-46　水冷式热回收冷水机组
制冷剂流程图

应进行技术经济比较确定是否合理。热回收冷水机组适用于同时需要冷量和热量的建筑，如旅馆、商住楼宇、医院、游泳池等。

（四）模块式冷水机组

水冷模块式冷水机组由若干单元模块拼合成，如图 4-47 所示。每个单元模块的制冷剂系统是独立的，若模块单元中有两台压缩机，则具备两个独立的制冷剂系统。拼接时，各单元模块在水路上是并联的。单元模块也可独立使用。每个生产商通常生产几种规格的单元模块。单元模块中的水/制冷剂换热的设备通常采用板式换热器，结构紧凑、换热效率高。模块式机组使用灵活，同一规格的单元模块可组成不同制冷量的机组，满足不同场合的需求。模块式机组运行的可靠性高，因为它由多个相同规格的模块单元组合而成，互

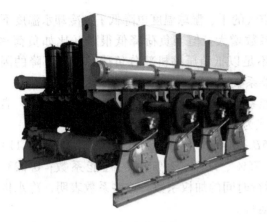

图4-47 水冷模块式冷水机组

为备用,若某一制冷剂回路发生故障,可投入运行另一回路。但由于模块式机组中采用小型压缩机,在大冷量范围内的性能不如大型压缩机组成的机组。

三、风冷式冷水机组

风冷式冷水机组按所用的压缩机类型分为往复式、涡旋式、螺杆式和离心式。机组的制冷量范围为7~2000 kW,最小型的可用作单户空调的冷源。图4-48所示为风冷式冷水机组外形和制冷剂流程图。它与水冷式冷水机组的主要区别是冷凝器直接用室外空气作冷却介质,其热量直接排放到室外环境中。小型的风冷式冷水机组配有冷水泵,用户接上空调末端装置(如风机盘管机组)即可应用。中、大型的风冷式冷水机组一般不配水泵,但也有厂家在机内留有安装水泵的位置,水泵作为用户的选购件,这种机组节省了水泵机房的建筑面积和水泵的控制设备。

(a) 外形图

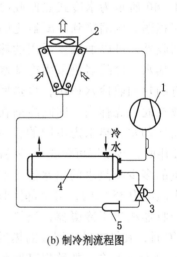

(b) 制冷剂流程图

1—压缩机;2—风冷式冷凝器;3—热力膨胀阀;4—干式蒸发器;5—干燥过滤器

图4-48 风冷式冷水机组外形和制冷剂流程图

风冷式冷水机组的名义工况为:机组冷水出口温度7 ℃,单位制冷量冷水流量0.172 m³/(h·kW);室外空气温度35 ℃;蒸发器水侧污垢热阻0.018 m²·℃/kW。各种风冷机组的制冷性能系数相差甚大,不计风机消耗功率的制冷性能系数为2.7~3.5;按总输入功率(含风机功率)计的制冷性能系数为2.4~3.2。在同样的制冷量下,性能系数小的机组比性能系数大的机组多消耗30%的能量。因此,选用时应予以注意。

风冷式冷水机组的制冷量与室外空气温度、冷水出口温度有关。图4-49所示为某风冷式冷水机组的特性,显示了相对制冷量与室外空气温度和冷水出口温度的关系。图中设定名义工况下的制冷量为1，其他工况下的制冷量是名义工况制冷量的倍数。从图中可以看到，相对制冷量随着室外空气温度的升高或冷水出口温度的下降而减小。在图示的工况范围内，制冷量在名义工况制冷量的0.8～1.2倍范围内变化。性能系数的变化趋势与制冷量的变化趋势相同。

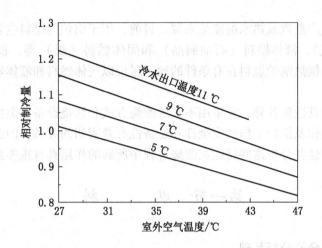

图4-49 某风冷式冷水机组的特性

风冷式冷水机组也分为模块式机组和热回收机组。热回收机组的原理与水冷式热回收机组一样，但风冷式冷水机组运行时的冷凝温度比水冷式冷水机组高，可以获得较高温度的热水。

风冷式冷水机组可安装在室外，通常放在屋顶上，无须制冷机房；如果冷冻水泵也安在机组内，则冷源系统全部集中在一个机体内，非常紧凑；机组的自动化程度高，又无冷却水系统，因此运行管理方便。但它的性能系数比水冷式机组低，即与冷源系统总耗能相比，它的总能耗高于水冷式机组。

四、蒸发冷却式冷水机组

蒸发冷却式冷水机组是采用蒸发式冷凝器的冷水机组，它的制冷剂流程与风冷式冷水机组类似。风冷式冷水机组的冷凝温度取决于室外空气的干球温度，而蒸发冷却式冷水机组的冷凝温度取决于室外空气的湿球温度。因此，蒸发冷却式冷水机组的冷凝温度比风冷式冷水机组低，其制冷性能系数比风冷式冷水机组高。这种机组适用于气候干燥地区。蒸发冷却式冷水机组的名义工况为：空气室外湿球温度24℃，其他条件同风冷式冷水机组。

第五章 燃料及燃烧计算

燃料是用以生产蒸汽或热水的能量来源。目前，用于锅炉的燃料主要是矿物燃料，如气体燃料（天然气）、液体燃料（石油制品）和固体燃料（煤）等。根据我国现行的燃料政策，建筑用的供热锅炉燃料在有条件的地区尽量以气体燃料和液体燃料为主，以减少环境污染。

不同的燃料因其性质各异，需采用不同的燃烧方式和燃烧设备。燃料的种类和特性与锅炉类型、运行操作及锅炉工作的安全性和经济性有着密切的关系。因此，了解锅炉燃料的分类、组成、特性并分析这些特性在燃烧过程中所起的作用具有重要意义。

第一节 燃 料

一、燃料的成分及分析基础

（一）气体燃料的成分

气体燃料的成分通常是指所含有的每种组成气体。燃气的化学成分可分为可燃与不可燃两部分。可燃部分有氢（H_2）、一氧化碳（CO）、甲烷（CH_4）、乙烯（C_2H_4）、乙烷（C_2H_6）、丙烯（C_3H_6）、丁烯（C_4H_8）、丁烷（C_4H_{10}）、戊烯（C_5H_{10}）、戊烷（C_5H_{12}）、苯（C_6H_6）和硫化氢（H_2S）；不可燃部分有氮（N_2）、氧（O_2）、二氧化碳（CO_2）、二氧化硫（SO_2）和水蒸气。上述各种化学成分的体积分数比例不同，因而形成不同的燃气。

（二）液体燃料和固体燃料的元素分析成分

液体燃料和固体燃料的化学成分及质量分数，通常通过元素分析法测定求得，其主要组成元素有碳（C）、氢（H）、氧（O）、氮（N）和硫（S）5 种，此外还包含一定数量的灰分（A）和水分（M）。燃料的上述组成成分称为元素分析成分。碳（C）、氢（H）、硫（S）是燃料的主要可燃元素，氧（O）、氮（N）、灰分（A）和水分（M）是燃料中的杂质。气体燃料一般不做元素分析。

（三）燃料成分分析数据的基准与换算

对于既定的燃料，其碳、氢、氧、氮和硫的绝对质量分数是不变的，但燃料的水分和灰分会随着开采、运输和储存等条件的不同，以至气候条件的变化而变化，从而使燃料各组成成分的质量分数随之变化。因此，提供或应用燃料成分分析数据时，必须标明其分析基准；只有分析基准相同的数据，才能确切地说明燃料的特性，评价和比较燃料的优劣。分析基准即计算基数。

燃料的元素分析成分和工业分析成分，通常采用收到基、空气干燥基、干燥基和干燥无灰基 4 种分析基准分析，燃料成分分析基准的关系如图 5-1 所示。

（1）收到基。燃料进入锅炉房准备燃烧时的分析基准，即对炉前应用燃料取样，以

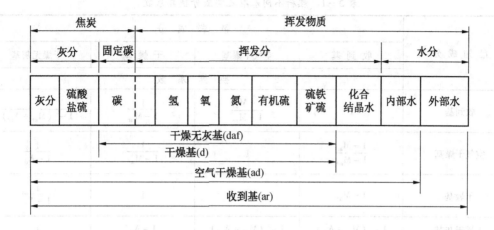

图 5-1　燃料成分分析基准关系图

它的质量为 100% 计算的各组成成分的质量分数，即

$$C_{ar} + H_{ar} + O_{ar} + N_{ar} + S_{ar} + A_{ar} + M_{ar} = 100\%$$ (5-1)

燃料的收到基成分是锅炉燃用燃料的实际应用成分，用于锅炉的燃烧、传热、通风和热工试验的计算。

（2）空气干燥基。在实验室条件下（温度为 20 ℃，相对湿度为 60%）将风干后的燃料作为分析基准，分析所得的组成成分的质量分数，即

$$C_{ad} + H_{ad} + O_{ad} + N_{ad} + S_{ad} + A_{ad} + M_{ad} = 100\%$$ (5-2)

显然，空气干燥基的水分是在实验室条件下风干后剩留在燃料中的水分，包括全部内水分和部分外水分。为避免水分在分析过程中变化，在实验室中进行燃料成分分析时采用空气干燥基成分，其他各"基"成分均据此导出。

（3）干燥基。将除去全部水分的干燥燃料作为分析基准，由此得到的组成成分的质量分数称为干燥基成分，即

$$C_d + H_d + O_d + N_d + S_d + A_d = 100\%$$ (5-3)

燃料水分发生变化时，干燥基成分不受影响；对于固体燃料煤来说，为真实反映其灰的含量，通常采用干燥基灰分表示。

（4）干燥无灰基。将除去全部水分和灰分的燃料作为分析基准，由此得到的组成成分的质量分数称为干燥无灰基成分，即

$$C_{daf} + H_{daf} + O_{daf} + N_{daf} + S_{daf} = 100\%$$ (5-4)

燃料的干燥无灰基成分不受水分和灰分的影响，是一种稳定的组成成分，可作为判断煤的燃烧特性和进行煤分类的依据，如干燥无灰基挥发分 V_{daf}。煤矿提供的煤质成分一般也是干燥无灰基成分。

气体燃料的组成成分以各组成气体的体积百分数表示。通常也将干燥基作为分析基准，而水分则以标准状态下每立方米干燥气体燃料携带的水蒸气克数（g/m³）表示。

各种分析基准之间可以通过换算关系进行转换，燃料不同基准之间成分换算系数见表 5-1。

表 5-1 燃料不同基准之间成分换算系数

已知成分	欲求成分			
	收到基	空气干燥基	干燥基	干燥无灰基
	换算系数			
收到基	1	$\dfrac{1 - M_{ad}}{1 - M_{ar}}$	$\dfrac{1}{1 - M_{ar}}$	$\dfrac{1}{1 - (M_{ar} + A_{ar})}$
空气干燥基	$\dfrac{1 - M_{ar}}{1 - M_{ad}}$	1	$\dfrac{1}{1 - M_{ad}}$	$\dfrac{1}{1 - A_d}$
干燥基	$1 - M_{ar}$	$1 - M_{ad}$	1	$\dfrac{1}{1 - A_d}$
干燥无灰基	$1 - (M_{ar} + A_{ar})$	$1 - (M_{ad} + A_{ad})$	$1 - A_d$	1

二、燃料的种类及特性

燃料按其物态可分为气体、液体和固体燃料 3 类；按其获得的方法可分为天然和人工燃料（经过一定加工处理）两类。

（一）气体燃料

常用的城市燃气主要有天然气和人工燃气，以天然气较为普遍，下面主要介绍天然气的特性。

1. 天然气种类

天然气是指直接从自然界得到的气体燃料，即基本上只经开采和收集的燃气。天然气主要有油田伴生气、气井气和矿井气 3 种。

（1）油田伴生气。油田伴生气是石油开采过程中自原油中析出的气体，在分离器中因压力降低而进一步析出。它的主要成分是甲烷（体积分数约为 80%），另外还含有一些其他烃类。

（2）气井气。气井气是埋藏在地下深处（2000～3000 m 或更深）的气态燃料。在地层压力作用下燃气具有很高的压力，可达到 1.0～10.0 MPa。它的主要成分是甲烷，体积分数约为 95%，另外还含有少量的二氧化碳、硫化氢、氮气、氩气和氖气等气体。

（3）矿井气。矿井气是从煤矿矿井中抽出的燃气。在新开凿的矿井中充满着俗称"矿井瓦斯"的气体。这种气体含有大量甲烷，除了有爆炸危险外，还会使人窒息。

2. 常用燃气的特性

1）互换性

具有多种气源的城市，常会遇到以下两种情况：①随着燃气供应规模的发展和制气方式的改变，某些地区原来使用的燃气可能由其他性质不同的燃气代替；②基本气源发生紧急事故或处于高峰负荷时，需要在供气系统中掺入性质与原有燃气不同的其他燃气。当燃气成分变化不大时，燃烧器的燃烧工况虽有改变，但尚能满足燃具的原有设计要求；当燃气成分变化较大时，燃烧工况的改变使燃具不能正常工作。

为达到互换性的要求，制气方法不能随意选用，新的制气方法（置换气）相对于原制气方法（基准气）应具有互换性。互换性是城市燃气的重要指标。

华白数是在互换性问题产生初期使用的一个互换性判定指数。若置换气和基准气的化学、物理性质相差不大、燃烧特性比较接近，可以通过华白数控制燃气的互换性。各国一般规定，在两种燃气互换时，华白数的变化不大于±（5%～10%）。华白数是一项控制燃具热负荷稳定状况的指标。

实用华白数 W_s 按式（5-5）计算：

$$W_s = \frac{Q_{net,ar}}{\sqrt{\rho_r}} \tag{5-5}$$

式中　$Q_{net,ar}$——燃气收到基低位发热量值，MJ/m^3；

　　　ρ_r——燃气相对密度（$\rho_{r,空气}=1$）。

2）着火温度

燃气开始燃烧时的温度称为着火温度，不同可燃气体的着火温度不同。

3）爆炸极限

燃气爆炸的体积分数极限是燃气的重要性质之一，因为当燃气和空气（或氧气）混合后，如果这两种气体达到一定比例，就会形成爆炸危险的混合气体。该气体与火焰接触，即形成爆炸。但是并非任何比例的燃气—空气混合气体都会发生爆炸，只有在燃气—空气混合气体中可燃气体的体积分数在一定范围时，气体才会发生爆炸，此范围是从爆炸下限的某一最小值到爆炸上限的某一最大值。

混合气体的爆炸极限取决于组成气体的爆炸极限及其物质量的浓度。

4）硫化物

燃气中的硫化物分为无机硫和有机硫。无机硫指硫化氢（H_2S），燃气的硫化物中有90%～95%为无机硫。

硫化氢及其与氧化合所形成的二氧化硫，都具有强烈的刺鼻气味，可损伤眼黏膜和呼吸道。硫化氢又是一种活性腐蚀剂，其燃烧产物二氧化硫（SO_2）也具有腐蚀性。

规范规定，标准状态下人工燃气中硫化氢的质量浓度小于 $20\ mg/m^3$。

5）一氧化碳

一氧化碳是无色、无臭、有剧毒的气体。在人工燃气中，特别是发生炉煤气中，含有一氧化碳。虽然一氧化碳是可燃成分，但因其具有毒性，故一般要求城市燃气中一氧化碳的体积分数小于10%。

6）含湿量

天然气在井场和集气站一般都进行脱水处理（高压低温分离），使含湿量低于气压0.1 MPa、气温 -30℃时的饱和含湿量（标准状态下 d 小于 $0.3\ g/m^3$）。由于天然气在输送过程中，一般可视为等温降压或升温降压过程，因此不会析出冷凝水，故管道上不必设置冷凝水排水器。

3. 燃气的加臭

城市燃气是具有一定毒性和爆炸性的气体，又是在压力下输送和使用的。若管道及设备材质和施工方面存在问题或使用不当，容易造成漏气，有引起爆炸、着火和人身中毒的危险。因此，发生漏气能及时被人们发觉，进而及时处理是非常必要的。要求对没有臭味的燃气加臭。

（二）液体燃料——燃料油

1. 燃料油性质

1）黏度

黏度是液体对自身流动产生的阻力，它是一个表征流动性能的特性指标。黏度大，流动性能差，在管内输送时阻力大，装卸和雾化也会发生困难。

重油的黏度通常用恩氏黏度 E_t 表示。恩氏黏度是用恩氏黏度计测得的一种条件黏度。恩氏黏度计的主要部件是底部带一个小孔的容器，200 mL 的试样油从恩氏黏度计小孔流出的时间 τ_t 和同体积 20 ℃蒸馏水流出的时间 τ_{20} 之比，称为该油品在温度 t 时的恩氏黏度。

$$E_t = \frac{\tau_t}{\tau_{20}} \tag{5-6}$$

式中　τ_{20}——黏度计常数或 K 值，$\tau_{20} = (51 \pm 1)$ s。

重油的黏度和它的成分、温度、压力有关。加热温度愈高，重油的黏度愈小。所以，重油在运输、装卸和燃用时都需要预热，通常要求油喷嘴前的重油温度为 100 ℃以上。

2）闪点、燃点及自燃点

油的闪点、燃点和自燃点与油储运的安全性有很大关系，它们反映油的着火性能。

（1）闪点。随着油温的升高，油面蒸发的油气增多。当油气和空气的混合物与明火接触时，发生短暂的闪光（一闪即灭），这时的油温称为闪点。闪点是防止油发生火灾的一项重要指标。敞口容器中油温接近或超过闪点，就会增加着火的危险性。

（2）燃点。当油面上的油气和空气的混合物遇明火能着火继续燃烧（持续时间不少于 5 s）时，油的最低温度称为该油的燃点。显然，燃点高于闪点。

（3）自燃点。即油品缓慢氧化而开始自行着火燃烧的温度。自燃点的高低主要决定于燃料油的化学组成，并随压力而改变。压力越高，油质越高，自燃点就越低。

3）凝固点

重油是一种复杂的混合物，它从液态变为固态的过程是逐渐进行的，不像纯净的单一物质那样具有一定的凝固点。当温度逐渐降低时，它并不立即凝固，而是变得愈来愈稠，直到完全失去流动性。石油工业中规定，将试样油放在一定的试管中冷却，并将它倾斜 45°，如试管中的油面经过 5~10 s 保持不变，这时的油温即为油的凝固点。

重油的凝固点高低与其中石蜡的含量有关，含石蜡高的油凝固点高。凝固点高低关系着燃油低温下的流动性能。

4）硫分

燃料油按硫的质量分数分为 3 种：硫分不超过 0.5% 的称为低硫燃料油；硫分为 0.6%~1.0% 的称为中硫燃料油；硫分为 1.1%~3.5% 的称为高硫燃料油。燃料油中含有的硫分燃烧后生成的三氧化硫与水化合生成硫酸，对金属产生腐蚀。

5）灰分

燃料油的灰分主要是由水力钻探开采石油或运转时落入的及溶解于石油的盐类组成。燃料油的灰分的质量分数一般不大，为 0.1%~0.4%。

6）热膨胀性

温度变化时，燃料油的热膨胀数值可用近似公式计算：

$$V = V_1 \left[1 + \beta(t - t_1) \right] \qquad (5-7)$$

式中　V——燃料油被加热至 t 时的体积，m^3；

　　　V_1——加热前的燃料油体积，m^3；

　　　β——体胀系数，$1/℃$；

　　　t_1——加热前的燃油温度，$℃$。

在密封容器中，燃料油的热膨胀会产生巨大的压力，所以油罐的通气管或呼吸阀是必不可少的部件。

7）爆炸极限

当空气中含有一定比例的易燃油品蒸汽时，遇明火爆炸。空气中所含可能引起爆炸油品蒸气的最小和最大体积分数或质量浓度称为该种油品的爆炸低限和爆炸高限。通常以%或 g/m^3 表示。在低限和高限之间的混合气体的体积分数或质量浓度范围，称为爆炸范围。

2. 锅炉常用的燃料油

1）重油

重油是由裂化重油、减压重油、常压重油或蜡油等按不同比例调和制成的。

不同的炼油厂选用的原料和比例常不相同。我国按 $80℃$ 的运动黏度分为 20、60、100 和 200 4 个牌号。油品牌号的数字约等于该油 $50℃$ 时的恩氏黏度 E_{50}。

各种重油的适用范围如下：20 号重油用于较小喷嘴（30 kg/h）以下的燃油炉；60 号重油用于中等喷嘴的船用蒸汽锅炉或工业炉；100 号重油用于大型喷嘴的民用锅炉或具有预热设备的锅炉；200 号重油用于与炼油厂有直接管路送油的具有大型喷嘴的锅炉。

重油也是由碳、氢、氧、氮、硫、水分、灰分等元素组成，其特点是碳氢含量高，灰分和水分含量低，所以发热量较高（37600~40000 kJ/kg）。

重油中氢的质量分数较高，所以重油很容易着火燃烧，并且几乎没有炉内结渣及磨损问题。重油加热到一定温度就能流动，故运输和控制都较方便。然而重油的硫分和灰分对受热面的腐蚀和积灰比煤粉炉严重得多。

2）渣油

渣油是减压蒸馏塔塔底的残留油，也称直馏渣油，它的主要成分为高分子烃类和胶状物质。原油蒸馏后硫分集中于渣油中，所以相对来说，硫的质量分数较高，主要取决于原油硫的质量分数及加工工艺情况。

渣油的黏度和流动性取决于原油本身的特性和含蜡量。渣油除用作锅炉燃料外，还用作再加工（如裂化）的原料油。

3）轻柴油

柴油分轻柴油和重柴油两种。轻柴油由石油的各种直馏柴油馏分、催化柴油馏分和混有热裂化柴油馏分等制成。其产品按质量分为优等品、一级品和合格品 3 个等级，每个等级按凝点分为 6 个牌号（10、0、–10、–20、–35 和 –50）。目前，小型燃油锅炉用轻柴油作燃料已日趋普遍。

（三）固体燃料

1. 煤

煤的特性如下。

1）挥发分

失去水分的干燥煤样在隔绝空气下加热至一定温度时，所析出的气态物质称为挥发物，其质量分数即为挥发分。挥发物主要由各种碳氢化合物、氢气、一氧化碳、硫化氢等可燃气体和少量氧气、二氧化碳及氮气等不可燃气体组成。

煤的挥发分对燃烧过程的发生和发展有较大影响。煤在炉中受热干燥后，挥发物首先析出，当体积分数和温度达到一定值时遇空气立即着火燃烧。因此，挥发分对燃烧过程的初始阶段具有特殊意义。挥发分高的煤，不但着火迅速、燃烧稳定，而且易于燃烧完全。另外，挥发物是气态可燃物质，它的燃烧主要在炉膛空间进行。对于高挥发分的煤，需要较大的炉膛空间以保证挥发分的完全燃烧；对于低挥发分的煤，燃烧过程几乎集中在炉排上，炉层温度很高，需要加强炉排的冷却。

2）焦结性

煤在隔绝空气加热时，水分蒸发、挥发分析出的固体残余物是焦炭。煤种不同，其焦炭的物理性质、外观等也各不相同，有的松散呈粉末状，有的则结成不同硬度的焦块。焦炭的这种不同焦结性状，称为煤的焦结性。

煤的焦结性对煤在炉内的燃烧过程和燃烧效率有着很大影响。譬如，在层燃炉的炉排上燃用焦结性很弱的煤，因焦呈粉末状，极易被穿过炉层的气流携带飞走，使燃烧不完全，还可能从炉排通风空隙中漏落，造成漏落损失。如果燃用焦结性很强的煤，焦呈块状，焦炭内的质点难以与空气接触，使燃烧困难；同时，炉层也会因焦结而失去多孔性，既增大阻力，又使燃烧恶化。

3）灰熔点

灰分的熔融性，习惯上称为煤的灰熔点。灰熔点对锅炉工作有较大的影响。灰熔点低，容易引起受热面结渣。熔化的灰渣会把未燃尽的焦炭裹住而阻碍其继续燃烧，甚至会堵塞炉排的通风孔隙，使燃烧恶化。

由于灰分不是单一的物质，其成分变动较大，严格地说没有一定的熔点，而只有熔化温度范围，其值通常用试验方法测得。把煤灰制成底边为 7 mm、高为 20 mm 的三角灰锥，然后将角锥放在锥托平盘上送进高温电炉（最高允许温度为 1500 ℃）中加热，以规定的速度升温，不断观察灰锥形态发生的变化。当角锥尖端开始变圆或弯曲时的温度称为锥的变形温度 t_1；当灰锥尖弯曲到平盘上或灰锥变成球形时的温度称为软化温度 t_2；当灰锥变形至近似半球形，即高度约等于底长一半时的温度称为半球温度 t_3；当灰锥熔化展开成高度为 1.5 mm 以下薄层时的温度称为流动温度 t_4。工业上一般以煤灰的软化温度 t_2 作为衡量其熔融性的主要指标。对固态排渣煤粉炉，为避免炉膛出口结渣，出口烟温要比软化温度 t_2 低 100 ℃。软化温度 t_2 高于 1425 ℃ 的灰称为难熔性灰，1200 ~ 1425 ℃ 的灰称为可熔性灰，低于 1200 ℃ 的灰叫作易熔性灰。

我国锅炉常用燃煤种类主要有褐煤、烟煤、贫煤和无烟煤等。

2. 生物质固体燃料

适合建筑热源使用的固体燃料还有生物质固体燃料。生物质固体燃料是指在一定温度和压力作用下，将各类分散的、没有一定形状的秸秆、树枝等生物质干燥和粉碎后，压制成具有一定形状的、密度较大的各种成型燃料。生物质固体燃料一般加工成棒状、块状和颗粒状等，密度可达 0.8 ~ 1.4 g/cm³，热值为 16720 kJ/kg 左右。其燃烧性能优于木材，相当于中质烟煤，可直接燃烧，具有黑烟少、火力旺、燃烧充分、无飞灰、干净卫生，氮氧化物和硫氧化物排放量极少等优点，而且便于运输和储存，可代替煤炭在锅炉中直接燃烧进行发电或供热，也可用于解决农村地区的基本生活能源问题。

生物质成型燃料由可燃质、无机物和水分组成，主要含有碳（C）、氢（H）、氧（O）及少量的氮（N）、硫（S）等元素，并含有灰分和水分。

碳：生物质成型燃料含碳量少（40%～45%），易于燃烧。

氢：生物质成型燃料含氢量多（8%～10%）。生物质燃料中碳多数和氢结合成低分子的碳氢化合物，遇到一定的温度后热分解而析出挥发。

硫：生物质成型燃料中含硫量少于0.02%～0.07%，燃用时不必设置烟气脱硫装置，可降低处理脱硫成本，有利于环境的保护。

氮：生物质成型燃料中含氮量少于0.15%～0.5%，NO_x排放完全达标。

灰分：一般采用高品质的木质类生物质作为原料，灰分极低，只有3%～5%。

水分：干基含水率小于10%～15%。

固体生物质燃料的利用除上述固化成形外，还有直接燃烧、与煤混燃（生物煤）、与固态氧化剂混合为新型燃料等形式。

三、燃料的发热量

1. 发热量的定义

燃料的发热量是指单位体积或单位质量的燃料完全燃烧时放出的热量，单位为kJ/kg或kJ/m^3。

根据燃烧产物中水的物态不同，可将发热量分为高位发热量Q_{gr}和低位发热量Q_{net}。高位发热量是指1 kg（气体燃料为1 Nm^3）燃料完全燃烧所产生的热量，包括燃料燃烧所生成的水蒸气的汽化潜热，即所有水蒸气全部凝结为水。在高位发热量中扣除全部水蒸气的汽化潜热后的发热量，称为低位发热量，它接近锅炉运行的实际情况，所以在锅炉设计、试验等计算中均将此作为计算依据。

2. 燃气发热量的计算与确定

燃料发热量的大小取决于燃料中可燃成分的种类和数量。由于燃料并不是各种成分的机械混合物（气体燃料除外），而具有极其复杂的化合关系，因而燃料的发热量并不等于所含可燃组分发热量的算术和，无法用理论公式准确计算，只能借助于实测，或借助某些经验公式推算它的近似值。

实际使用的燃气是含有多种组分的混合气体。混合气体的发热量可以直接用热量计测定，也可以由各单一气体的发热量根据混合法则按式（5-8）进行计算：

$$Q = Q_1 r_1 + Q_2 r_2 + \cdots + Q_n r_n \tag{5-8}$$

式中　　　　　　　　　Q——标准状态下混合可燃气体的高位发热量或低位发热量，kJ/m^3；

Q_1、Q_2、…、Q_n——燃气中各可燃成分的高位发热量或低位发热量；

r_1、r_2、…、r_n——燃气中各可燃成分的体积分数，%。

在缺少或没有实测数据的情况下，1 m^3湿气体燃料在标准状态下的低位发热量可按式（5-9）计算：

$$Q_{net,ar} = 0.01 \left[Q_{H_2S} H_2S + Q_{CO} CO^{ar} + Q_{H_2} H_2^{ar} + \sum (Q_{C_mH_n} C_m H_n^{ar}) \right] \qquad (5-9)$$

式中　　Q_{H_2S}、Q_{CO}、Q_{H_2}、$Q_{C_mH_n}$——硫化氢、一氧化碳、氢和碳氢化合物等气体的低位发
热量，kJ/m^3，可从表5-2中查得；

H_2S、CO^{ar}、H_2^{ar}、$C_m H_n^{ar}$——硫化氢、一氧化碳、氢和碳氢化合物等气体的体积百
分数（由燃料分析确定），%。

表5-2　气体燃料中各种成分的特性

气体名称	符号	密度/ (kg·m⁻³)	低位发热量/ (kJ·m⁻³)	气体名称	符号	密度/ (kg·m⁻³)	低位发热量/ (kJ·m⁻³)
氢	H_2	0.0898	10793	乙烷	C_2H_6	1.3553	64397
氮气	N_2	1.2507	—	丙烷	C_3H_8	2.0102	93240
氧	O_2	1.4289	—	丁烷	C_4H_{10}	2.7030	123649
一氧化碳	CO	1.2501	12636	戊烷	C_5H_{12}	3.4537	15673
二氧化碳	CO_2	1.9768	—	乙烯	C_2H_4	1.2605	59477
二氧化硫	SO_2	2.8580	—	丙烯	C_3H_6	1.9136	87667
硫化氢	H_2S	1.5392	23382	丁烯	C_4H_8	2.5968	117695
甲烷	CH_4	0.7174	35906	苯	C_6H_6	3.4550	149375

气体燃料通常含有水蒸气，并且水分会随着环境而改变。因此，发热量有湿燃气发热
量和干燃气发热量之分。计算入炉热量时应以应用条件下的湿燃气成分为基准。干燃气发
热量则不随环境条件的变化而变化，可用于不同气体燃料之间性能的比较。

3. 燃油和煤发热量的计算与确定

由氢的燃烧反应方程式可知，1kg 氢燃烧后会生成 9kg 水蒸气，加上燃料含有的水分
M_{ar}，所以 1kg 收到基燃料燃烧生成的水蒸气量为（$9H_{ar}/100 + M_{ar}/100$）kg。如近似取水
的汽化潜热为 2512 kJ/kg，则燃料的收到基高位发热量 $Q_{gr,ar}$ 与低位发热量 $Q_{net,ar}$ 之间的关
系可用式（5-16）表达：

$$Q_{gr,ar} = Q_{net,ar} + 2512 \left(\frac{9H_{ar}}{100} + \frac{M_{ar}}{100} \right) = Q_{net,ar} + 226H_{ar} + 25M_{ar} \qquad (5-10)$$

同样，空气干燥基、干燥基和干燥无灰基高位发热量和低位发热量之间也有如下
关系：

$$Q_{gr,ad} = Q_{net,ad} + 226H_{ad} + 25M_{ad} \qquad (5-11)$$

$$Q_{gr,d} = Q_{net,d} + 226H_d \qquad (5-12)$$

$$Q_{gr,daf} = Q_{net,daf} + 226H_{daf} \qquad (5-13)$$

对于高位发热量来说，水分只占据质量的一定份额而使发热量降低；对于低位发热量
来说，水分不仅占据质量的一定份额，还要吸收汽化潜热。因此在各种基的高位发热量之
间可以用表5-1中的换算系数进行换算；对于低位发热量则不然，必须考虑烟气中全部

水蒸气的汽化潜热。表5-3是各种基的低位发热量之间的换算关系。

表5-3　各种基的低位发热量之间的换算关系

已知的基	欲 求 的 基			
	收 到 基	空气干燥基	干 燥 基	干燥无灰基
收到基	—	$Q_{\mathrm{net,ad}} = (Q_{\mathrm{net,ar}} + 25M_{\mathrm{ar}}) \times$ $\dfrac{100 - M_{\mathrm{ad}}}{100 - M_{\mathrm{ar}}} - 25M_{\mathrm{ad}}$	$Q_{\mathrm{net,d}} = (Q_{\mathrm{net,ar}} + 25M_{\mathrm{ar}}) \times$ $\dfrac{100}{100 - M_{\mathrm{ar}}}$	$Q_{\mathrm{net,daf}} = (Q_{\mathrm{net,ar}} + 25M_{\mathrm{ar}}) \times$ $\dfrac{100}{100 - M_{\mathrm{ar}} - A_{\mathrm{ar}}}$
空气干燥基	$Q_{\mathrm{net,ar}} = (Q_{\mathrm{net,ad}} + 25M_{\mathrm{ad}}) \times$ $\dfrac{100 - M_{\mathrm{ar}}}{100 - M_{\mathrm{ad}}} - 25M_{\mathrm{ar}}$	—	$Q_{\mathrm{net,d}} = (Q_{\mathrm{net,ad}} + 25M_{\mathrm{ad}}) \times \dfrac{100}{100 - M_{\mathrm{ad}}}$	$Q_{\mathrm{net,daf}} = (Q_{\mathrm{net,ad}} + 25M_{\mathrm{ad}}) \times$ $\dfrac{100}{100 - M_{\mathrm{ad}} - A_{\mathrm{ad}}}$
干燥基	$Q_{\mathrm{net,ar}} = Q_{\mathrm{net,d}} \dfrac{100 - M_{\mathrm{ar}}}{100} -$ $25M_{\mathrm{ar}}$	$Q_{\mathrm{net,ad}} =$ $Q_{\mathrm{net,d}} \dfrac{100 - M_{\mathrm{ad}}}{100} - 25M_{\mathrm{ad}}$	—	$Q_{\mathrm{net,daf}} = Q_{\mathrm{net,d}} \times \dfrac{100}{100 - A_{\mathrm{d}}}$
干燥无灰基	$Q_{\mathrm{net,ar}} = Q_{\mathrm{net,daf}} \times$ $\dfrac{100 - M_{\mathrm{ar}} - A_{\mathrm{ar}}}{100} - 25M_{\mathrm{ar}}$	$Q_{\mathrm{net,ad}} = Q_{\mathrm{net,daf}} \times$ $\dfrac{100 - M_{\mathrm{ad}} - A_{\mathrm{ad}}}{100} - 25M_{\mathrm{ad}}$	$Q_{\mathrm{net,d}} = Q_{\mathrm{net,daf}} \times \dfrac{100 - A_{\mathrm{d}}}{100}$	—

第二节　燃料的燃烧计算

　　燃料的燃烧计算，就是计算燃料燃烧时所需的空气量和生成的烟气量，以及空气和烟气的焓。

一、燃料燃烧所需的空气量计算

　　1. 固体和液体燃料燃烧所需的理论空气量

　　固体和液体的可燃元素为碳、氢和硫，它们完全燃烧时所需的空气量可以根据完全燃烧化学反应方程式计算。计算时，假设燃气、空气和烟气所含有的各种组成气体，包括水蒸气在内，均为理想气体，标准状态下 1 kmol 体积等于 22.4 m³；同时假定空气只是氧和氮的混合气体，其体积比为 21∶79。

　　如果根据完全燃烧化学反应方程式计算，已知空气中氧的体积分数为 21%，所以 1 kg 燃料完全燃烧所需的理论空气量为

$$V_{\mathrm{O_2}}^{\mathrm{k}} = \frac{1}{0.21} \times \left(1.866 \frac{C_{\mathrm{ar}}}{100} + 0.7 \frac{S_{\mathrm{ar}}}{100} + 5.55 \frac{H_{\mathrm{ar}}}{100} - 0.7 \frac{O_{\mathrm{ar}}}{100} \right)$$

$$= 0.0889(C_{\mathrm{ar}} + 0.375 S_{\mathrm{ar}}) + 0.265 H_{\mathrm{ar}} - 0.0333 O_{\mathrm{ar}} \qquad (5-14)$$

已知燃料的收到基低位发热量时，燃烧所需理论空气量（m^3/kg）也可由下列的经验公式计算。

对于贫煤及无烟煤：

$$V_k^0 = \frac{0.239 Q_{net,ar} + 600}{990} \qquad (5-15)$$

对于烟煤：

$$V_k^0 = 0.251 \frac{Q_{net,ar}}{1000} + 0.278 \qquad (5-16)$$

对于劣质煤：

$$V_k^0 = \frac{0.239 Q_{net,ar} + 450}{990} \qquad (5-17)$$

对于液体燃料：

$$V_k^0 = 0.203 \frac{Q_{net,ar}}{1000} + 2.0 \qquad (5-18)$$

2. 气体燃料燃烧所需的理论空气量

标准状态下 1 m^3 燃气完全燃烧又无过剩氧时所需要的空气量，称为气体燃料燃烧所需的理论空气量。当已知气体燃料中各单一可燃气体的体积分数时，按燃烧反应式整理后即可由式（5-19）计算其燃烧所需理论空气量 V_k^0（m^3/m^3）：

$$V_k^0 = \frac{1}{21} \times \left[0.5H_2 + 0.5CO + \sum \left(m + \frac{n}{4} \right) C_m H_n + 1.5 H_2S - O_2 \right] \qquad (5-19)$$

式中 H_2、CO、$C_m H_n$、H_2S、O_2——气体燃料中所含氢、一氧化碳、碳氢化合物、硫化氢和氧的体积分数，% 。

当已知燃气发热量时，其理论空气量可按下列公式近似计算：

$Q_{net,ar} < 10500\ kJ/m^3$ 时 $\qquad V_k^0 = 0.209 \frac{Q_{net,ar}}{1000} \qquad (5-20)$

$Q_{net,ar} > 10500\ kJ/m^3$ 时 $\qquad V_k^0 = 0.26 \frac{Q_{net,ar}}{1000} - 0.25 \qquad (5-21)$

对于烷烃类燃气（天然气、石油伴生气、液化石油气），可由下列公式计算：

$$V_k^0 = 0.268 \frac{Q_{net,ar}}{1000} \qquad (5-22)$$

或

$$V_k^0 = 0.24 \frac{Q_{net,ar}}{1000} \qquad (5-23)$$

3. 燃烧所需实际空气量计算

锅炉运行时，由于锅炉的燃烧设备不尽完善和燃烧技术条件等的限制，送入的空气不可能做到与燃料的理想混合，为使燃料在炉内尽可能燃烧完全，实际送入炉内的空气量总是大于理论空气量。实际供给的空气量 V_k 比理论空气量 V_k^0 多的这部分空气，称为过量空气；两者之比 α 则称为过量空气系数，即

$$\alpha = \frac{V_k}{V_k^0} \qquad (5-24)$$

因此，燃烧 1 kg（或 1 m^3）燃料实际所需的空气量为

$$V_k = \alpha V_k^0 \qquad (5-25)$$

炉中的过量空气系数是指炉膛出口处的 α_1''，它的最佳值与燃料种类、燃烧方式以及燃烧设备结构的完善程度有关。供热锅炉常用的层燃炉 α_1'' 值一般控制在 $1.3 \sim 1.6$ 之间，燃油燃气锅炉 α_1 值一般控制在 $1.05 \sim 1.20$。需要注意的是锅炉各受热面的烟道中还存在漏风现象，也就是说各段烟道出口处的过量空气系数是沿烟气流程递增的。

在燃烧过程中，正确选择和控制 α 是十分重要的，α 值过小和过大都将导致不良后果，过小时使燃料的化学热不能充分发挥，过大时使烟气体积增大、炉膛温度降低、增加了排烟热损失，其结果都将使加热设备的热效率下降。因此，先进的燃烧设备应在保证完全燃烧的情况下，尽量使 α 值趋近于 1。

最后需要指出的是上述空气量的计算，全按不含水蒸气的干空气计算。事实上相对于 1 kg 干空气是含有 10 g 水蒸气的，只是所占份额很小而予以略去。

二、燃料燃烧生成的烟气量计算

（一）固体和液体燃料燃烧生成的烟气量

1. 理论烟气量计算

燃料燃烧后生成烟气，如果供给燃料以理论空气量 V_k^0，燃料又达到完全燃烧，烟气中只含有二氧化碳、二氧化硫、水蒸气及氮四种气体，这时烟气所具有的体积称为理论烟气量，用符号 V_y^0 表示，单位为 m^3/kg。

理论烟气量可根据前述燃料中可燃元素的完全燃烧反应方程式进行计算。

（1）二氧化碳体积 V_{CO_2}：

$$V_{CO_2} = 1.866 \frac{C_{ar}}{100} = 0.01866 C_{ar} \qquad (5-26)$$

（2）二氧化硫体积 V_{SO_2}：

$$V_{SO_2} = 0.7 \frac{S_{ar}}{100} = 0.007 S_{ar} \qquad (5-27)$$

通常用符号 V_{RO_2} 表示二氧化碳和二氧化硫两种三原子气体体积的总和，即

$$V_{RO_2} = V_{CO_2} + V_{SO_2} = 0.01866(C_{ar} + 0.375 S_{ar}) \qquad (5-28)$$

（3）理论水蒸气体积 $V_{H_2O}^0$。理论水蒸气有以下 4 个来源，即燃料中氢完全燃烧生成的水蒸气、燃料中水分形成的水蒸气、理论空气量 V_k^0 带入的水蒸气和燃用重油且用蒸汽雾化时带入炉内的水蒸气。理论水蒸气体积为这 4 部分体积之和，即

$$V_{H_2O}^0 = 0.111 H_{ar} + 0.0124 M_{ar} + 0.0161 V_k^0 + 1.24 G_{wh} \qquad (5-29)$$

（4）理论氮气体积 $V_{N_2}^0$。烟气中氮气来源于理论空气量 V_k^0 含有的氮和燃料本身含的氮。理论氮的体积为这两部分之和，即

$$V_{N_2}^0 = 0.79 V_k^0 + 0.008 N_{ar} \qquad (5-30)$$

将上述三原子气体体积 V_{RO_2}、理论氮气体积 $V_{N_2}^0$ 和理论水蒸气体积 $V_{H_2O}^0$ 相加，便得到理论烟气量 V_y^0，即

$$V_y^0 = V_{RO_2} + V_{N_2}^0 + V_{H_2O}^0 = V_{gy}^0 + V_{H_2O}^0 \qquad (5-31)$$

式中　V_{gy}^0 ——$V_{gy}^0 = V_{RO_2} + V_{N_2}^0$，称为理论干烟气体积。

当已知燃料的收到基低位发热量时，燃料理论烟气量可由下列经验公式计算。

对于无烟煤、贫煤及烟煤：

$$V_y^0 = 0.248 \frac{Q_{net,ar}}{1000} + 0.77 \qquad (5-32)$$

对于劣质煤，当 $Q_{net,ar} < 12560 \ kJ/kg$ 时：

$$V_y^0 = 0.248 \frac{Q_{net,ar}}{1000} + 0.54 \qquad (5-33)$$

对于液体燃料：

$$V_y^0 = 0.265 \frac{Q_{net,ar}}{1000} \qquad (5-34)$$

2. 实际烟气量计算

实际的燃烧过程是在有过量空气的条件下进行的。因此，烟气中除了含有三原子气体、氮气及水蒸气外，还有过量氧气，并且烟气中氮气和水蒸气的体积分数也随之增加。

（1）过量空气的体积。

$$V_k - V_k^0 = (\alpha - 1)V_k^0$$

过量空气中氧气的体积：

$$V_{O_2} - V_{O_2}^0 = 0.21(\alpha - 1)V_k^0 \qquad (5-35)$$

过量空气中氮气的体积：

$$V_{N_2} - V_{N_2}^0 = 0.79(\alpha - 1)V_k^0 \qquad (5-36)$$

过量空气中水蒸气的体积：

$$V_{H_2O} - V_{H_2O}^0 = 0.0161(\alpha - 1)V_k^0$$

烟气中水蒸气的实际体积：

$$V_{H_2O} = V_{H_2O}^0 + 0.0161(\alpha - 1)V_k^0 \qquad (5-37)$$

（2）实际烟气量。实际烟气量为理论烟气量和过量空气（包括氧、氮和相应的水蒸气）之和，即

$$\begin{aligned} V_y &= V_y^0 + 0.21(\alpha - 1)V_k^0 + 0.79(\alpha - 1)V_k^0 + 0.0161(\alpha - 1)V_k^0 \\ &= V_y^0 + 1.0161(\alpha - 1)V_k^0 \end{aligned} \qquad (5-38a)$$

将式（5-31）代入式（5-38a），可得

$$V_y = V_{RO_2} + V_{N_2}^0 + V_{H_2O}^0 + 1.0161(\alpha - 1)V_k^0 \qquad (5-38b)$$

将式（5-31）、式（5-35）、式（5-36）及式（5-37）代入式（5-38a）后，可得

$$V_y = V_{RO_2} + V_{N_2} + V_{O_2} + V_{H_2O} \qquad (5-38c)$$

不计入烟气中水蒸气时，得实际干烟气体积：

$$V_{gy} = V_{RO_2} + V_{N_2} + V_{O_2} = V_{RO_2} + V_{N_2}^0 + (\alpha - 1)V_k^0 \qquad (5-39)$$

（二）气体燃料燃烧生成的烟气量

1. 理论烟气量计算

（1）三原子气体体积。二氧化碳和二氧化硫的体积按完全燃烧反应式整理可由式（5-40）计算：

$$V_{RO_2} = V_{CO_2} + V_{SO_2} = 0.01 \left(CO_2 + CO + \sum m C_m H_n + H_2S \right) \qquad (5-40)$$

式中　　　V_{RO_2}——标准状态下烟气中的三原子气体体积，m^3/m^3；

　　　　V_{CO_2}、V_{SO_2}——标准状态下烟气中二氧化碳和二氧化硫的体积，m^3/m^3。

（2）水蒸气体积。

$$V_{H_2O}^0 = 0.01 \left[H_2 + H_2S + \sum \frac{n}{2} C_m H_n + 120(d_r + V_k^0 d_k) \right] \tag{5-41}$$

式中　　　$V_{H_2O}^0$——理论烟气中水蒸气体积，m^3/m^3；

　　　　d_r、d_k——标准状态下燃气和空气的含湿量，kg/m^3。

（3）氮气的体积。标准状态下理论烟气的氮气体积 $V_{N_2}^0$ 可由式（5-42）计算：

$$V_{N_2}^0 = 0.79 V_k^0 + 0.008 N_2 \tag{5-42}$$

因此，理论烟气量可由式（5-43）计算：

$$V_y^0 = V_{RO_2} + V_{H_2O}^0 + V_{N_2}^0 \tag{5-43}$$

与固体和液体燃料一样，气体燃料燃烧产生的烟气量也可根据已知的收到基低位发热量 $Q_{net,ar}$ 由下列公式近似得出。

对于烷烃类气体燃料：

$$V_y^0 = 0.239 \frac{Q_{net,ar}}{1000} + k \tag{5-44}$$

式中　　k——系数，天然气为 2，石油伴生气为 2.2，液化石油气为 4.5。

对于炼焦煤气：

$$V_y^0 = 0.272 \frac{Q_{net,ar}}{1000} + 0.25 \tag{5-45}$$

对于标准状态下 $Q_{net,ar} < 12600 \text{ kJ/m}^3$ 的气体燃料：

$$V_y^0 = 0.173 \frac{Q_{net,ar}}{1000} + 1.0 \tag{5-46}$$

2. 实际烟气量计算

实际烟气量为 $\alpha > 1$ 时的烟气量。

（1）三原子气体体积。二氧化碳和二氧化硫的体积仍按式（5-40）计算。

（2）水蒸气的体积。水蒸气的实际体积 V_{H_2O} 按式（5-47）计算：

$$V_{H_2O} = 0.01 \left[H_2 + H_2S + \sum \frac{n}{2} C_m H_n + 120(d_r + \alpha V_k^0 d_k) \right] \tag{5-47}$$

（3）氮气的体积。氮气的实际体积 V_{N_2} 可由式（5-48）计算：

$$V_{N_2} = 0.79 \alpha V_k^0 + 0.01 N_2 \tag{5-48}$$

（4）过量氧的体积。由于 $\alpha > 1$，由空气带入烟气一部分过量氧，其体积 V_{O_2} 可由式（5-49）计算：

$$V_{O_2} = 0.21(\alpha - 1) V_k^0 \tag{5-49}$$

这样气体燃料燃烧后产生的实际烟气量 V_y，可由式（5-50）计算：

$$V_y = V_{RO_2} + V_{H_2O} + V_{N_2} + V_{O_2} \tag{5-50}$$

三、烟气和空气的焓

烟气和空气的焓分别表示 1 kg 固体和液体燃料或标准状态下 1 m^3 气体燃料燃烧生成

的烟气和所需的理论空气量,在等压下从 0 ℃加热到 θ ℃所需的热量,用符号 I_y 和 I_k^0 表示,单位为 kJ/kg 或 kJ/m³。

理论空气焓的计算式为

$$I_k^0 = V_k^0 (c\theta)_k \qquad (5-51)$$

式中 $(c\theta)_k$——1 m³ 干空气连同其带入的水蒸气在温度为 θ_k^0 ℃时的焓,简称 1 m³ 干空气的湿空气焓,kJ/m³。

烟气是含有多种气体成分的混合气体,烟气的焓是烟气各组成成分的焓的总和。当烟气温度为 θ_y ℃时,理论烟气体积下的焓可由式(5-52)求得:

$$
\begin{aligned}
I_y^0 &= (V_{RO_2} c_{RO_2} + V_{N_2}^0 c_{N_2} + V_{H_2O}^0 c_{H_2O})\theta_y \\
&= V_{RO_2}(c\theta)_{RO_2} + V_{N_2}^0 (c\theta)_{N_2} + V_{H_2O}^0 (c\theta)_{H_2O}
\end{aligned} \qquad (5-52)
$$

式中 $(c\theta)_{RO_2}$、$(c\theta)_{N_2}$、$(c\theta)_{H_2O}$——1 m³ 的三原子气体、氮气和水蒸气在温度为 θ ℃时的焓,其值可由表 5-4 查得(考虑到烟气中二氧化硫体积分数不高,且它的比热大致与二氧化碳相同,故通常取 $c_{RO_2} = c_{CO_2}$),kJ/m³。

表 5-4 1 m³ 气体、空气及 1 kg 灰的焓

θ/℃	$(c\theta)_{RO_2}$/ (kJ·m⁻³)	$(c\theta)_{N_2}$/ (kJ·m⁻³)	$(c\theta)_{O_2}$/ (kJ·m⁻³)	$(c\theta)_{H_2O}$/ (kJ·m⁻³)	$(c\theta)_k$/ (kJ·m⁻³)	$(c\theta)_{hz}(c\theta)_{fh}$/ (kJ·kg⁻¹)
100	170	130	132	151	132	81
200	357	260	267	304	266	169
300	559	392	407	463	403	264
400	772	527	551	626	542	360
500	994	664	699	795	684	458
600	1225	804	850	969	830	560
700	1462	948	1004	1149	978	662
800	1705	1094	1160	1334	1129	767
900	1952	1242	1318	1526	1282	875
1000	2204	1392	1478	1723	1437	984
1100	2458	1544	1638	1925	1595	1097
1200	2717	1697	1801	2132	1753	1206
1300	2977	1853	1964	2344	1914	1361
1400	3239	2009	2128	2559	2076	1583
1500	3503	2166	2294	2779	2239	1758

表 5-4（续）

$\theta/℃$	$(c\theta)_{RO_2}/$ $(kJ \cdot m^{-3})$	$(c\theta)_{N_2}/$ $(kJ \cdot m^{-3})$	$(c\theta)_{O_2}/$ $(kJ \cdot m^{-3})$	$(c\theta)_{H_2O}/$ $(kJ \cdot m^{-3})$	$(c\theta)_k/$ $(kJ \cdot m^{-3})$	$(c\theta)_{hz}$ $(c\theta)_{fh}/$ $(kJ \cdot kg^{-1})$
1600	3769	2325	2460	3002	2403	1876
1700	4036	2484	2629	3229	2567	2064
1800	4305	2644	2797	3458	2731	2186
1900	4574	2804	2967	3690	2899	2386
2000	4844	2965	3138	3926	3066	2512
2100	5115	3127	3309	4163	3234	
2200	5387	3289	3483	4402	3402	

当 $\alpha > 1$ 时，烟气中除包括上述理论烟气外，还有过量空气，这部分过量空气的焓为

$$\Delta I_k = (\alpha - 1)I_k^0$$

当 $\alpha > 1$ 时，1 kg 燃料产生的烟气焓为

$$I_y = I_y^0 + \Delta I_k = I_y^0 + (\alpha - 1)I_y^0 \qquad (5-53)$$

假若用经验公式近似地求得烟气体积 V_y，烟气焓可由式（5-54）求得

$$I_y = V_y c_y \theta_y \qquad (5-54)$$

$$c_y = 1.352 + 75.4 \times 10^{-3} \qquad (5-55)$$

式中 c_y——烟气的定压平均比热容，$kJ/(m^3 \cdot ℃)$。

由上可知，计算烟气量和烟气的焓时，都必须先知道该计算烟道的过量空气系数。现代锅炉通常采取平衡通风，炉膛以及其后的烟道都处于负压状态，通过炉墙会或多或少漏入一部分冷空气，也就是说过量空气系数将随烟气的流动逐渐增大。空气漏入量的多少通常用漏风系数 $\Delta\alpha$ 表示，它与锅炉结构、炉墙气密性等因素有关。设计时，按长期运行试验结果的推荐值选取。对于供热锅炉，其炉膛、蒸汽过热器、对流管束、省煤器、空气预热器以及每 10 m 长的水平砖砌烟道，其漏风系数 $\Delta\alpha$ 为 0.05 ~ 0.10。

由于烟道各部分的过量空气系数 α 不同，烟气量、烟气的平均特性及烟气焓也各不相同，需要分别进行计算。对于具体的计算受热面来说，计算烟气量及烟气平均特性时，采用该受热面中的平均过量空气系数；计算烟气焓时，则采用该受热面出口的过量空气系数。为方便计算，通常大致估计该受热面烟道中烟气所处的温度范围，以 100 ℃ 的间隔计算出若干烟焓，然后编制成温焓表。因此，在进行锅炉热力计算时就可方便地根据烟气温度和过量空气系数查出对应的烟气焓，或已知烟气焓和过量空气系数求出烟气温度。

第六章 热 源 设 备

第一节 锅炉的基本知识

锅炉是利用燃料燃烧释放出的热量或其他能量将热媒加热到一定参数的设备。从能源利用的角度看，锅炉是一种能源转换设备。在锅炉中，一次能源（燃料）的化学能通过燃烧过程转化为燃烧产物（烟气和灰渣）载有的热能，通过热交换将热量传递给中间载热体——热媒（例如水和蒸汽），热媒再将热量输送至用热设备。

一、锅炉的分类

锅炉的分类方法很多，主要按照用途、水循环方式、结构、出口工质压力、燃烧方式等进行分类（表6-1）。

表6-1 锅 炉 分 类

分类方法	锅炉类型	简 要 说 明
按用途	电站锅炉	用于发电，大多为大容量、高参数锅炉，燃烧效率高
	工业锅炉	用于工业生产和供暖，大多为低参数、小容量锅炉，热效率较低
	船用锅炉	用作船舶动力，一般采用低、中参数，要求锅炉体积小，自重轻
	机车锅炉	用作机车动力，锅炉设计紧凑
按出口介质	蒸汽锅炉	包括饱和蒸汽锅炉和过热蒸汽锅炉
	热水锅炉	包括低温热水锅炉和高温热水锅炉
	汽水两用锅炉	根据需要，既可供蒸汽又可供热水
按水循环方式	自然循环锅炉	利用下降管和上升管中工质密度差产生工质循环，只能在临界压力以下
	强制循环锅炉	利用循环回路中工质密度差和循环泵压头建立工质循环
按结构	火管锅炉	烟气在火管内流动。早期锅炉，目前少用
	水管锅炉	汽、水在管内流动，高低参数都有，水质要求高。应用广泛
按出口工质压力	低压锅炉	压力 $p \leqslant 2.5$ MPa
	中压锅炉	2.5 MPa $< p \leqslant 5.9$ MPa
	高压、超高压锅炉	$p \geqslant 9.8$ MPa
按燃烧方式	层燃炉	燃料主要在炉排上燃烧，包括固定炉排炉、活动手摇炉排炉、抛煤机链条炉排炉、振动炉排炉、下饲式炉排炉和往复推饲炉排炉等

表6-1（续）

分类方法	锅炉类型	简 要 说 明
按燃烧方式	室燃炉	燃料主要在炉膛内悬浮燃烧，包括液体燃料、气体燃料和煤粉锅炉
	流化床炉	燃料在炉排上面的沸腾床上沸腾燃烧，送入炉排的空气流速较高，适合燃用劣质煤
按所用燃料	固体燃料锅炉	燃用煤、煤矸石、生物固体等燃料
	液体燃料锅炉	燃用重油、水煤浆等液体燃料
	气体燃料锅炉	燃用天然气、生物燃气等气体燃料
	余热锅炉	利用冶金、石化等工业余热作为热源
	废料锅炉	利用垃圾、废液等废料作为燃料
	电热锅炉	利用电能加热工质
按排渣方式	固态排渣锅炉	灰渣以固态形式排出
	液态排渣锅炉	灰渣以液态形式排出
按锅筒布置	单锅筒式	工业锅炉采用单锅筒或双锅筒式
	双锅筒式	
按炉型	倒U形，塔形、箱形、N形、D形、A形	D形及A形用于工业锅炉
按出厂形式	快装、组装、散装	快装锅炉整机出厂，现场安装；组装锅炉出厂为几大组合件，现场拼装；散装锅炉出厂为大量部件和零件，现场组装成锅炉

二、锅炉的工作过程

锅炉最根本的组成是汽锅和炉子两大部分。燃料在炉子里进行燃烧，将其化学能转化为热能；高温的燃烧产物——烟气则通过汽锅受热面将热量传递给汽锅内温度较低的水，水被加热，进而沸腾汽化，生成蒸汽。下面以强制循环式内燃室燃炉（图6-1）为例，简要地介绍锅炉的基本构造和工作过程。

图6-1 强制循环式内燃室燃炉

汽锅的基本构造包括锅壳（或称锅筒）、管束受热面等组成的一个水系统。炉子包括燃烧器、燃烧室等组成的燃烧设备。此外，为了保证锅炉的正常工作和安全，还必须装设安全阀、压力表、排污阀、止回阀等。

1. 燃料的燃烧过程

图6-1所示中锅炉的炉子设置在锅壳的前下方，这种炉子是供热锅炉中应用较为普遍的一种燃烧设备。燃料（燃气或柴油）通过送风机经过燃烧器与空气混合后被送入燃烧室，进行燃烧反应形成高温烟气，整个过程称为燃烧过程。燃烧过程的完善进行，是锅炉正常工作的根本条件。保证良好的燃烧必须有高温的环境、充足的空气量、空气与燃料的良好混合。当然为使锅炉燃烧持续进行，还得连续不断地供应燃料、空气和排出烟气。

2. 烟气向水（汽等工质）的传热过程

由于燃料的燃烧放热，炉内温度很高。燃烧室四周是锅壳，高温烟气与锅壳壁进行强烈的辐射换热，将热量传递给锅壳内工质水。继而烟气受送风机的风压、烟囱的引力而向烟管束内流动。烟气掠过管束受热面，与管壁发生对流换热，从而将烟气的热量传递给水，为增大受热面的面积，降低排烟温度，提高锅炉热效率，烟气从后部进入部分烟管，在前烟箱汇集后，再从前烟箱进入另一部分烟管，最后在后烟箱汇集排出炉外，从而节省燃料。

3. 水的受热升温（或汽化）过程

水的受热升温过程也是热水（或蒸汽）的生产过程。经过处理的锅炉补给水和管网回水由水泵加压后进入锅筒。如果是生产热水，锅壳中的水始终处于过冷状态，因此不可能产生汽化。如果是生产蒸汽，水通过蒸发受热面被加热、汽化，因此产生蒸汽。

4. 锅炉房设备的组成

锅炉房是供热之源，工作时产生蒸汽（或热水），供用户使用；使用后的冷凝水（或称回水），又被送回锅炉房，与经水处理后的补给水一起，进入锅炉继续受热、汽化。为此，锅炉房中除锅炉本体以外，还必须装配水泵、风机、水处理等辅助设备，以保证锅炉房的生产过程继续正常运行，实现安全可靠、经济有效的供热。锅炉本体及其辅助设备，总称为锅炉房设备。

锅炉房的辅助设备，按它们围绕锅炉进行的工作过程，可分为以下4个系统。

（1）燃料供应系统。燃料供应系统的作用是为锅炉送入燃料，根据锅炉燃用的燃料不同，燃料供应系统是不一样的，如燃气输配管道、供油系统及运煤系统。

（2）送、引风系统。为给锅炉送入燃烧所需空气并从锅炉引出燃烧产物烟气，保证燃烧正常进行，同时使烟气以必需的流速冲刷受热面，有时只需单独设置送风机或引风机，有时两者需同时设置。

（3）水系统（包括排污系统）。锅壳内具有一定的压力，因而给水须靠给水泵提高压力后送入。此外，为保证给水质量，避免汽锅内壁结垢或受腐蚀，锅炉房通常还设有水处理设备；锅炉的排污水因具有相当高的温度和压力，因此须排入排污降温池或专设的扩容器，进行膨胀降温。

（4）仪表控制系统。除了锅炉本体上装有的仪表外，为监控锅炉设备安全经济运行，还常设有一系列的仪表和控制设备，如蒸汽流量计、水量表、烟温计、风压计、排烟二氧化碳指示仪等常用仪表。有的工业锅炉房中，还设有给水自动调节装置，烟、风闸门远距离操纵或遥控装置，甚至更现代化的自动控制系统。

三、锅炉基本特性的表示

1. 蒸发量、热功率

锅炉额定蒸发量和额定热功率统称额定出力或锅炉的额定热负荷，它是指锅炉在额定参数(压力、温度)并保证一定效率下的每小时最大连续蒸发量(产热量)，用以表征锅炉容量。蒸发量常用符号 D 表示，单位为 t/h，供热锅炉蒸发量一般为0.1 ~ 65 t/h。

对于热水锅炉，可用额定热功率表征容量的大小，常以符号 Q 表示，单位是 MW。

热功率与蒸发量之间的关系，可由式（6-1）表示：

$$Q = 0.000278D(i_q - i_{gs}) \tag{6-1}$$

式中　　　D——锅炉的蒸发量，t/h；

i_q、i_{gs}——蒸汽和给水的焓，kJ/kg。

对于热水锅炉：

$$Q = 0.000278G(i''_{rs} - i'_{rs}) \tag{6-2}$$

式中　　　G——热水锅炉每小时送出的水量，t/h；

i'_{rs}、i''_{rs}——锅炉进、出热水的焓，kJ/kg。

2. 蒸汽（或热水）参数

锅炉产生蒸汽的参数，是指锅炉出口处蒸汽的额定压力（表压力）和温度。对于生产饱和蒸汽的锅炉，一般只标明蒸汽压力；对于生产过热蒸汽（或热水）的锅炉，则需标明压力和蒸汽（或热水）温度。

3. 受热面蒸发率、受热面发热率

受热面是指汽锅和附加受热面等与烟气接触的金属表面积，即烟气与水（或蒸汽）进行热交换的表面积。受热面的大小，工程上一般以烟气放热的一侧进行计算，用符号 H 表示，单位为 m^2。

每平方米受热面每小时产生的蒸汽量，称为锅炉受热面的蒸发率，用 $D/H(kg/m^2 \cdot h)$ 表示，但各受热面所处的烟气温度水平不同，受热面蒸发率也有很大的差异。鉴于各种型号的锅炉，其参数不尽相同，为使比较时有共同的 "参数基础"，引入了标准蒸汽（指1标准大气压下的干饱和蒸汽）的概念，即其焓值为 2676 kJ/kg。把锅炉的实际蒸发量 D 换算为标准蒸汽蒸发量 D_{bz}，这样受热面蒸发率就能以 D_{bz}/H 表示，其换算公式为

$$\frac{D_{bz}}{H} = \frac{D(i_q - i_{gs})}{2676H} \times 10^3 \tag{6-3}$$

其中，蒸汽的焓 i_q、给水的焓 i_{gs} 应一致，单位为 kJ/kg。

热水锅炉则采用受热面发热率这个指标，即每平方米受热面每小时生产的热量，用符号 Q/H 表示。

受热面蒸发率或发热率越高，表示传热越好，锅炉所耗金属量少，锅炉结构也紧凑。

4. 锅炉的热效率

锅炉的热效率是指锅炉每小时有效用于生产热水或蒸汽的热量占输入锅炉全部热量的百分比，以符号 η_{gl} 表示，它是一个能真实说明锅炉运行热经济性的指标。目前生产的燃煤供热锅炉热效率 η_{gl} 为 60% ~ 85%，燃油燃气锅炉热效率 η_{gl} 为 85% ~ 92%。

5. 锅炉型号的表示方法

工业锅炉（电加热锅炉除外）产品型号由三部分组成，各部分之间用短横线相连。图6-2所示为工业锅炉产品型号组成示意图。

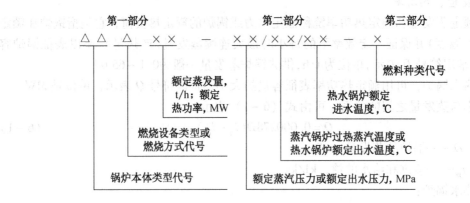

图6-2 工业锅炉产品型号组成示意图

型号的第一部分分为三段：第一段用两个汉语拼音字母表示锅炉本体类型，其类型代号见表6-2；第二段用一个汉语拼音字母表示锅炉的燃烧方式（废热锅炉无燃烧方式代号），燃烧方式代号见表6-3；第三段用阿拉伯数字表示蒸汽锅炉的额定蒸发量为若干t/h或热水锅炉的额定热功率为若干MW，废热锅炉则以受热面积（m^2）表示。

表6-2 锅炉本体类型代号

锅炉类别	锅炉本体类型	代号	锅炉类别	锅炉本体类型	代号
锅壳锅炉	立式水管	LS	水管锅炉	单锅筒立式	DL
	立式火管	LH		单锅筒纵置式	DZ
	立式无管	LW		单锅筒横置式	DH
	卧式外燃	WW		双锅筒纵置式	SZ
	卧式内燃	WN		双锅筒横置式	SH
				强制循环式	QX

表6-3 燃烧方式代号

燃烧方式	代号	燃烧方式	代号
固定炉排	G	下饲炉排	A
固定双层炉排	C	抛煤机	P
链条炉排	L	鼓泡流化床燃烧	F
往复炉排	W	循环流化床燃烧	X
滚动炉排	D	室燃炉	S

注：抽板顶升采用下饲炉排的代号。

型号的第二部分表示介质参数。将蒸汽锅炉分两段，中间用斜线分开。第一段用阿拉伯数字表示额定蒸汽压力为若干 MPa；第二段用阿拉伯数字表示过热蒸汽温度为若干℃，蒸汽温度为饱和温度时，型号的第二部分无斜线和第二段。将热水锅炉分三段，中间也以斜线相连。第一段用阿拉伯数字表示额定出水压力为若干 MPa；第二段和第三段分别用阿拉伯数字表示额定出水温度和额定进水温度为若干℃。

型号的第三部分表示燃料种类。以汉语拼音字母表示燃料品种，同时以罗马数字表示同一燃料品种的不同类别与其并列，燃料品种代号见表6-4。如同时使用几种燃料，主要燃料代号放在前面，中间用顿号隔开。

表6-4 燃料品种代号

燃料品种	代号	燃料品种	代号
Ⅱ类无烟煤	WⅡ	型煤	X
Ⅲ无烟煤	WⅢ	水煤浆	J
Ⅰ类烟煤	AⅠ	木柴	M
Ⅱ类烟煤	AⅡ	稻壳	D
Ⅲ类烟煤	AⅢ	甘蔗渣	G
褐煤	H	油	Y
贫煤	P	气	Q

第二节 锅炉的热平衡

锅炉热平衡主要研究燃料的热量在锅炉中的利用情况，包括多少被有效利用，多少损失，热损失表现在哪些方面及其产生的原因。研究的目的是有效提高锅炉的热效率。

一、锅炉热平衡的组成

锅炉生产蒸汽或热水的热量主要来源于燃料燃烧生成的热量。但是进入炉内的燃料由于种种原因不可能完全燃烧放热，而燃烧放出的热量也不会全部有效地用于生产蒸汽或热水，其中必有一部分热量损失。图6-3所示为锅炉热平衡示意图。为确定锅炉的热效率，需要使锅炉在正常运行情况下建立锅炉热量的收支平衡关系，通常称为热平衡。

锅炉热平衡是以 1 kg 固体或液体燃料（气体燃料以 1 m³）为基准进行计算的。

（1）锅炉热平衡的公式可写为

$$Q_r = Q_1 + Q_2 + Q_3 + Q_4 + Q_5 + Q_6 \qquad (6-4)$$

式中　Q_r——锅炉的输入热量，kJ/kg；

　　　Q_1——锅炉的有效利用热量，kJ/kg；

　　　Q_2——排烟热损失，即排出烟气带走的热量，kJ/kg；

Q_3——气体不完全燃烧热损失，指未燃烧完全的那部分可燃气体损失的热量，kJ/kg；

Q_4——固体不完全燃烧热损失，指未燃烧完全的那部分固体燃料损失的热量，kJ/kg；

Q_5——散热损失，即由炉体和管道等热表面散热损失的热量，kJ/kg；

Q_6——灰渣物理热损失，kJ/kg。

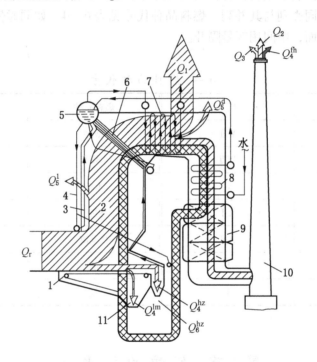

1—燃烧设备；2—炉膛；3—水冷壁；4—下降管；5—锅筒；6—对流管束；7—过热器；
8—省煤器；9—空气预热器；10—烟囱；11—预热空气的循环热流；其余符号见下文

图6-3 锅炉热平衡示意图

（2）锅炉的输入热量 Q_r 指由锅炉外部输入的热量，它由以下各项组成：

$$Q_r = Q_{net,ar} + i_r + Q_{zq} + Q_{wl} \qquad (6-5)$$

式中 $Q_{net,ar}$——燃料收到基的低位发热量，kJ/kg；

　　　 i_r——标准状态下燃料的物理显热，kJ/kg；

　　　 Q_{zq}——喷入锅炉的蒸汽带入的热量，kJ/kg；

　　　 Q_{wl}——用外来热源加热空气带入的热量，kJ/kg。

（3）燃料的物理显热为

$$i_r = c_{ar} t_r \qquad (6-6)$$

式中 c_{ar}——收到基燃料的比热容，kJ/(kg·℃)；

　　　 t_r——燃料的温度，如燃料未经预热，取20℃。

如果式（6-6）中 i_r 可以忽略不计，且 $Q_{wl} + Q_{zq} = 0$，则

$$Q_r = Q_{net,ar} \qquad (6-7)$$

如果式（6-4）两边同时除以 Q_r，则锅炉热平衡就以带入热量的百分比表示，即

$$q_1 + q_2 + q_3 + q_4 + q_4 + q_6 = 100\% \qquad (6-8)$$

二、锅炉热效率

锅炉热效率可用热平衡试验方法测定，测定方法有正平衡法和反平衡法两种。

1. 正平衡法

正平衡试验按式（6-9）进行，锅炉热效率为输出热量（有效利用热量）与燃料输入锅炉热量的百分比，即

$$\eta_{gl} = q_1 = \frac{Q_1}{Q_r} \times 100\% \qquad (6-9)$$

1 kg 燃料对应的有效利用热量 Q_1 可按式（6-10）计算：

$$Q_1 = \frac{Q_{gl}}{B} \qquad (6-10)$$

式中　Q_{gl}——锅炉每小时有效吸热量，kJ/h；

　　　　B——每小时燃料消耗量，kg/h。

对于蒸汽锅炉，每小时有效吸热量 Q_{gl} 按式（6-11a）计算：

$$Q_{gl} = D(i_q - i_{gs}) \times 10^3 + D_{ps}(i_{ps} - i_{gs}) \times 10^3 \qquad (6-11a)$$

式中　　D——锅炉蒸发量(如锅炉同时生产过热蒸汽和饱和蒸汽，应分别进行计算)，t/h；

　　　　i_q——蒸汽焓，kJ/kg；

　　　　i_{gs}——锅炉给水焓，kJ/kg；

　　　　i_{ps}——排污水焓，即锅炉工作压力下的饱和水焓，kJ/kg；

　　　　D_{ps}——锅炉排污水量，t/h。

由于供热锅炉一般都是定期排污，为简化测定工作，在热平衡测试期间可不进行排污。

当锅炉生产饱和蒸汽时，蒸汽干度一般都小于 1（湿度不等于零）。湿蒸汽的焓可按下列式子计算：

$$i_q = i'' - r\omega$$

式中　　i''——干饱和蒸汽的焓，kJ/kg；

　　　　r——蒸汽的汽化潜热，kJ/kg；

　　　　ω——蒸汽湿度，供热锅炉生产的饱和蒸汽通常有 1%~5% 的湿度，%。

对于热水锅炉和油载热体锅炉，每小时有效吸热量 Q_{gl} 按式（6-11b）计算：

$$Q_{gl} = 0.278G(i''_{rs} - i'_{rs}) \times 10^3 \qquad (6-11b)$$

式中　　G——热水锅炉每小时产热水量或油载热体锅炉循环油量，t/h；

　　　　i''_{rs}、i'_{rs}——热水锅炉出口、进口水的焓，或油载热体锅炉出口、进口油的焓，kJ/kg。

供热锅炉常用正平衡法测定效率，因为只要测出燃料量 B、燃料应用基低位发热量 $Q_{net,ar}$、锅炉蒸发量 D，以及蒸汽压力和温度，即可算出锅炉效率。这是一种常用的比较简单的方法。

2. 反平衡法

通过测出锅炉的各项热损失，用式（6-12）计算锅炉的热效率，这种方法称为反平

衡法。

$$\eta_{gl} = q_1 = 100\% - (q_2 + q_3 + q_4 + q_4 + q_6) \qquad (6-12)$$

正平衡法只能求得锅炉的热效率，不可能据此研究和分析影响锅炉热效率的种种因素，以寻求提高热效率的途径，而这正是反平衡法的优势。对于大型锅炉，由于不易准确地测定燃料消耗量，因此锅炉热效率主要由反平衡法求得。

三、固体不完全燃烧热损失 q_4

对于气体和液体燃料，正常燃烧情况下可认为 $q_4 = 0$。

对于固体燃料，q_4 是由于进入炉膛的燃料中，有一部分没有参与燃烧或未燃尽，被排出炉外而引起的热损失，包括灰渣损失、漏煤损失、飞灰损失 3 部分。

（1）灰渣损失 Q_4^{hz}。未参与燃烧或未燃尽的碳粒与灰渣一同落入灰斗造成的损失。

（2）漏煤损失 Q_4^{lm}。部分燃料经炉排落入灰坑造成的损失。对于煤粉炉，$Q_4^{lm} = 0$。

（3）飞灰损失 Q_4^{fh}。未燃尽的碳粒随烟气带走造成的损失。

固体不完全燃烧热损失是燃用固体燃料的锅炉的一种主要热损失。

四、气体不完全燃烧热损失 q_3

化学不完全燃烧热损失是烟气中残留 CO、H_2、CH_4 等可燃气体成分未燃烧放热就随烟气排出所造成的损失。其热损失应为烟气中各可燃气体容积与其容积发热量乘积的总和。

$$Q_3 = (12501 V_{CO} + 10793 V_{H_2} + 35906 V_{CH_4})\left(1 - \frac{q_4}{100}\right)$$

$$= V_{gy}(126.36 CO + 107.98 H_2 + 358.18 CH_4)\left(1 - \frac{q_4}{100}\right) \qquad (6-13a)$$

$$q_3 = \frac{Q_3}{Q_r} \times 100\% \qquad (6-13b)$$

式中　　　　V_{CO}、V_{H_2}、V_{CH_4}——1kg 燃料产生的烟气中 CO、H_2、CH_4 的体积，m^3/kg；

12501、10793、35906——CO、H_2、CH_4 的体积发热量，kJ/m^3；

V_{gy}——1 kg 燃料燃烧后生成的实际干烟气体积，m^3/kg；

CO、H_2、CH_4——干烟气中 CO、H_2、CH_4 的体积分数（由烟气分析测得），%。

式（6-13a）中乘以 $\left(1 - \frac{q_4}{100}\right)$ 是因为考虑到固体燃料存在机械不完全燃烧热损失 q_4，1 kg 燃料中的部分燃料并没有参与燃烧生成烟气，故应对生成的干烟气容积进行修正。

实际上烟气中含 H_2、CH_4 等气体很少，为简化计算，可认为气体不完全燃烧产物只有 CO，可用下列经验公式计算 q_3：

$$q_3 = 3.2 \alpha CO \qquad (6-14)$$

式中　α、CO——在烟道同一测点取样测出的过量空气系数和 CO 的体积分数。

气体不完全燃烧热损失的大小与炉子的结构、燃料特性、燃烧过程的组织及运行操作水平等因素有关。

五、排烟热损失 q_2

由于技术经济条件的限制，烟气离开锅炉排入大气时，烟气温度比进入锅炉的空气温度高很多，排烟带走的热量损失简称排烟热损失。

排烟热损失按下列式子求得

$$Q_2 = \left[I_{py} - \alpha_{py} V_k^0 (ct)_{lk} \right] \left(1 - \frac{q_4}{100} \right) \qquad (6-15a)$$

$$q_2 = \frac{Q_2}{Q_r} \times 100\% \qquad (6-15b)$$

式中　　I_{py}——排烟的焓，由烟气离开锅炉最后一个受热面处的烟气温度 θ_{py} 和该处的过量空气系数 α_{py} 决定，热平衡试验时 θ_{py} 值是测得的；设计计算时，θ_{py} 值是选定的，kJ/kg；

　　　　α_{py}——排烟处的过量空气系数，锅炉设计计算时，α_{py} 值是选定的；热平衡试验时，α_{py} 值由烟气分析仪测定气体成分后计算求得；

　　　　V_k^0——1 kg 燃料完全燃烧时所需的理论冷空气量，m^3/kg；

　　　　$(ct)_{lk}$——1 m^3 干空气连同其带入的 10 g 水蒸气在温度为 t℃时的焓。

由于存在 q_4，1 kg 燃料生成的烟气容积需乘以 $\left(1 - \dfrac{q_4}{100} \right)$ 的修正值。

影响排烟热损失的主要因素是排烟温度和排烟容积。

通常排烟热损失是锅炉热损失中较大的一项，一般装有省煤器的水管锅炉，q_2 为 6%～12%；不装省煤器时，q_2 往往高达 20% 以上。

六、散热损失 q_5

锅炉运行时，各部分炉墙、金属构架及锅炉范围的汽水管道、集箱和烟风道等的表面温度均高于周围空气温度，这样不可避免地将部分热量散失于大气，进而产生锅炉的散热损失。

散热损失的大小主要决定于锅炉散热表面积的大小、表面温度及周围空气温度等因素。与水冷壁和炉墙的结构、保温层的性能和厚度有关。

进行锅炉热力计算时需计及各段受热面烟道的散热损失。为简化计算，一般用保热系数 φ 计及各段烟道散热损失的大小。保热系数表示烟气在烟道中被该烟道中受热面吸收的放热量。

散热损失一般为 2%～4%，保热系数在 0.96～0.98 之间。q_5 可查有关资料求得。

七、灰渣物理热损失及其他热损失 q_6

锅炉的其他热损失通常是指灰渣物理热损失 Q_6^{hz} 及冷却热损失 Q_6^{lq}。

对于固体燃料，由于锅炉中排出的灰渣及漏煤的温度一般都在 600～800 ℃ 以上，因而造成热损失。此外，由于锅炉的某些部件采用了水冷却，而此冷却水未接入锅炉汽水循环系统中，会吸收锅炉的一部分热量并带出炉外，从而造成热量损失。

$$q_6 = q_6^{hz} + q_6^{lq} \qquad (6-16)$$

八、燃料消耗量

锅炉每小时耗用的燃料称为锅炉的燃料消耗量，由式（6-10）可得燃料消耗量的计算式：

$$B = \frac{Q_{gl}}{Q_r \eta_{gl}}$$

$$B = \frac{Q_{gl}}{Q_{net,ar} \eta_{gl}} \tag{6-17}$$

对于固体燃料，考虑到不完全燃烧热损失 Q_4 的存在，实际参加燃烧反应的燃料量应为

$$B_j = B\left(1 - \frac{q_4}{100}\right) \tag{6-18}$$

B_j 称为计算燃料消耗量。在锅炉热力计算中，燃料燃烧所需空气量及生成的烟气量均按计算燃料消耗量 B_j 计算。

第三节 水管锅炉水循环及汽水分离

一、锅炉的水循环

水和汽水混合物在锅炉蒸发受热面回路中的循环流动，称为锅炉的水循环。由于水的密度比汽水混合物的大，利用这个密度差所产生的水和汽水混合物的流动循环，叫作自然循环；借助水泵的压头使工质流动的循环的叫作强制循环。在供热锅炉中，除热水锅炉外，蒸汽锅炉几乎无一例外地都采用自然循环。

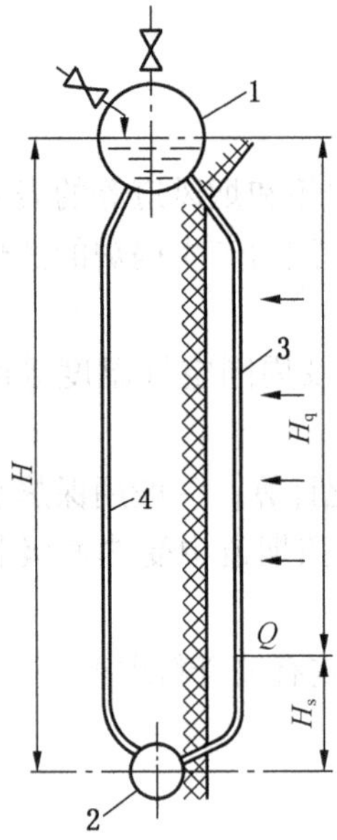

图6-4所示为自然循环蒸汽锅炉的蒸发受热面回路示意图。水自上锅筒进入不受热的下降管，然后经下集箱进入布置于炉内的上升管，在上升管中受热后部分水汽化，汽水混合物由于密度较小向上流动输回锅筒，如此形成水的自然循环流动。任何一台蒸汽锅炉的蒸发受热面，都由这样若干个自然循环回路组成。

上升管内的水在向上流动的过程中，一边受热一边减压，当到达汽化点 Q 时，水温等于该点压力下的饱和温度，开始沸腾汽化。在 Q 点以后，压力继续降低，汽化更剧烈，工质中含汽量随上升流动愈来愈多。因此 Q 点以后的这段 H_q，便是上升管的含汽区段，即汽水混合物区段。

如此，循环回路的总高度 H 即为加热水区段 H_s 和含汽区段 H_q 之和，即

$$H_s + H_q = H \tag{6-19}$$

在水循环稳定流动的状态下，作用于集箱截面两边的作用力相等。假设此回路中没有装置汽水分离器；H_s 区段加热水的密度和下降管中的水一样，都近似等于锅筒中蒸汽压力 P_g 下的饱和水

1—上锅筒；2—下集箱；
3—上升管；4—下降管

图6-4 自然循环
回路示意图

密度 ρ' ，则截面两边作用力相等的表达式可写为

$$P_g + (H_s + H_q)\rho'g - \Delta P_{xj} = P_g + H_s g\rho' + H_q g\rho_q + \Delta P_{ss} \qquad (6-20)$$

式中　　　　　P_g——锅筒中蒸汽压力，Pa；

　　　　　　　ρ'——下降管和加热水区段饱和水的密度，kg/m³；

　　　　　　　ρ_q——上升管含汽区段中汽水混合物的平均密度，kg/m³；

　　　　　　　g——重力加速度，m/s²；

　　　ΔP_{xj}、ΔP_{ss}——下降管和上升管的流动阻力，Pa。

经移项整理，便可得到下式：

$$H_q g(\rho' - \rho_q) = \Delta P_{xj} + \Delta P_{ss} \qquad (6-21)$$

上式左边是下降管和上升管中工质密度差引起的压头差，也就是驱动自然循环的动力，称为水循环的运动压头。等式的右边，是循环回路的流动总阻力。即当回路中水循环处于稳定流动时，水循环的运动压头等于整个循环回路的流动阻力。

水循环运动压头中，用于克服下降管阻力 ΔP_{xj} 的压头，在水循环计算中称为循环回路的有效压头，以 P_{yx} 表示，数值上等于运动压头和上升管阻力之差，即

$$P_{yx} = H_q g(\rho' - \rho_q) - \Delta P_{ss} = \Delta P_{xj} \qquad (6-22)$$

自然循环回路的有效压头愈大，可用于克服下降管阻力的压头就愈大，即循环的水量愈大，水循环愈强烈和安全。

二、蒸汽品质及汽水分离

锅炉生产的蒸汽必须符合规定的压力和温度，其中的杂质含量也不能超过一定的限值。蒸汽中的杂质包括气体杂质和非气体杂质两部分。前者主要有氧、氮、二氧化碳和氨气等，它们会对金属产生腐蚀作用；后者为蒸汽中的含盐（主要来源于蒸汽带水），当含盐超过一定量时，会严重影响用汽设备的运行安全。由各蒸发受热面汇集于锅筒的汽水混合物，在锅筒的蒸汽空间中借重力或机械分离后，蒸汽引出。如果汽水分离效果不佳，蒸汽将严重带水，导致蒸汽过热器内壁沉积盐垢，恶化传热以致过热而被烧损。对于饱和蒸汽锅炉，蒸汽带水过高也难以满足用户需要，还会引起供汽管网的水击和腐蚀。因此，需对供热锅炉规定其蒸汽品质指标，对于装设蒸汽过热器的锅炉，其饱和蒸汽湿度规定应不大于1%；对无过热器的锅炉，饱和蒸汽湿度应不大于3%；对于无过热器的锅壳式锅炉，饱和蒸汽湿度应不大于5%。影响蒸汽带水的因素是很复杂的，如锅炉的负荷、蒸汽压力、蒸汽空间高度和锅水含盐量等，其中锅水含盐量的影响是主要的，它是导致蒸汽品质降低的主要根源。

汽水分离装置形式很多，按其分离的原理可分自然分离和机械分离两类。自然分离是利用汽水的密度差，在重力作用下使汽水分离；机械分离则是依靠惯性力、离心力和附着力等使水从蒸汽中分离。按其工作过程，汽水分离装置又可分为粗分离（一次分离）和细分离（二次分离）两种，在实际应用中也常将它们分别组合使用，以便获得更好的分离效果。

目前，供热锅炉常用的汽水分离装置有水下孔板、挡板、匀汽孔板、集汽管、蜗壳式分类器、波纹板及钢丝网分离器等。图6-5所示为几种常见汽水分离装置结构图。

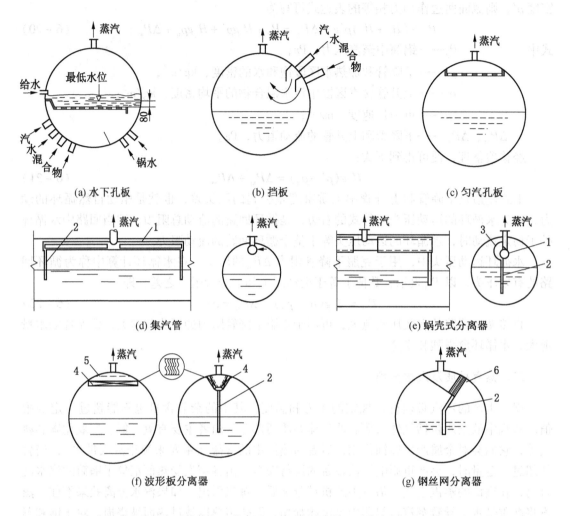

(a) 水下孔板　　　　　　　(b) 挡板　　　　　　　(c) 匀汽孔板

(d) 集汽管　　　　　　　　　　　　(e) 蜗壳式分离器

(f) 波形板分离器　　　　　　　　　(g) 钢丝网分离器

1—集汽管；2—疏水管；3—蜗壳；4—波形板分离器；5—匀汽孔板；6—钢丝网

图 6-5　汽水分离装置

第四节　锅炉的燃烧方式与设备

汽锅和炉膛是锅炉的两大基本组成部分。燃料在炉膛中燃烧，燃烧放出的热量被汽锅受热面吸收。放热是根本，是锅炉生产蒸汽或热水的基础。只有在燃料燃烧良好的前提下，研究汽锅受热面如何更好地吸热才有意义。

炉膛作为锅炉的燃烧设备，其作用在于为燃料的良好燃烧提供和创造这些物理、化学条件，使其将化学能最大限度地转化为热能；同时尽可能兼顾炉内辐射换热的要求。

鉴于燃料有气体、液体和固体 3 种类别，燃烧特性差别很大，锅炉容量、参数又有大小高低之分，所以为适应和满足各种锅炉的需要，燃烧设备有着多种形式。按照燃烧方式可划分为如下两类：

（1）室燃炉。燃料随空气流进入炉室呈悬浮状燃烧的炉子，又称为悬燃炉，如燃气炉和燃油炉、煤粉炉。

（2）层燃炉。燃料被层铺在炉排上进行燃烧的炉子，也称为火床炉。它是目前国内供热锅炉中采用较多的一种燃烧设备，常以链条炉为代表形式。

一、气体燃料的燃烧方式及设备

1. 气体燃料燃烧特点

（1）具有基本无公害燃烧的综合特性。气体燃料是一种比较清洁的燃料，它的灰分、含硫量和含氮量比煤和油燃料低得多，燃烧产物烟气中粉尘含量极少。

（2）容易进行燃烧调节。燃烧气体燃料时，只要喷嘴选择合适，便可以在较宽范围内进行燃烧调节，还可以实现燃烧的微调，使其处于最佳状态。

（3）作业性好。与油燃料相比，气体燃料输送免去了一系列的降黏、保温、加热预处理等装置，在用户处也不需要储存措施。

（4）容易调整发热量。特别是在燃烧液化石油气燃料时，在避开爆炸范围的部分加入空气，可以按需要任意调整发热量。

气体燃料的主要缺点是它与空气在一定比例下混合会形成爆炸性气体，而且气体燃料大多灵敏成分对人和动物是窒息性或有毒的，对使用安全技术提出了较高的要求。

2. 燃气的燃烧方法

1）扩散式燃烧

燃气未预先与空气混合，燃烧所需的空气依靠扩散作用从周围大气中获得，这种燃烧方法称为扩散式燃烧，此时一次空气系数 α' 取 0。扩散式燃烧的燃烧速度和燃烧完全程度主要取决于燃气与空气分子之间的扩散速度和混合的完全程度。

扩散燃烧的特点如下。

（1）燃烧稳定，热负荷调节范围大，不会回火，脱火极限高，燃烧器工作稳定。

（2）过剩空气量大，燃烧速度低，火焰温度低。对燃烧碳氢化合物含量较高的燃气，高温下由于焰面内氧气供应不足，各种碳氢化合物热稳定性较差，分解温度较低，会析出碳粒，造成化学不完全燃烧。

（3）层流扩散燃烧强度低、火焰长，需较大的燃烧室。

2）部分预混式燃烧

燃气与所需的部分空气预先混合而进行的燃烧，称部分预混式燃烧（又称大气式燃烧）。一次空气系数为 $0 < \alpha' < 1$（一般在 $0.2 \sim 0.8$ 之间变动）。根据燃气－空气混合物出口速度流动状态的不同，形成不同的燃烧火焰，可分为部分预混层流火焰和部分预混紊流火焰。

部分预混式燃烧的特点如下。

（1）由于燃烧前预混合了部分空气，因此可克服扩散式燃烧方法的一些缺点，提高燃烧速度，降低不完全燃烧程度。

（2）当一次空气系数适当时，这种燃烧方法有一定的稳定范围。一次空气系数越大，燃烧稳定范围越小。

3）完全预混式燃烧

燃气与所需的全部空气预先进行混合，即 $\alpha' \geqslant 1$，可燃混合物在稳焰装置（火道、燃烧室及其他）配合下，瞬时完成燃烧过程的燃烧方法称完全预混式燃烧，又称无焰式燃烧。

进行完全预混式燃烧的条件是燃气和空气在着火前预先按化学当量比混合均匀，要有稳定的点火源，以保证燃烧的进行。点火源一般是炽热的燃烧室内壁、专门的火道、高温燃烧产物的滞留地带或其他稳焰设备。

完全预混式燃烧火焰传播速度快，火道的容积热强度很高，可达 $(100 \sim 200) \times 10^6$ kJ/($m^3 \cdot h$) 或更高，且能在很小的过剩空气系数下（一般 $\alpha = 1.05 \sim 1.10$）达到完全燃烧，几乎不存在化学不完全燃烧的现象。因此燃烧温度很高，但火焰稳定性较差，易发生回火。

3. 常用的燃气燃烧器的分类

按一次空气分类：

（1）扩散式燃烧器。按扩散式燃烧原理设计，一次空气系数为零（$\alpha' = 0$），燃气燃烧完全靠二次空气。这种燃烧方法即燃气与空气不预先混合，而是在燃气喷嘴口相互扩散混合并燃烧。其优点是燃烧稳定，燃具结构简单，但火焰较长，易产生不完全燃烧，使受热面积碳。

（2）部分预混式燃烧器。按部分预混式燃烧原理设计，燃烧前预先将一部分空气与燃气混合，然后进行燃烧，剩余的燃气或燃烧中间产物仍借助二次空气燃烧。其优点是燃烧火焰清晰，燃烧强化，热效率高，但燃烧不稳定，对一次空气的控制及燃烧组分要求较高。燃气锅炉的燃烧器，一般多采用这种燃烧方式。

（3）完全预混式燃烧器（无焰燃烧）。按完全预混式燃烧原理设计，这种燃烧方法燃气所需空气燃烧前已完全与燃气混合均匀，一次空气过剩系数等于燃料完全燃烧时的空气过剩系数（$\alpha = \alpha' = 1.05 \sim 1.15$），燃烧过程中无须从周围空气中取得氧气（燃烧过程不需要二次空气），当燃气与空气混合物到达燃烧区后，能在瞬间燃烧完毕。

按空气供给方式分类：

（1）引射式燃烧器。空气被燃气射流吸入或燃气被空气射流吸入。

（2）鼓风式燃烧器。用鼓风设备将空气送入燃烧系统。

（3）自然引风式燃烧器。靠炉膛中的负压将空气吸入燃烧系统。

二、液体燃料的燃烧方式及设备

1. 燃油的燃烧特点

燃油是一种液体燃料，它的沸点总是低于它的着火点，所以油的燃烧总是在气态下进行的。燃油经雾化后的油粒喷进炉膛以后，被炉内高温烟气加热而气化，气化后的油气与周围空气中的氧相遇，形成火焰，燃烧产生热量的一部分传给油粒，使油粒不断气化和燃烧，直到燃尽。

理论分析和试验证明，油粒燃尽所需的时间与其粒径的平方成正比。燃烧速度常数主要取决于燃料的性质，不同燃料的燃烧速度常数相差不大。燃烧重油时，情况稍差一些，因为高分子烃的燃尽相对难一些。如果空气供应不足或油粒与空气混合不均匀，就会有一部分高分子烃在高温缺氧的条件下发生裂解，分解出炭黑。炭黑是粒径小于 1 μm 的固体粒子，它的化学性质不活泼，燃烧缓慢，所以一旦产生炭黑往往就不易燃尽，严重时未燃的炭黑会进入烟气，使烟囱冒黑烟；重油中的沥青成分也会由于缺氧分解为固体油焦。油焦破裂后即成焦粒，后者也是不易燃烧的。由此可见，重油燃烧中的一个重要问题是必须及时供应燃烧所需的空气，以尽可能减少油的高温缺氧分解。

可通过提高雾化质量、减小油粒粒径、增大空气和油粒的相对速度、合理配风等措施强化油的燃烧。

2. 燃油燃烧器

燃油燃烧器最重要的部件是燃油雾化器（或称油喷嘴），它的作用是把油雾化为雾状粒子，并使油雾保持一定的雾化角和流量密度，使其与空气混合，以强化燃烧过程，提高燃烧效率。

三、固体燃料的燃烧方式及设备

1. 煤的燃烧过程

（1）着火前的热力准备阶段。煤进入炉内首先被加热、干燥，当其温度升至 100 ℃ 时，水分迅速汽化，直至完全烘干。随着煤的温度继续升高，开始析出挥发分，最终形成多孔的焦炭。

（2）挥发物与焦炭的燃烧阶段。挥发物在燃料加热析出的同时开始氧化，当析出的挥发物达到一定温度和浓度时，马上着火燃烧，发光发热，在燃料颗粒外围形成一层火膜，通常把挥发物着火温度粗略地看作燃料的着火温度。

（3）燃尽阶段。即灰渣形成阶段，事实上焦炭一经燃烧灰就随之形成，给焦炭披上一层薄薄的"灰衣"。随后，"灰衣"增厚，最后因高温而变软或熔化，将焦炭紧紧包裹，空气中氧很难扩散进入，以致燃尽过程进行得十分缓慢，甚至造成较大的固体不完全燃烧损失。

为使燃烧过程顺利进行且燃烧尽可能完善，必须根据燃料的特性，创造有利于燃烧的必需条件：一是保持一定的高温环境，以便产生急剧的燃烧反应；二是供应燃料在燃烧中所需的充足而适量的空气；三是采取适当措施以保证空气与燃料很好地接触、混合，并提供燃烧反应必需的时间和空间；四是及时排出燃烧产物——烟气和灰渣。

2. 常见的燃煤炉——链条炉

层燃炉是指煤被层铺在炉排上进行燃烧的炉子，也叫火床炉。它是目前国内供热锅炉中采用最多的一种燃烧设备。层燃炉又分人工操作层燃炉（手烧炉）和机械化层燃炉。加煤、拨火和除渣 3 项主要操作部分或全部由机械代替人工操作的层燃炉，统称机械化层燃炉。

机械化层燃炉的型式包括链条炉排炉、机械——风力抛煤炉、往复炉排炉、振动炉排炉和下饲燃料式炉等，其中链条炉排炉在我国的应用最为广泛。

1）链条炉的构造

图 6-6 所示为链条炉的结构简图。煤靠自重由炉前煤斗落于链条炉排上，链条炉排则由主动链轮带动，由前向后徐徐运动；煤随之通过煤闸门被带入炉内，并依次完成燃烧各阶段，形成的灰渣最后用装置在炉排末端的除渣板铲落渣斗。

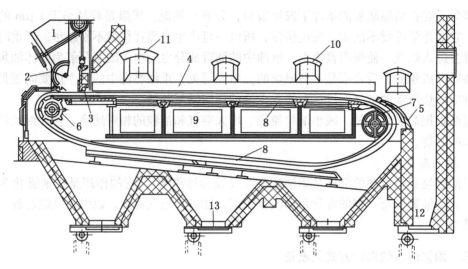

1—煤斗；2—扇形挡板；3—煤闸门；4—防渣箱；5—老鹰铁；6—主动链轮；7—从动轮；
8—炉排地支架上、下导轨；9—送风仓；10—拔火孔；11—人孔门；12—渣斗；13—漏灰斗

图 6-6 鳞片式炉排总图

煤闸门可以上下升降，用以调节所需煤层厚度。除渣板俗称老鹰铁，其作用是使灰渣在炉排上略有停滞而延长它在炉内停留的时间，以降低灰渣含碳量；同时可以减少炉排后端的漏风。煤闸门至除渣板的距离，称为炉排有效长度，约占链条总长的40%；有效长度与炉排宽度的乘积即为链条炉的燃烧面积。其余部分则为空行程，炉排在空行过程中得到冷却。在链条炉排的腹中框架内，设有几个能单独调节送风的风仓，燃烧所需的空气穿过炉排的通风孔隙进入燃烧层，参与燃烧反应。

在炉膛的两侧，分别装有纵向的防渣箱。它一半嵌入炉墙，一半贴近运动着的炉排而敞露于炉膛。通常用侧水冷壁下集箱兼作防渣箱。防渣箱的作用如下：一是保护炉墙不受高温燃烧层的侵蚀和磨损；二是防上侧墙黏结炉渣，确保炉排上的煤横向均匀满布，避免炉排两侧严重漏风而影响正常燃烧。

2）链条炉排的结构形式

链条炉排的结构形式有多种，目前我国供热锅炉常用的是链带式炉排和鳞片式炉排。

（1）链带式炉排。较小容量的供热锅炉，大多采用轻型链带式链条炉排。这种炉排的炉排片形状酷似链节，将这些"链节"串联成一个宽阔的环形链带，紧紧地绷绕在前、后轴轮上。

（2）鳞片式炉排。链条炉的整个炉排面就是由很多组链条和炉排片组成。在炉排宽度方向有若干根平行设置的链条，链条上装有炉排片中间夹板或侧密封夹板，炉排片就嵌插在左右夹板之间，一片紧挨一片地前后交叠成鳞片状，以减少漏煤损失。

3）链条炉的燃烧过程

链条炉的煤自煤斗滑落至冷炉排，主要依靠来自炉膛的高温辐射，自上而下地着火、燃烧，着火条件较差，是一种"单面引火"的炉膛。

链条炉的第二特点是燃烧过程的区段性。由于煤与炉排没有相对运动，链条炉自上向下的燃烧过程受到炉排运动的影响，使燃烧的各阶段分界面均与水平方向成一倾角。

图6-7形象地显示了链条炉燃烧过程与烟气成分随炉排长度变化的规律。

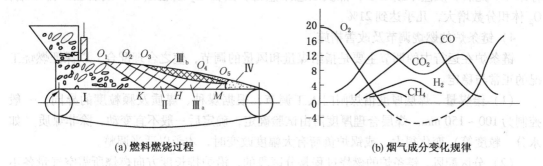

(a) 燃料燃烧过程   (b) 烟气成分变化规律

Ⅰ—新燃料区；Ⅱ—挥发物逸出、燃烧区；Ⅲ$_a$—焦炭燃烧氧化区；Ⅲ$_b$—焦炭燃烧还原区；Ⅳ—灰渣形成区

图6-7 链条炉燃烧过程与烟气成分随炉排长度变化的规律

煤在新燃料区Ⅰ中预热干燥，从O_1K线所示的斜面开始析出挥发物。不同品种的煤开始析出分发物的温度不相同，但对给定的炉前应用煤来说，这个温度大致一定，所以O_1K线实际上表示一个等温面。此等温面的倾斜程度取决于炉排运动速度和自上而下燃烧的传播速度。因为燃料层的导热性能很差，以致向下的燃烧传播速度仅为0.2~0.6 m/h，只有炉排速度的几十分之一。因此燃烧热力准备阶段在炉排上占据相当长的区段。

煤在O_1K至O_2H区间内析出全部的挥发物。O_1K与O_2H两线相距不远，这是因为挥发物沿O_1K线析出的同时，就开始在层间空隙着火燃烧，燃烧层的温度急速上升，到挥发物析放殆尽的O_2H线，温度已达1100~1200 ℃。

焦炭从O_2H线开始着火燃烧，温度上升至更高，燃烧进行得异常激烈，是煤的主要燃烧阶段。由于燃烧层厚度一般大于氧化区的高度，因此焦炭燃烧区又可分为氧化区Ⅲ$_a$和还原区Ⅲ$_b$。来自炉排下空气中的氧气在氧化区被迅速耗尽；燃烧产物中的二氧化碳和水蒸气上升至还原区，立即被炽热的焦炭还原，此处温度略低于氧化区。

最后是燃尽阶段，即灰渣形成区Ⅳ。链条炉是"单面引火"，最上层的煤首先点燃，因此灰渣也先在表面形成。此外，因空气由下进入，最底层的煤燃尽也较快，较早形成了灰渣。可见，炉排末端焦炭的燃尽是夹在上、下灰渣层中的，这对多灰分煤更为不利，使O_5点向后延伸，易造成较大的固体不完全燃烧热损失。

在链条炉中，煤的燃烧是沿炉排自前往后分阶段进行的，因此燃烧层的烟气各组成成分在炉排长度方向各不相同，如图6-7所示。

在预热干燥阶段，基本不需要氧气，通过燃烧层进入的空气，其氧体积分数几乎不变。自O_1点开始，挥发物析出并着火燃烧，O_2体积分数下降，燃烧生成的CO_2体积分数随之增高。进入焦炭燃烧区后，燃烧层温度很高，氧化层渐厚，致使炉排下的空气中的氧未穿越燃烧层就全部被耗尽，此时α取1，CO_2体积分数出现了第一个峰值。从此开始还原反应，CO逐渐增多，CO_2体积分数则逐渐降低。其时，当燃烧产物中的水蒸气进入还原区也被炽热焦炭还原，H_2也逐渐增加。在严重缺氧的条件下，甚至挥发物中的CH_4等可燃气体也无法燃尽。

当CO和H_2体积分数达到最大值后，由于燃烧层部分燃尽成灰，还原层渐薄，这两种成分又逐渐下降。当还原区消失时，CO_2 体积分数又达到一个新的高峰，此时氧化区尚存未尽。此后，灰渣不断增多，焦炭层愈来愈薄，所需 O_2 量也渐少，最后在炉排末端，O_2 体积分数增大，几乎达到 21%。

4）链条炉的燃烧调节及改善措施

链条炉在运行中的调节主要是指给煤量和风量的调节，使之合理配合，以保证燃烧工况的正常与稳定。

（1）给煤量。煤层厚度借煤闸门人工调节，根据煤种、煤质及颗粒度的异同，一般控制为 100～150 mm。煤层合理厚度需由试验确定，确定后一般不宜变动，除非煤质（如水分、粒度等）变化很大，或锅炉负荷有大幅度改变时，才予以适当调整。

（2）分区配风。链条炉的燃烧过程是分区段的，沿炉排长度方向燃烧所需空气量各不相同。因此，炉排前后端的送风量可大幅度调小，以有效降低炉膛中总的过量空气系数 α_1，既保持炉膛高温，又减少排烟损失；在需氧最甚的中段主燃烧区及时得到更多的氧气补给。

（3）炉拱。炉拱在链条炉中起着相当重要的作用，不但可以改变自燃料层上升的气流方向，使可燃气体与空气良好混合，为可燃气体燃尽创造条件，还可以加速新入炉煤着火燃烧。

炉拱的形状、尺寸与燃料的性质密切相关。通常前后拱同时布设，各自伸入炉膛形成"喉口"，对炉内气体有强烈的扰动作用（图 6-8）。

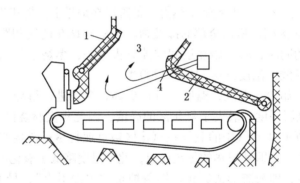

1—前拱；2—后拱；3—喉口；4—二次风

图 6-8 炉拱与喉口及二次风的关系

（4）二次风。在链条炉中，布设二次风的主要作用首先在于进一步强化炉内气流的扰动和混合，降低气体不完全燃烧热损失和炉膛过量空气系数。其次，布置于后拱的二次风能将高温烟气引向炉前，以增补后拱作用，帮助新燃料着火。同时，由二次风造成的烟气旋涡，一方面可延长悬浮于烟气中的细屑燃料在炉膛中的行程和逗留时间，促成更好的燃尽；另一方面，借旋涡的分离作用，把许多未燃尽的碎屑碳粒甩回炉排复燃，以减少飞灰。显然，这将有效提高锅炉效率，也利于消烟除尘。

二次风的工质可以是空气，也可以是蒸汽或烟气。为达到预期效果，二次风必须具有一定的风量和风速。一般控制在总风量的 5%～15%，挥发物较多的燃料取用较高值。二次风量不宜过大，要求出口速度较高，才能获得应有的穿透深度。二次风初速一般为50～80 m/s，相应风压为 2000～4000 Pa。

第五节 常用供热锅炉

一、固体燃料供热锅炉

目前，固体燃料供热锅炉主要采用以下几种。

1. 单锅筒纵置式水管锅炉

图 6-9 所示为 DZG 型单锅筒纵置式水管锅炉，也称"A"形或"人"字形锅炉，是由一个纵置锅筒和两侧下集箱及辐射排管（含水冷壁）、对流排管组成的。

这种锅炉水循环简单，锅水从锅筒流入两侧受热弱的排管，下降到集箱，再经水冷壁和受热强的排管上升，回到锅筒内。

这种锅炉的烟气一次冲刷排管，所以阻力小，锅炉结构紧凑，钢耗低，加工制造简单。但是水容量小，气压、水位波动较大，对给水质量要求高，操作控制困难。

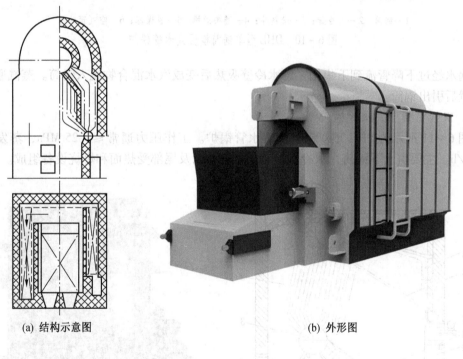

(a) 结构示意图   (b) 外形图

图 6-9 DZG 型单锅筒纵置式水管锅炉

2. 单锅筒横置式水管锅炉

图 6-10 所示为 DHL 型单锅筒横置式水管锅炉。燃料燃烧后产生高温烟气，向炉膛辐射热量后，经过省煤器、空气预热器换热，后经除尘器由引风机引出，通过烟囱排入大气。

这种锅炉水循环结构简单，安全可靠，前后两侧墙有各自的水循环回路和各自的下降

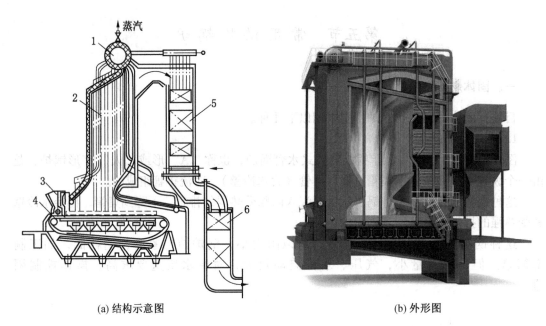

| (a) 结构示意图 | (b) 外形图 |

1—锅筒；2—水冷壁；3—给料斗；4—链条炉排；5—省煤器；6—空气预热器

图 6 - 10　DHL 型单锅筒横置式水管锅炉

管。锅水经过下降管流到下集箱，经水冷壁吸热后变成汽水混合物流入锅筒。蒸汽通过分离装置后引出锅筒。

3. 双锅筒横置式水管锅炉

图 6 - 11 所示为 SHG 型双锅筒横置水管锅炉。工作压力通常 ≤1.25 MPa，蒸发量为 1 ~ 4 t/h。主要由上下锅筒、水冷壁、对流排管，以及尾部受热面和燃烧设备组成。

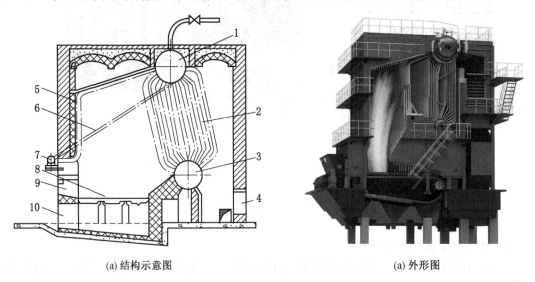

| (a) 结构示意图 | (a) 外形图 |

1—上锅筒；2—对流管束；3—下锅筒；4—烟气出口；5—水冷壁管；6—下降管；

7—横集箱；8—炉排；9—炉门；10—出灰口

图 6 - 11　SHG 型双锅筒横置水管锅炉

这种锅炉的特点是：结构紧凑，金属消耗量低；管束受热后能自由膨胀，热应力小；水循环可靠，热效率较高。缺点是：炉顶为轻型炉墙，容易裂缝，当发生爆燃时，炉顶很可能被毁掉；辐射受热面多，对水质要求高，不但要除硬度，还要除氧、除油，防结垢和防腐蚀；炉膛冷灰斗处容易结渣，对流管束部分容易积灰；对司炉人员的技术水平要求高。

水管锅炉有很多种类，如双锅筒纵置水管锅炉，其中又分双长锅筒型、长短锅筒型（上锅筒长，下锅筒短）和双短锅筒型。而燃烧设备除了固定炉排和链条炉排外，还有如往复炉排等型式。

二、燃油燃气锅炉

由于燃油（气）锅炉采用液（气）体燃料，因此都采用火室燃烧，即燃料在炉膛内悬浮燃烧，燃烧产物无灰渣，不需要炉排和除渣设备。燃油和燃气锅炉的本体结构区别不大，但燃烧设备是不相同的。燃油（气）锅炉的种类繁多，下面介绍常用的锅壳式锅炉和真空热水锅炉。

1. 锅壳式锅炉

1）立式锅壳式锅炉

图 6-12 所示为立式锅壳式燃油（气）蒸汽锅炉。该锅炉燃烧器顶置，空气从炉胆顶部切线方向送入，使火焰沿炉胆（炉膛）内壁旋转下行。为延长火焰在炉胆内的滞留时间，在炉胆内设置火焰滞留器。烟气从底部反转，经环形锅筒的外侧上行，并从上侧部排出。在环形锅筒的外侧装有与烟气方向相同的肋片，以增强换热。给水从锅筒的下部进入，蒸汽从顶部排出。锅筒底部设有排污口；上部水面下也设有表面排污管。燃料入口管设有与燃料品种相匹配的调节阀、电磁阀、保护开关、压力表、过滤器等部件。如果是双

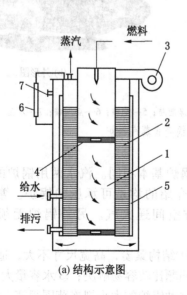

(a) 结构示意图

(b) 外形图

1—炉胆；2—环形锅筒；3—风机；4—火焰滞留器；5—肋片；6—水位计；7—烟气出口

图 6-12 立式锅壳式燃油（气）蒸汽锅炉

燃料锅炉，则同时设有燃油和燃气的管路和控制系统。蒸汽锅炉设有水位计，可观察锅筒内的水位。图6-12所示中锅炉的烟气是2回程，上行程是环形空间。这种结构适用于容量较小的锅炉（蒸发量<1 t/h）。容量稍大的锅炉，则将上行程改为烟管，烟管内设有扰流子，以增强换热。锅炉的炉胆是平直形的圆筒，有的锅炉的炉胆采用波纹与平直组合结构以适应热胀冷缩。这种类型的热水锅炉与蒸汽锅炉的结构形式基本相同。

立式锅壳式锅炉结构简单，安装操作方便，占地面积小，热效率为85%~90%；蒸汽锅炉的容量一般为2.4 t/h以下，热水锅炉的容量一般为1.6 MW以下；应用范围广，可用于建筑空调、供暖、热水供应，以及小型企业的工艺用热等。

2）卧式锅壳式锅炉

图6-13所示为卧式锅壳式蒸汽锅炉。该锅炉采用3回程、湿背式结构。燃油（气）在波纹型炉胆内燃烧，产生的高温烟气在炉胆后部的湿烟箱折返进入第二回程管簇，在前烟箱又折返进入第三回程的管簇，再经后烟箱排出。炉胆与烟管均浸没水中，烟气中的热量通过炉胆壁、烟管、湿烟箱等传给水。蒸汽从上部供出，给水从侧下部进入锅筒。此外，锅筒的侧部装有水位计。有的锅炉的炉胆是平直圆筒。炉胆在锅筒中的位置可以是居中偏下，烟管簇对称布置；也可以偏于一侧，烟管簇在另一侧布置。烟管采用高传热性能的螺纹管，使结构更为紧凑。

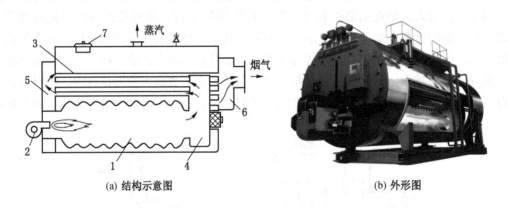

(a) 结构示意图　　　　　　　　　　　　(b) 外形图

1—炉胆；2—燃烧器；3—烟管簇；4—湿烟箱；5—烟箱；6—后烟箱；7—人孔

图6-13　卧式锅壳式蒸汽锅炉

锅壳式锅炉中热水锅炉的结构与蒸汽锅炉基本相同。汽水两用锅炉的结构与蒸汽锅炉一样，只是增加了热水出口管。上面介绍的均是可承压的锅炉。常压热水锅炉的结构与蒸汽锅炉基本相同，但水面上方空间通大气。另外锅炉无须按压力容器制造。

卧式锅壳式燃油（气）锅炉的特点有：①结构紧凑，高宽尺寸不大，适合整机出厂，即做成快装锅炉；②采用微正压燃烧，密封问题比较容易解决；③水容量大，对负荷变化适应性强；④水处理要求比水管式锅炉低。这种锅炉的大小规格范围很宽，蒸汽锅炉的蒸发量为0.2~35 t/h；热水锅炉的热功率为0.12~29 MW。这类锅炉的热效率为90%左右。它的应用面很广，适用于民用与工业建筑，作为供暖、空调、生活热水、工艺用热等的热源。

2. 真空热水锅炉

图 6 – 14 所示为真空热水锅炉。采用真空泵使负压蒸汽室保持一定的真空度,水沸腾汽化的蒸汽温度低于100 ℃。在负压蒸汽室内装有汽—水换热器,蒸汽加热管内的热水,供热用户使用;管外蒸汽被凝为水滴,滴入炉水中再被加热汽化,如此不断循环。

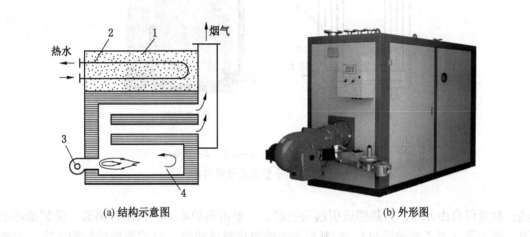

(a) 结构示意图　　　　　　　　(b) 外形图

1—负压蒸汽室;2—换热器;3—燃烧器;4—炉膛

图 6–14　真空热水锅炉

锅炉本体的结构形式与卧式锅壳式类似。由于锅炉在负压下工作,锅筒等不需按压力容器制造,常采用椭圆形筒体,有较大的负压蒸汽室,便于设置汽—水换热器,由于汽—水换热器可承压,因此可作为热源用于有压系统。汽—水换热器可设1组,只提供一种参数的热水;也可设 2 ~ 4 组,可供应 2 ~ 4 种参数的热水。例如设 2 组汽—水换热器,一组提供空调或供暖用热水,另一组提供生活用热水。真空热水锅炉的特点是安全性高;能同时满足不同的需求;炉内真空无氧,大大减缓炉内金属的腐蚀,使用寿命长;炉内是高纯度水,且水与蒸汽保持自循环,炉内不结垢;热效率较高,为90% ~ 93%。真空热水锅炉的容量一般为58 kW ~ 4.2 MW。作为热源适用于建筑供暖、空调或热水供应。

图 6 – 15 所示为小型立式水管锅炉。燃烧器顶置,在上下矩形断面的集箱间焊有两圈水管(立管)。燃料在炉膛内燃烧产生的烟气从侧面出口进入两圈水管之间的流道,横向冲刷水管;而后转入外圈水管外侧的流道,最后从锅炉侧部排烟口排出。烟气流道的设计有对称流道和不对称流道两种。立式水管锅炉结构紧凑,占地面积小,效率高(一般为90% 以上)。两圈水管立式锅炉容量一般为 3 t/h 以下,一圈水管的锅炉容量为 500 kg/h以下。

图 6 – 16 所示为克雷登直流锅炉。传热面是由一根管盘成螺旋形的盘管,管径分段放大,以适应管内热媒密度随加热而变化;水从盘管上面进入,由水泵强制在盘管内向下流动,汽水混合物从下面排出;燃烧器下置,烟气冲刷盘管,从上部排出,水与烟气逆流换

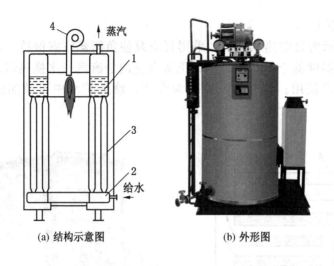

(a) 结构示意图　　　　　(b) 外形图

1—上集箱；2—下集箱；3—水管；4—燃烧器

图 6-15　小型立式水管锅炉

热；盘管可自由伸缩，无热膨胀引起的问题。一般由锅炉本体、汽水分离器、强制循环水泵、燃油泵（对于燃油锅炉）、控制柜等部件组成整体机组。克雷登锅炉结构紧凑，占地面积小，锅炉容量范围为 516~9389 kg/h，设计压力为 3.5 MPa 以下。

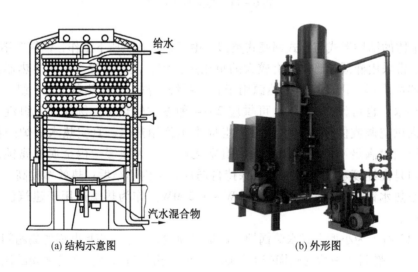

(a) 结构示意图　　　　　(b) 外形图

图 6-16　克雷登直流锅炉

图 6-17 所示为双锅筒水管式锅炉结构示意图。该锅炉有上下两个锅筒，两锅筒间焊有对流管束；侧墙上设有水冷壁，燃烧器水平设置在锅筒一端的炉墙上，燃烧的火焰与锅筒平行。因此，此型锅炉的锅筒称为纵置式。燃烧后的烟气横向冲刷对流管束后，从燃烧器对面墙的烟气出口排出。如果燃气锅炉的燃气管路阀门不严密，炉膛内燃气与空气的混合气体达到爆炸极限时，遇明火即发生爆炸；或因燃气压力或风压不稳而引起脱火、回

火，致使熄火引起爆炸；燃油锅炉油雾化气体因熄火达到爆炸极限时，一旦遇明火也会发生爆炸。为此，应在炉膛的墙上设防爆门，发生爆炸时可减轻危害程度。该锅炉传热管束为 D 形结构形式，在布置过热器、省煤器方面更为灵活。D 形、A 形或 O 形水管锅炉容量一般为 10 t/h(7 MW) 以上，锅炉热效率大多为 90% 以上，小于 10 t/h 的水管锅炉相对于锅壳式锅炉并无明显优势。

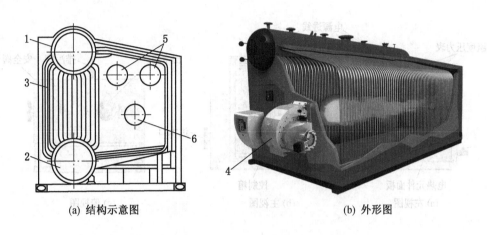

(a) 结构示意图　　　　　　　　(b) 外形图

1—上锅筒；2—下锅筒；3—对流管束；4—燃烧器；5—防爆门；6—人孔

图 6-17　双锅筒水管式锅炉结构示意图

三、电锅炉

电能是高品位能源。从电力发展的方向和趋势看，直接用电作热源也将逐步得到发展。目前，电力比较紧缺的地区，不宜直接用电热设备作建筑热源。但是在电力充裕，电力构成以水电或可再生能源发电为主，当地电网峰谷差较大且实行峰谷电差价的地区，可以考虑采用电热或电热加蓄热作为建筑热源。另外，在使用其他热源时，若设备的容量与建筑热负荷不能同步变化，也可以考虑采用电热设备作为辅助热源。

建筑中应用电力作热源的方式有以下几种：①在房间内敷设加热电缆或低温辐射电热膜，直接为房间供暖；②在空调机中装设电加热器，直接加热空调系统中的空气；③采用电暖风机、电散热器、红外线电加热器等供暖设备，为房间供暖；④采用电锅炉或电热水器，为楼宇或一户的集中空调、供暖系统供热，或用于热水供应。

大容量、集中生产热水或蒸汽的电热装置称为电锅炉。电锅炉按热媒可分为电热水锅炉、电热蒸汽锅炉和电热导热油锅炉；按电源的电压可分为高压电源（最高可达 15 kV）和低压电源（600 V 以下）电锅炉；按工作原理可分为电阻式、电极式和感应式电锅炉；按结构形式可分为立式、卧式和壁挂式（小型）电锅炉；等等。电热水锅炉按压力可分为常压、真空和承压式；按蓄热能力可分为即热型（水容量很小，无蓄热能力）和蓄热型；按功能可分为单功能（供暖或热水供应）、双功能（同时供暖和热水供应）和三功能（供暖、热水供应、太阳能辅助加热）。

图 6 – 18 所示为卧式电热水锅炉外形图。图中锅炉本体是长方形，其中内筒是具有承压能力的圆柱形锅筒，筒外保温。电热管可从锅炉两端进行更换。锅炉上有进水、出水接口，下部有排污阀，出水口处可接压力表和安全阀。即热型的电热水锅炉结构紧凑，例如某最大输入功率为 3000 kW 的电热水锅炉，本体部分的外形尺寸为 1900 mm × 1880 mm × 1700 mm（长×宽×高）。

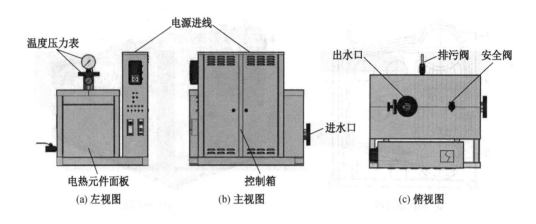

图 6 – 18　卧式电热水锅炉外形图

蓄热型电热水锅炉一般具有相当于锅炉容量为 7 ~ 8 h 的蓄热量，即可实现利用夜间用电低谷时段的电能进行蓄热。以水显热蓄热的锅炉体积庞大，例如某品牌输入功率为 1900 kW 的蓄热型电热水锅炉，利用高温水（150 ~ 65 ℃）进行蓄热，水容量为 150 m³，蓄热量为 14826 kWh，相当于 8 h 锅炉供热量（锅炉效率为 98%）；该锅炉的外形尺寸为 15347 mm × 3900 mm × 4170 mm（长×宽×高），但相对于电热水锅炉 + 蓄热设备的系统还是紧凑得多。

还有一种称为固体蓄热式电热水锅炉（图 6 – 19），锅炉的金属材料蓄热块中含有铜、铁、铝、铬等金属材料的氧化物及含硅、碳、磷的复合无机材料，蓄热块蓄热温度为 450 ~ 700 ℃，单位体积蓄热量为 $(1.7 ~ 2.1) \times 10^6$ kJ/m³，是高温水蓄热（$\Delta t = 80$ ℃）的 5 ~ 6 倍。这种锅炉工作原理是在金属蓄热块中插入电热棒，加热金属蓄热块，并利用

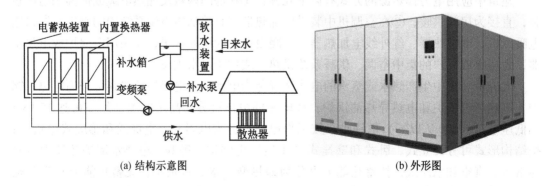

图 6 – 19　固体蓄热式电热水锅炉

热管将热量导出，将水加热。

图6-20所示为电热蒸汽锅炉结构示意图。电热蒸汽锅炉的容量（输入功率）范围为30~5000kW，有立式、卧式两种类型；蒸汽压力为0.4~0.7MPa。外形与电热水锅炉相似。电热导热油锅炉的容量（输入功率）范围为60~2000kW，锅炉供出高温导热油（最高300℃），通过油—水换热器加热水，供用户使用。电热导热油锅炉与电热水锅炉结构、外形相似。电热导热油锅炉的优点是导热油腐蚀性小，锅炉的故障率低；但油可燃，有安全隐患。

图6-20　电热蒸汽锅炉结构示意图

各种电锅炉自动化程度都很高，通常可自动控制水温、油温或蒸汽压力，电热元件与水泵（或油泵）联锁，有超温、超压、过载、短路、断水等各种自动保护功能。

第六节　其他热源设备

一、余热利用设备

以环境温度为基准，生产过程中排出的载热体所释放的热能称为余热；经技术经济比较可回收利用的余热称为余热资源。许多工业企业既是能源消耗大户，又是余热产生大户。工业企业余热利用的途径有：余热回用于生产过程，高温余热用于发电，用作厂区或厂区邻近居民区建筑的供暖、空调、热水供应的热源等。

余热按其载热体的形态可分为气态余热、液态余热和固态余热。气态余热常见的有工业炉、锅炉、发动机的烟气、热风、废蒸汽、废气等；液态余热有冷却水、废热水、高温油、废液等；固态余热是指产品、原料和废弃物等含有的显热。余热利用的途径、余热回收设备与余热的形态、温度、产生余热的工艺过程及设备有着密切的关系，应根据具体情况确定余热的用途，选择或设计余热回收设备，设计满足各种工况的可调节系统。

对于冷却水和废液余热，当温度≤35℃时，宜作为热泵的低位热源；当温度高于35℃时，可作为建筑、热水供应的热源；100℃左右的余热可作为供暖系统、吸收式制冷机或第二类吸收式热泵的热源。由于工业冷却水或废液往往含有一些有害物质，不宜在建筑的供热系统中直接使用，宜采用间接式系统，即将余热通过水一水换热器加热供暖系统的循环热水，或热水供应系统中的热水。如果此类水不含腐蚀性物质，可在热泵、吸收式制冷机中直接使用。

对于废蒸汽余热，可采用汽一水换热器制取热水，用于供暖、热水供应、吸收式制冷机，或作为第二类吸收式热泵的热源。当蒸汽中不含腐蚀性物质时，可直接用于吸收式制冷机。

对于热气体、烟气余热，如果温度不高，不宜作为建筑热源，原因在于所获得的热水温度偏低，应用受到限制，直接回收用于工艺过程更为有利。

如果温度较高的排气或烟气，一是可利用烟气型溴化锂吸收式冷热水机组制冷或制热，作为建筑空调系统的冷热源；二是利用余热锅炉制取蒸汽或热水，作为建筑空调、供暖或热水供应的热源。余热锅炉虽名为锅炉，实质上是换热器。余热锅炉按换热器原理分为两类：一类是两种流体通过传热壁进行直接换热，另一类是热管式。前者按烟气、水的通道可分为烟管式（烟气或废气在管内）和水管式（水在管内）；按传热管的形式可分为光管型和翅片管型；按水循环方式可分为自然循环和强制循环；按热媒可分为余热蒸汽锅炉、余热热水锅炉和余热有机载体锅炉；按有无补充燃烧可分为补燃型余热锅炉和无补燃余热锅炉；等等。图6-21为余热蒸汽锅炉和余热热水锅炉示意图，图6-21a为自然循环式余热蒸汽锅炉。在蒸发管束（翅片管）中水被加热，密度小，汽水上行；上锅筒中的水经下降管返回下锅筒。水经尾部受热面预热后送入炉筒。图6-21b为余热热水锅炉，依靠水泵使热水在换热管束中循环，并被加热。这种管束可直接放在烟道中，不占空间。

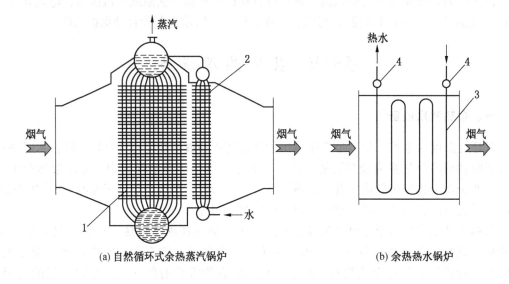

(a) 自然循环式余热蒸汽锅炉   (b) 余热热水锅炉

1—蒸发管束；2—尾部受热面；3—换热管束；4—联箱

图6-21 余热蒸汽锅炉和余热热水锅炉示意图

图 6-22 所示为热管式余热锅炉结构示意图。热管中装有易挥发工质（如水，可在 30 ~ 200 ℃温度范围工作），热烟气冲刷热管的蒸发段，使内部的工质气化（汽化），在热管的另一端（冷凝段），被水冲刷，工质冷凝，水被加热。为了提高水与热管的换热强度，将水空间分隔成若干空间，使水来回冲刷热管。热管式余热锅炉结构比较紧凑，不会因热膨胀和收缩产生变形问题（热管是中间固定的）；但设备费用高，成本回收年限长。

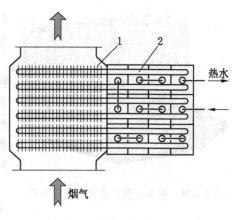

1—热管蒸发段；2—热管冷凝段

图 6-22　热管式余热锅炉结构示意图

二、常压热水机组

1. 直接式常压热水机组

燃油（气）直接式常压热水机组（锅炉）外形为方箱形，内部采用湿背式结构，对流换热器设计为独特的立管形式，并采用先进的热交换技术和完善的控制系统，机组结构紧凑，热效率高。

机组的对流换热器采用立式水管形式，两端设有吹灰口，以方便清除积尘，保持换热器的高效率；机组顶部设有通大气口、热水出口和传感器接口，靠近下部设有进水口，底部设有排水口及炉胆排污口，以利于对机组进行维护。

加热时，燃料经燃烧机送入燃烧室，燃烧产生的高温烟气，经过炉膛后依次冲刷竖向密布的对流换热器，放出热量后，以低温烟气形式经排烟口排出。在水泵或自来水压力的作用下，水从机组下部进水口进入锅炉，吸收热量后温度升高，从机组上部出水口引出，作为供暖热媒或生活热水使用。

直接式中央热水机组设有通大气口，加热或蒸发作用产生的蒸汽不会在锅炉内积聚形成高压，而是直接排向大气，所以，锅炉水位线上的表压总是 0 MPa，不存在安全隐患。进口优质燃烧机加上炉膛、火管与烟筒的精确布置设计，可使燃料充分燃烧，烟尘排放完全符合人口稠密地区的排放标准。采用波纹炉胆及高效传热管，热效率可达 90% 以上。良好的保温措施使锅炉本身散热损失小于 2%。

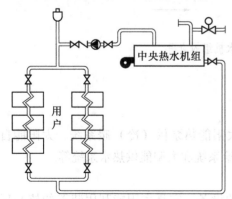

图 6-23　高位布置直接式中央热水机组

直接式常压热水机组在供热系统中的应用有两种方式：一是用于供暖系统（图 6-23），该系统中锅炉设置于高位，循环水泵把高温水送至热用户，放出热量后回至锅炉重新加热，锅炉补水方式可采用自动或人工控制；二是用于热水供应系统。

2. 间接式常压中央热水机组

间接式中央热水机组以间接加热方式产生热水，循环水与热媒水各自独立，热媒水不参与系统循环，以保证循环水的水质，同时减少本体内的结垢。热媒水在本体内通过水泵强制对流循

图 6 – 24　中央空调热水机组产品外形

环，提高换热效率。中央空调热水机组产品外形如图 6 – 24 所示。

机组本体为开式结构，在常压下工作，可消除压力锅炉爆炸的危险，运行安全可靠。机组以轻柴油、天然气、液化气、城市煤气为燃料，一般采用原装进口燃烧器。排放的烟尘、废气浓度低于国家标准限定值，烟尘林格曼黑度为 0 级，环保效益好。

此外，该机组可实现远程或近程全自动控制系统，操作方便，便于集中或单独管理。

由于间接式中央热水机组可承受高层建筑的水位压力，因而适合安装于楼宇首层或地下室，通过水泵自下而上向高层建筑供应热水。它可以作为供暖系统的理想热源，作为中央空调供暖主机，与中央冷水机并联，共用水泵、管网及末端设备。

间接式常压中央热水机组的应用如图 6 – 25 所示。上述两种功能可同时使用，亦可单独使用。

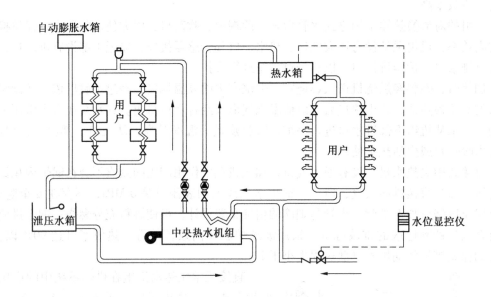

图 6 – 25　间接式中央热水机组的应用

三、太阳能热源

太阳能主要应用于太阳能直接供冷暖系统、太阳能热泵供（冷）暖系统、太阳能自然供暖系统（被动式太阳房）、太阳能热电联合供给系统和太阳能供热水系统等。

1. 太阳能集热器

太阳能集热器是把太阳的辐射能转变为热能的设备，它是太阳能利用装置的核心部分。集热器的构造通常可分为两大类，即平板集热器和聚光集热器。

2. 太阳能吸收式制冷

用平板集热器收集的太阳能驱动吸收式制冷机是太阳能制冷普遍采用的方法。图 6 - 26 所示为太阳能吸收式制冷机系统原理。

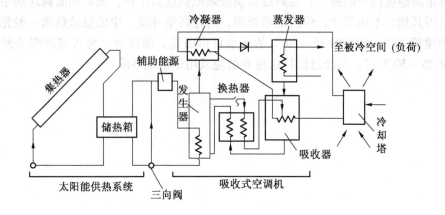

图 6 - 26　太阳能吸收式制冷机系统原理

3. 太阳能供热水系统

太阳能供热水是目前太阳能利用方面唯一达到实用化的领域。设计时可参考有关资料。

4. 太阳能供暖系统

太阳能供暖系统是由集热器、蓄热槽、辅助加热器、散热器和连接这些设备的配管及自动控制装置等构成的。以水或空气为热媒，在集热器中以 30 ~ 50 ℃ 的温度进行集热，然后将此热直接用于室内空气加热。

太阳能暖房，特别是利用储热墙建造的被动式太阳房，由于成本较低，冬暖夏凉，在农村和常规能源缺乏的地区很受欢迎。

四、地热能源

1. 地热能源的类型

地热能的储存形式依地质构造和深度而不同。地质学上把地热能分为蒸汽型、热水型、干热岩型、地压型和岩浆型五大类。

2. 地热采暖和空调

在地热资源丰富的寒冷地区，采用地热水供暖最为合适，因为地热水的温度比较稳定，建筑物供暖的温度容易控制，比燃煤供暖简便，且无烟尘污染。在不需要采暖的热带地区，利用地热水作热源进行制冷空调，热源稳定，连续性好，也容易实现。

地热水供暖的方法主要有以下两种。如果地热水温度为 60 ℃ 左右，且水质较好，含硫化氢等腐蚀性物质较少，则可以直接与普通水暖系统接通，供暖之后的余温水还可作其他利用。若地热水的腐蚀性大，为避免管道和散热器锈蚀，必须在地热井口或井下设置换热器，使供暖系统流过的是普通热水。

3. 地热发电

地热发电的形式主要有地热蒸汽直接发电、扩容法地热发电和中间介质法地热发电等。

为了提高地热的利用率，特别是温度较高的地热水，一般应梯级开发，做到一水多用，先满足高温度用户的需要，然后逐级供应较低温度的用户，最后回灌到地层中，尽可能做到只用其热、不用其水，保护地热资源，防止污染环境。中低温地热水一般先用作工业和民用建筑采暖，排出的 45 ~ 50 ℃ 的热水可供浴室、游泳池、禽兽房供暖等使用。当水温降至 25 ~ 30 ℃ 时，可经过沉淀送往养殖池或用于田地冬灌。

第七章　冷热源一体化设备

第一节　热　　泵

一、概述

1. 热泵的概念

热泵技术是近年来倍受全世界关注的新能源技术。"热泵"在工程热力学原理上就是制冷机，是一种通过消耗部分高位能源，从自然界的空气、水或土壤中获取低品位热能，提供人们所需热能的装置。

2. 热泵的工作原理

热泵实质上是一种热量提升装置，也是按照逆卡诺循环工作的，不同的是工作温度范围。热泵在工作时，是以冷凝器放出的热量来供热的，它本身消耗一部分能量，对环境介质中储存的能量进行挖掘，通过传热工质循环系统提高温度进行利用，而整个热泵装置消耗的能量仅为输出能量的一小部分，因此，采用热泵技术可以节约大量高品位能量，它被形象地称为"热量倍增器"。

3. 热泵的分类

可以从很多方面对热泵进行系统分类，如用途、热输出量、热源类型、热泵工艺类型等。按热源类型和热媒种类对建筑供热热泵进行分类是最实用、最常见的分类方法。按此分类方法，可将热泵分为空气－空气热泵、空气－水热泵、水－空气热泵、水－水热泵、大地耦合式热泵、土壤源直接膨胀式热泵 6 种，如图 7-1 至图 7-6 所示。

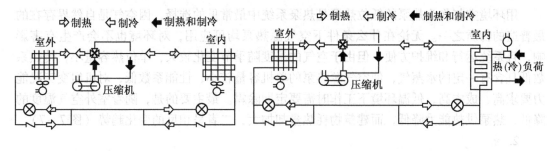

图 7-1　空气－空气热泵　　　　　　图 7-2　空气－水热泵

二、热泵的低位热源

所有形式的热泵都需要低位热源，低位热源要有足够的数量和较高的品位。热泵的低位热源应该是能够方便获取、成本低廉及数量巨大的自然热源，或一些工业过程的排热。

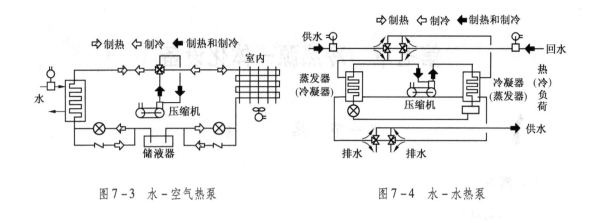

图7-3 水-空气热泵　　　　　　　　图7-4 水-水热泵

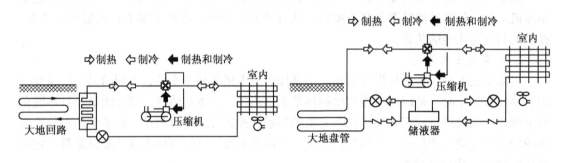

图7-5 大地耦合式热泵　　　　　　图7-6 土壤源直接膨胀式热泵

一般来说热泵要求的低位热源的温度越低，其能利用的低位热源的范围越大，但其能量的利用效率也越低，对热泵的要求也越高。

热泵低位热源主要包括以下几种。

1. 空气

用环境空气作为热泵的低位热源是热泵系统中最常见的选择，因空气是自然界存在的最普遍的物质之一。无论在什么条件下空气源热泵均可应用，对环境也不会产生有害影响，且系统运行和维护方便。但由于空气的温度随季节变化较大，单位热容量小，传热系数低且含有一定的水蒸气，使空气源热泵的单机容量较小，性能系数低，对机组变工况能力要求高、成本高，低温环境下工作时需要定期除霜。最主要的是，随着室外空气温度的降低，热泵供热能力降低，而建筑物耗热量却加大，二者呈相反的变化趋势（图7-7）。

2. 水

水的热容大、传热系数高，是热泵系统理想的低位热源。能够作为热泵低位热源的主要是江河、湖、海等地表水及地下水。

（1）地下水。地下水的温度全年变化很小，比地表水更适合作热泵的低位热源。为保护水资源，必须采用回灌地下水的技术。

（2）江河、湖水。江河、湖水具有热量大、取用方便等特点，是很好的低位热源。但是江河、湖水往往是含有水垢、杂质及腐蚀性的液体成分，会降低换热效果或对换热设

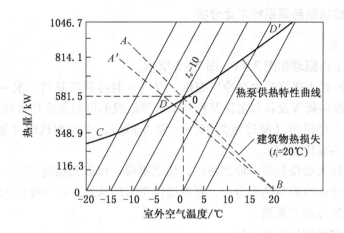

图7-7 空气源热泵供暖系统特性

备造成破坏，在使用江河、湖水时应充分考虑对江河、湖水的除污及软化处理，并防止在换热器上生长藻类。

（3）海水。海水也是水源热泵的主要低位热源，水温相对比较稳定，能够提供大量的热量，不会对环境造成污染，是一种清洁的低位热源。使用海水作为低位热源同样存在腐蚀及藻类问题，使用时应注意。

3. 土壤

土壤源热泵系统以其较高的性能系数、稳定的运行工况、对环境无不良影响、不受水源条件的限制、可使用常规冷水机组作热泵运行等优点引起了普遍重视。图7-8所示为河北某地不同深度土壤温度一年内的波动情况，在10 m深度以下土壤温度几乎不变，十分利于热泵供暖运行。由于土壤的导热性能很差，土壤源热泵系统应考虑冬夏季制冷、制热两用，以使土壤的得热和失热平衡。

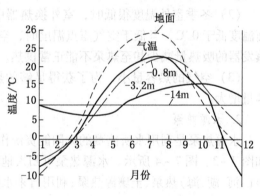

图7-8 河北某地不同深度土壤温度一年内的波动情况

4. 太阳能

因太阳能的间断性，现在研究的以太阳能作低位热源的热泵系统一般是联合运行的系统，在太阳能充足的时候可直接以太阳能供热，太阳能不足时开启热泵运行并辅以其他低位热源，以保证系统的节能和稳定运行。

5. 各种余热

很多工业生产过程中存在大量的余热，而这些生产过程本身又需要较高温度的热源，如造纸、干燥、蒸馏分离等，这为热泵的应用提供了机会。用余热作低位热源的热泵的工作参数与工艺过程紧密相关，这就需要根据应用场合对每种热泵系统进行特别设计，一般不具有通用性。

三、各种低位热源热泵系统对比分析

1. 空气源热泵

空气源热泵工作原理如图 7-1、图 7-2 所示。

空气源热泵冷热水机组是由制冷压缩机、空气-制冷剂换热器、水-制冷剂换热器、节流机构、四通换向阀等设备与附件及控制系统等组成的可制备冷热水的设备。按机组的容量大小又分为小型机组（制冷量为 10.6～52.8 kW），中大型机组（制冷量为 70.3～1406.8 kW）。其主要优点如下。

（1）用空气作为低位热源，取之不尽，用之不竭，可以无偿地获取。

（2）空调系统的冷源与热源合一，夏季提供 7 ℃冷冻水，冬季提供 45～50 ℃热水。

（3）无须设置冷却水系统。

（4）无须另设锅炉房或热力站。

（5）要求尽可能将空气源热泵冷水机组布置在室外，如裙房楼顶、阳台上等，这样可以不占用建筑物的有效面积。

（6）安装简单，运行管理方便。

（7）不污染使用场所的空气，有利于环保。

虽然空气源热泵是一种很好的空调供暖系统,得到了广泛的应用,但也存在以下缺点。

（1）室外空气的状态参数（如温度和湿度）随地区和季节的不同而变化，这对热泵的容量和制热性能系数影响很大。

（2）冬季室外温度很低时，室外换热器中工质的蒸发温度也很低。当室外换热器表面温度低于 0 ℃，且低于空气露点温度时，空气中的水分会在换热器表面凝冻成霜，导致蒸发器的吸热量减少甚至热泵不能正常供热。

（3）空气的热容量小，为了获得足够的热量，常需要较大的空气量，因而使风机的容量增大。

2. 水源热泵

水源热泵是利用水所储藏的太阳能资源作为冷热源进行转换的空调技术，其工作原理如图 7-3、图 7-4 所示。水源热泵可归入地源热泵，地源热泵包括地下水热泵、地表水（江、河、湖、海）热泵、土壤源热泵;利用自来水的水源热泵习惯上称为水环热泵。

水源热泵具有以下特点。

（1）属可再生能源。水源热泵是利用地球表面或浅层水源作为冷热源，进行能量转换的供暖空调系统。

（2）属经济有效的节能技术。地球表面或浅层水源的温度一年四季相对稳定，一般为 10～25 ℃，冬季比环境空气温度高，夏季比环境空气温度低，是很好的热泵热源和空调冷源。这种温度特性使水源热泵的制冷、制热系数可达 3.5～5.5。

（3）环境效益显著。水源热泵的污染物排放，与空气源热泵相比，相当于减少 40%以上；与电供暖相比，相当于减少 70% 以上；如果结合其他节能措施，节能减排会更明显。

3. 土壤源热泵

土壤源热泵中央空调是一种利用地下浅层地热资源，既可供热又可制冷的高效节能装

置（图7-5、图7-6）。它一般由室外埋地换热器系统、热泵工质循环系统、室内空调管路系统3套管路系统构成，利用土壤的恒温特性达到调节室内气温的效果。

地下埋管土壤源热泵的埋管方式可分为垂直U形管式、水平埋管式、垂直套管式和单管式（图7-9）。

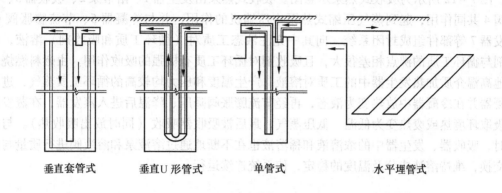

| 垂直套管式 | 垂直U形管式 | 单管式 | 水平埋管式 |

图7-9 地下埋管土壤源热泵的埋管方式

以上4种都属于地下耦合土壤源热泵系统，通过中间介质在埋于土壤中的封闭环路中循环流动，实现与土壤进行热交换的目的。

4. 太阳能热泵

根据太阳能集热器与热泵蒸发器的组合形式，可分为直膨式（直接式）和非直膨式（间接式）。在直膨式系统中，太阳能集热器与热泵蒸发器合二为一（图7-10）。在非直膨式系统中，太阳能集热器与热泵蒸发器分立，通过集热介质（一般为水、空气、防冻溶液）在集热器中吸收太阳能，并在蒸发器中将热量传递给制冷剂，或者直接通过换热器将热量传递给需要预热的空气或水（图7-11）。

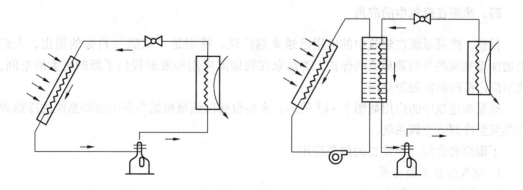

图7-10 直膨式太阳能热泵系统原理图　　图7-11 非直膨式太阳能热泵系统原理图

根据太阳能集热环路与热泵循环的连接形式，非直膨式系统又可进一步分为串联式、并联式和双热源式。串联式是指集热环路与热泵循环通过蒸发器加以串联、蒸发器的热源全部来自太阳能集热环路吸收的热量；并联式是指太阳能集热环路与热泵循环彼此独立；双热源式与串联式基本相同，只是蒸发器可同时利用包括太阳能在内的两种低位热源。

5. 吸收式热泵

图 7-12 所示为吸收式热泵示意图。吸收式热泵由发生器 1、溶液泵 2、吸收器 3、溶液阀 4 共同作用，起到蒸气压缩式热泵中压缩机的作用，并与冷凝器 5、节流膨胀阀 6、蒸发器 7 等部件组成封闭系统，向其中充注液态工质对（循环工质和吸收剂）溶液，吸收剂与循环工质的沸点相差很大，且吸收剂对循环工质有极强的吸收作用。由燃料燃烧或其他高温介质加热发生器中的工质对溶液，产生温度和压力均较高的循环工质蒸气，进入冷凝器并在冷凝器中放热变为液态，再经节流膨胀阀降压、降温后进入蒸发器，在蒸发器中吸取环境热或废热变为低温、低压蒸气，最后被吸收器吸收（同时放出吸收热）。与此同时，吸收器、发生器中的浓溶液和稀溶液也在不断地通过溶液泵和溶液阀进行质量与热量交换，维持溶液成分及温度的稳定，使系统连续运行。

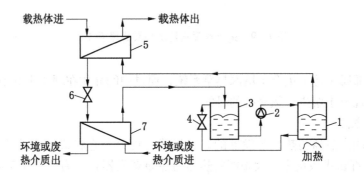

1—发生器；2—溶液泵；3—吸收器；4—溶液阀；5—冷凝器；6—节流膨胀阀；7—蒸发器

图 7-12 吸收式热泵结构示意图

四、热泵在建筑中的应用

目前，热泵系统在建筑中的应用已越来越广泛。特别是"双碳"目标的提出，人们更加注重能源的节约及环境的保护，为热泵在我国的应用和发展提供了新的更大的空间，热泵应用范围将扩展至全国。

热泵在建筑中的应用如图 7-13 所示，主要包括以热泵机组为集中空调系统的冷热源和热泵型冷剂式空调系统。

下面简要介绍几种常见的热泵应用。

1. 空气源热泵的应用

1）空气-空气热泵

属于这类机组的主要有窗式或分体式冷暖两用型空调机，各种类型的卧式和立式风冷型冷热风机组等。这类机组按制热工况运行时的热流方向都是室外空气—制冷剂—室内空气，故归纳为空气-空气热机组。图 7-14 所示为空气—空气热泵机组流程图。

VRV（Variable Refrigerant Volume）即变制冷剂流量系统（图 7-15），以制冷剂作为

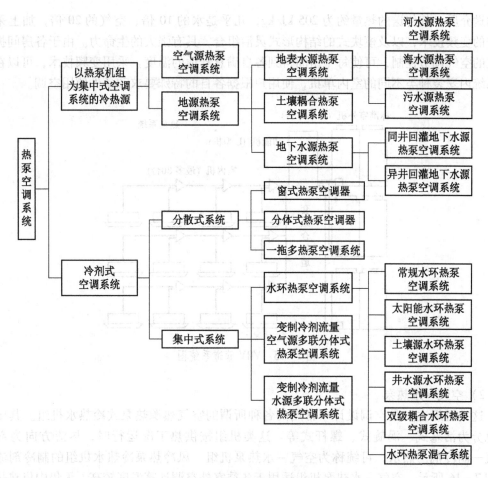

图 7 - 13　热泵在建筑中的应用

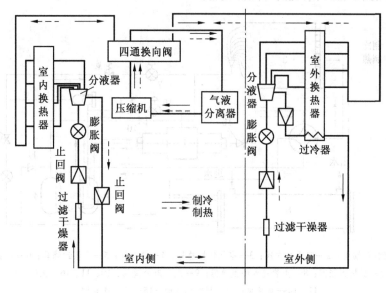

图 7 - 14　空气 - 空气热泵机组流程图

热输送介质。其传送的热量约为 205 kJ/kg，几乎是水的 10 倍、空气的 20 倍，加上采用先进的变频技术，以及模块式的结构形式灵活组合，具有强大的生命力。由于各房间拥有独立的空气调节控制，可使每个房间得到各自满意舒适的温度。采用变频技术，可以在一个系统内安装种类不同的室内单机，使用户根据各自的特殊要求和条件使用空调。

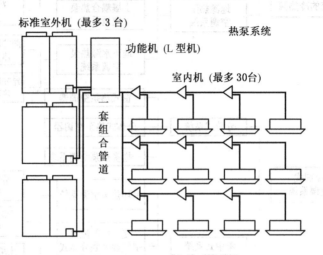

图 7-15　VRV 管道系统图

2）空气-水热泵

这类机组主要是空调设计中常用的各种所谓的空气热源热泵式冷热水机组。其压缩机也分为活塞式、涡旋式、螺杆式等。这类机组按供热工况运行时，热流方向为室外空气—制冷剂—热水，可统称为空气-水热泵机组。风冷热泵冷热水机组的制冷剂流程如图 7-16 所示。空气-水热泵机组适用于冬季室外空调计算温度较高、无集中供热热源的地区，作为集中式空调系统的冷热源设备。

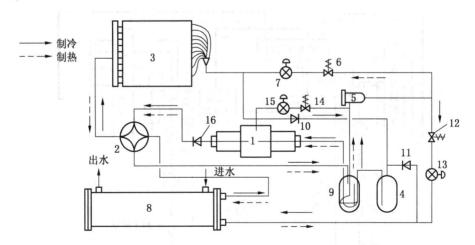

1—双螺杆压缩机；2—四通换向阀；3—空气侧换热器；4—储液器；5—干燥过滤器；6—电磁阀；
7—制热膨胀阀；8—壳管式水侧换热器；9—汽-液分离器；10、11、16—止回阀；
12、14—电磁阀；13—制冷膨胀阀；15—喷液膨胀阀

图 7-16　风冷热泵冷热水机组的制冷剂流程图

2. 水源热泵的应用

1）水-水热泵机组

水-水热泵机组又称为水源热泵式冷热水机组，其工作原理如图7-17所示。

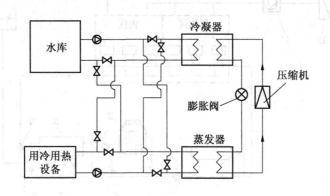

图7-17　水-水热泵机组工作原理

水-水热泵机组运行性能稳定，COP值较高，且由于可充分利用江河、湖、海水体的自然能源，冬季供暖所需能耗少，是中央集中式空调系统节能性能最好的冷热源设备之一。

水-水热泵机组的工况转换较其他类型热泵简单，无须改变制冷系统中制冷工质的流向，只通过冷冻水和冷却水管路的切换即可。

2）水环热泵空调系统

所谓的水环热泵空调系统是指小型水—空气热泵机组的一种应用方式，即用水环路将小型的水—空气热泵机组并联在一起，构成一个以回收建筑物内部余热为主要特点的热泵供暖、供冷的空调系统。图7-18所示为典型的水环热泵空调系统原理图。由图可见，水环热泵空调系统由4部分组成：室内水源热泵机组（水—空气热泵机组），水循环环路，辅助设备（冷却塔、加热设备、蓄热装置等），新风与排风系统。

根据空调场所的需要及全年室外气候变化，水环热泵可以按供热工况运行，也可以按供冷工况运行，可实现5种不同的运行工况。

水环热泵空调系统的特点如下：具有回收建筑内余热的特有功能；系统在布置、运行管理和调节等方面具有灵活性；水环路虽然是双管系统，但与四管制风机盘管系统一样，可达到同时供冷供热的效果；设计简单、安装方便；性能系数小于大型冷水机组；噪声一般高于风机盘管机组。

3. 热泵用于建筑中热回收

1）用双管束冷凝器的热回收热泵系统

在现代大型建筑物中，建筑面积日趋增大，可将建筑物分为周边区和内部区两大部分。周边区受环境温度变化的影响，冬季需供暖，夏季需供冷。而内部区的灯光、人员、各类设备的热量需经排风系统排出。甚至在冬季内部区也需供冷。如将原来应排到环境中的热量加以有效利用，称为建筑物的热回收。

双管束式冷凝器的热回收热泵系统亦常用于具有内部区和周边区的大型建筑物。其系

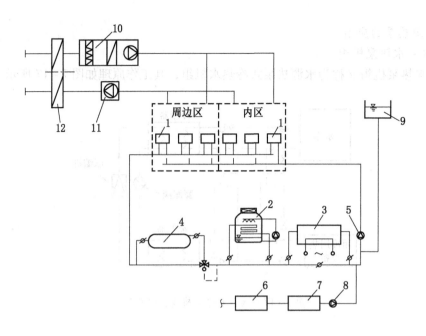

1—水—空气热泵机组；2—闭式冷却塔；3—辅助加热设备（燃油、气、电锅炉）；
4—蓄热容器；5—水环路的循环水泵；6—水处理装置；7—补给水箱；8—补给水泵；
9—定压装置；10—新风机组；11—排风机组；12—热回收装置

图7-18 典型的水环热泵空调系统原理图

统原理如图7-19所示。

双管束冷凝器的热泵机组，冷却管路利用三通调节阀调节冷却塔的冷却水量。三通调节阀旁路全开时，冷却塔散热最小，而三通阀旁路全部关闭时，冷却塔散热量增大，以适应整幢建筑物的冷热负荷变化。

2）双热源热泵系统

双热源热泵系统即空气热源热回收系统，其系统原理如图7-20所示。

该系统冬季时以第一水/制冷剂换热器为冷凝器，向室内末端装置供热水，而空气换热器及第二水/制冷剂换热器为蒸发器。空气换热器从周围环境提取低品位热量，第二水/制冷剂换热器则供冷冻水。向内部区末端装置供冷，从而实现热回收。

3）从排风回收热量的热泵系统

在空调建筑内，由于卫生或工艺的要求需要通风换气，因而大量的冷（热）量具随排风一起排到室外。回收排风中的冷（热）量具有明显的节能效果。目前，市场上出现了一些从空调排风中回收热量的热泵产品。图7-21所示为空气-空气热泵回收空调排风热量的工作原理。该热泵除了使用100%的新风外，还可以从排风中回收冷（热）量，适合不能使用回风的空调系统。

4.其他热源热泵的应用

1）土壤源热泵

国内外得到广泛应用的土壤源热泵系统多采用介质流经埋地管与土壤进行换热的模式。图7-22所示为地源热泵空调系统图。

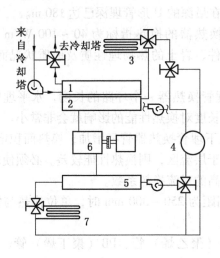

1—冷却塔管束冷凝器；2—房间采暖用
冷凝器；3—供暖排管；4—蓄热器；5—蒸
发器；6—压缩机；7—冷却排管

图7-19　双管束式冷凝器的
热回收热泵系统原理图

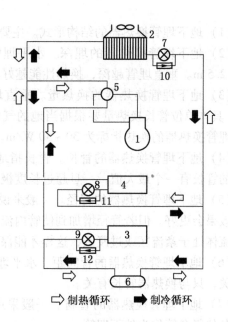

⇨制热循环　　⬛制冷循环

1—压缩机；2—空气换热器；3—第一水换热器；
4—第二水换热器；5—四通阀；6—储液器；
7、8、9—膨胀阀；10、11、12—止回阀

图7-20　空气热源热回收
热泵系统原理图

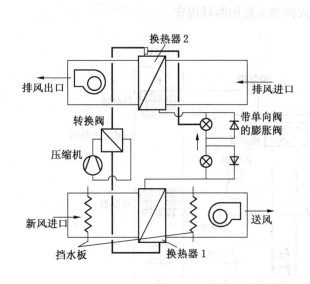

图7-21　空气-空气热泵回收空调
排风热量的工作原理

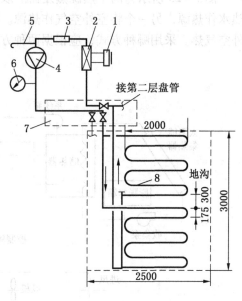

1—热泵空调器；2—板式换热器；3—转子
流量计；4—水泵；5—放气阀；6—压力表；
7—地沟；8—地下水平埋管换热器

图7-22　地源热泵空调系统图

（1）地下埋管换热器的结构形式。主要分为水平埋管和垂直埋管。

（2）地下埋管换热器的埋深。水平埋管换热器的外径一般为 20 ~ 50 mm，埋深为 0.5 ~ 2.5 m。垂直埋管越深，换热性能越好。现在最深的 U 形管埋深已达 180 m。

（3）地下埋管换热器的换热量。垂直埋管换热器的换热指标为 40 ~ 100 W/m（孔深），具体单位管长换热量要根据当地的气候条件、岩土的热物理性质及地质状况而定。水平埋管换热器的换热指标为 30 ~ 50 W/m。

（4）地下埋管换热器的管长。管长指地下埋管换热器一个环路的长度，水平埋管换热器的管长有一个最大值，一旦超过长度极限，长度对换热性能的影响就会非常小。

（5）地下埋管换热器的管径。一般来说，地下埋管换热器管径增加，换热面积增大，换热效果会更好。但若管径增加到使管内流体处于层流区，则换热性能较差。必须使埋管中的流体处于紊流区或过渡区，这样才能保持较高的对流换热系数。

（6）地下埋管换热器的管间距。水平埋管间距为 250 ~ 300 mm 时，单位换热与管间距无关，只与换热器管长有关。

（7）地下埋管换热器的管材。一般采用 PE（聚乙烯）管、PB（聚丁烯）管、PVC 管或其他复合管作为地下埋管。

（8）地下埋管换热器的运行方式。地热源热泵系统在与土壤换热过程中必然改变土壤的温度分布，而土壤温度恢复又需要时间。因此，在运行方式上需要采用时停时开的间歇运行方案。

2）太阳能热泵

图 7 - 23 所示为两个热源蒸发器的双热源太阳能热泵系统，其中一个利用蓄热器中的热水作热源，另一个将室外空气作热源。所以，该热泵既可以利用太阳热，又可以利用室外空气热。采用哪种方式，应根据两种方式性能系数的高低确定。

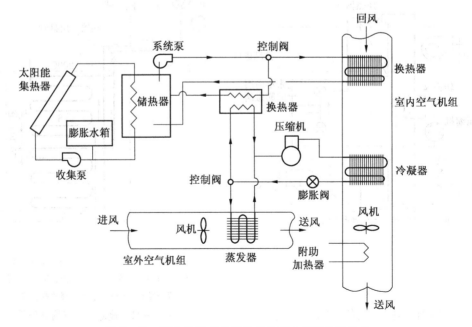

图 7 - 23　两个热源蒸发器的双热源太阳能热泵系统

第二节 吸收式制冷及设备

吸收式制冷和蒸气压缩式制冷一样，也是利用液态制冷剂在低温低压下气化以达到制冷的目的。不同的是，蒸气压缩式制冷是靠消耗机械功（或电能）使热量从低温物体向高温物体转移，而吸收式制冷则靠消耗热能完成这种非自发过程。

一、吸收式制冷的基本原理

1. 基本原理

图 7-24 所示为蒸气压缩式制冷循环与吸收式制冷循环的基本原理。吸收式制冷机主要由 4 个热交换设备组成，即发生器、冷凝器、蒸发器和吸收器，它们组成两个循环环路：左半部是制冷剂循环，属逆循环，由冷凝器、节流装置和蒸发器组成。高压气态制冷剂在冷凝器中向冷却介质放热被凝结为液态后，经节流装置减压降温进入蒸发器，在蒸发器内，该液体被气化为低压气态，同时吸取被冷却介质的热量产生制冷效应，这些过程与蒸气压缩式制冷完全相同。右半部为吸收剂循环（图中的点画线部分），属正循环，主要由吸收器、发生器和溶液泵组成，相当于蒸气压缩式制冷的压缩机。在吸收器中，用液态吸收剂不断吸收蒸发器产生的低压气态制冷剂，以达到维持蒸发器内低压的目的；吸收剂吸收制冷剂蒸气而形成的制冷剂-吸收剂溶液，经溶液泵升压后进入发生器；在发生器中该溶液被加热、沸腾，其中沸点低的制冷剂气化形成高压气态制冷剂，进入冷凝器液化，而剩下的吸收剂浓溶液则返回吸收器，再次吸收低压气态制冷剂。

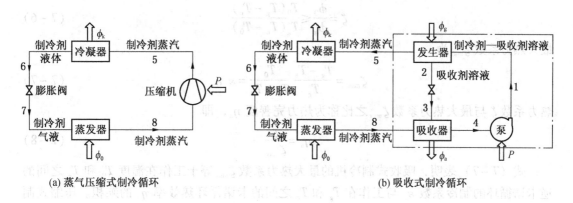

(a) 蒸气压缩式制冷循环　　　　　　　　　　　　(b) 吸收式制冷循环

图 7-24　蒸气压缩式制冷循环与吸收式制冷循环的基本原理

吸收式制冷机中的吸收剂通常不是单一物质，而是以二元溶液的形式参与循环。

2. 吸收式制冷机的热力系数

由于吸收式制冷机消耗的能量主要是热能，故常以热力系数作为其经济性评价指标。热力系数 ζ 是吸收式制冷机制取的制冷量 ϕ_0 与消耗的热量 ϕ_g 之比：

$$\zeta = \frac{\phi_0}{\phi_g} \tag{7-1}$$

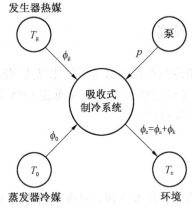

发生器热媒

T_g

泵

p

吸收式
制冷系统

ϕ_g

ϕ_0

T_0

$\phi_e = \phi_a + \phi_k$

T_e

蒸发器冷媒　　　　　　　环境

图 7-25　吸收式制冷系统与
外界的能量交换

与蒸气压缩式制冷系数相对应，吸收式制冷也有其最大热力系数。吸收式制冷系统与外界的能量交换如图 7-25 所示，发生器中热媒对溶液系统的加热量为 ϕ_g，蒸发器中被冷却介质对系统的加热量（制冷量）为 ϕ_0。泵的功率为 P，系统对周围环境的放热量为 ϕ_e（等于吸收器中放热量 ϕ_a 与冷凝器中放热量 ϕ_k 之和）。根据热力学第一定律：

$$\phi_g + \phi_0 + P = \phi_a + \phi_k = \phi_e \qquad (7-2)$$

设该吸收式制冷循环是可逆的，发生器中热媒温度为 T_g、蒸发器中被冷却物温度为 T_0、环境温度为 T_e，并且都是常量。由热力学第二定律可知，系统引起外界总熵的变化应大于或等于零，即

$$\Delta S = \Delta S_g + \Delta S_0 + \Delta S_e \geq 0 \qquad (7-3)$$

即

$$\Delta S = -\frac{\phi_g}{T_g} - \frac{\phi_0}{T_0} + \frac{\phi_e}{T_e} \geq 0 \qquad (7-4)$$

式中　ΔS_g、ΔS_0、ΔS_e——发生器的热媒、蒸发器中被冷却物质、周围环境的熵变。

由式 (7-2) 和式 (7-4) 可得

$$\phi_g \frac{T_g - T_e}{T_g} \geq \phi_0 \frac{T_e - T_0}{T_0} - P \qquad (7-5)$$

若忽略泵的功率，则吸收式制冷机的热力系数为

$$\zeta = \frac{\phi_0}{\phi_g} \leq \frac{T_0(T_g - T_e)}{T_g(T_e - T_0)} \qquad (7-6)$$

最大热力系数 ζ_{max} 为

$$\zeta_{max} = \frac{T_g - T_e}{T_g} \frac{T_0}{T_e - T_0} = \varepsilon_c \eta_c \qquad (7-7)$$

热力系数 ζ 与最大热力系数 ζ_{max} 之比称为热力完善度 η_a，即

$$\eta_a = \frac{\zeta}{\zeta_{max}} \qquad (7-8)$$

式 (7-7) 表明，吸收式制冷机的最大热力系数 ζ_{max} 等于工作在温度 T_0 和 T_e 之间的逆卡诺循环的制冷系数 ε_c 与工作在 T_g 和 T_e 之间的卡诺循环热效率 η_c 的乘积。压缩式制冷机的制冷系数应先乘以驱动它的动力装置的热效率，才能与吸收式制冷机的热力系数进行比较。

二、二元溶液的性质

吸收式制冷的二元溶液采用质量浓度度量。质量浓度指溶液中一种物质的质量与溶液质量之比。对于吸收式制冷通常规定：溴化锂水溶液的浓度是指溶液中溴化锂的质量浓度；氨水溶液的浓度是指溶液中氨的质量浓度。这样在溴化锂吸收式制冷中，吸收剂溶液是浓溶液，制冷剂－吸收剂溶液是稀溶液；而氨吸收式制冷则相反。

1. 二元溶液的基本特性

两种互相不起化学作用的物质组成的均匀混合物称为二元溶液。所谓均匀混合物是指其内部各种物理性质（如压力、温度、浓度、密度等）在整个混合物中各处都完全一致，不能用纯机械的沉淀法或离心法将它们分离为原组成物质。用作吸收式制冷工质的混合物，在使用的温度和浓度范围内都应当是均匀混合物。

下面介绍吸收式制冷循环中常用的液态、气态二元溶液的基本特性。

1）混合现象

两种液体时，混合前后的容积和温度一般都有变化。图 7-26a 所示的容器中有一道隔板将 A、B 两种液体分开，ξ kg 的液体 A 占有容积 $\xi \nu_A$，而 $(1-\xi)$ kg 的液体 B 占有容积 $(1-\xi)\nu_B$。混合前两种液体总容积为

$$\nu_1 = \xi \nu_A + (1-\xi)\nu_B \tag{7-9}$$

如果除去隔板将 A、B 两液体混合，如图 7-26b 所示，形成 1 kg 浓度为 ξ 的均匀混合物，混合后两种液体的总容积为 ν_2，一般为

$$\nu_1 \neq \nu_2$$

不同液体在不同浓度下混合时，其容积可能缩小，也可能增大，需通过实验确定。

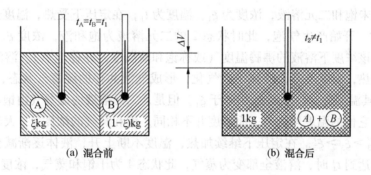

图 7-26　两种液体混合容积和温度的变化

从图 7-26 所示容器中温度计的读数可以看到，虽然混合前两种液体温度相同（$t_A = t_B = t_1$），但混合后的温度与混合前不同（$t_2 \neq t_1$）。在与外界无热交换的条件下，混合时有热量产生者，混合后温度升高；而混合时需要吸热者，混合后温度降低。因此，要维持混合前后温度不变，就需要排出或加入热量。在等压等温条件下混合时，每生成 1 kg 混合物需要加入或排出的热量，称为混合物的混合热或等温热 Δq_ξ，它可以由实验测得。

两种液体混合前的比焓为

$$h_1 = \xi h_A + (1-\xi)h_B \tag{7-10}$$

混合后的比焓为

$$h_2 = h_1 + \Delta q_\xi = \xi h_A + (1-\xi)h_B + \Delta q_\xi \tag{7-11}$$

溴化锂与水混合，以及水与氨混合时都会放热，即混合热为负值。

2）二元溶液的压力-温度关系

图 7-27a 和图 7-27b 所示为封闭容器内某一浓度的二元溶液定压气化实验示意图。容器中的活塞上压有一重物，使容器内的压力在整个过程中维持不变。图 7-27c 所示的温度-浓度简图上表示了该实验的状态变化过程。

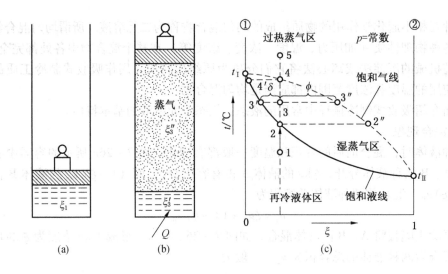

图 7-27 封闭容器内某一浓度的二元溶液定压气化实验示意图

状态 1 的未饱和二元溶液，浓度为 ξ_1，温度为 t_1，在定压下受热，温度逐渐升高。当温度达到 t_2 时，开始产生气泡，此时状态 2 的二元溶液为饱和液，浓度 $\xi_2 = \xi_1$，温度 t_2 即为该压力、该浓度下溶液的沸腾温度（或称饱和液温度，亦称泡点）。溶液在定压条件下进一步被加热，温度上升，液体不断气化，形成气液共存的湿蒸气状态，如图 7-27c 中的状态 3，其温度为 t_3，浓度 ξ_3 仍等于 ξ_1。但是，二元溶液的湿蒸气由饱和液 3′ 和饱和蒸气 3″ 组成，它们的温度均为 t_3，而浓度并不相同，饱和蒸气的浓度 ξ''_3 大于饱和溶液的浓度 ξ'_3，即 $\xi''_3 > \xi_3 > \xi'_3$。在定压下继续加热，温度不断上升，液体逐渐减少，蒸气逐渐增多，当温度达到 t_4 时，溶液全部变为蒸气，此状态 4 为干饱和蒸气，浓度 ξ_4 仍等于 ξ_1，温度 t_4 称为该压力、浓度下的蒸气冷凝温度（或称饱和蒸气温度，亦称露点）。若状态 4 的干饱和蒸气继续被加热，则将在等浓度下过热，如图 7-27c 中的状态 5。

图 7-27c 所示，2、3′ 等状态点是压力相同而浓度不同的饱和液状态点，其连线称为等压饱和液线；4、3″ 等状态点是压力相同而浓度不同的饱和蒸气状态点，其连线称为等压饱和气线。同一压力下，饱和液线和饱和蒸气线在 $\xi = 0$ 的纵轴上相交于 t_1，在 $\xi = 1$ 的纵轴上相交于 t_{II}，t_1 和 t_{II} 分别为该压力下纯物质①和②的饱和温度。这样饱和液线和饱和气线将二元混合物的温度 – 浓度图分为 3 个区：饱和气线以上为过热蒸气区，饱和液线以下为再冷液体区，两曲线之间为湿蒸气区。

湿蒸气中气、液比例可按下列方法确定。图 7-27c 所示中，1 kg 状态 3 的湿蒸气中有 δ kg 饱和蒸气和 ϕ kg 饱和液：

$$\delta + \phi = 1 \tag{7-12}$$

由于气化前后总浓度不变，即

$$\xi_1 = \xi_3 = \delta \xi''_3 + \phi \xi'_3 \tag{7-13}$$

则

$$\delta = \frac{\xi_3 - \xi'_3}{\xi''_3 - \xi'_3} \qquad \phi = \frac{\xi''_3 - \xi_3}{\xi''_3 - \xi'_3} \tag{7-14}$$

得

$$\frac{\delta}{\phi} = \frac{\xi_3 - \xi_3'}{\xi_3'' - \xi_3} \quad (7-15)$$

由上式可看出，$\xi_1 = \xi_3 =$ 常数线上的点 3 将直线 $\overline{3'3''}$ 分为线段 $\overline{3'3}$ 和 $\overline{33''}$，两线段长度之比即为 δ 与 ϕ 之比。

如果用不同的压力重复前述实验，所得结果如图 7-28 所示，从图中状态点 1、2、3 可以看出，对于同一浓度的二元溶液，当压力 $p_3 > p_2 > p_1$ 时，饱和温度 $t_3 > t_2 > t_1$。若实验反向进行，使过热蒸气在定压下冷凝，其状态变化过程如图 7-29 所示。

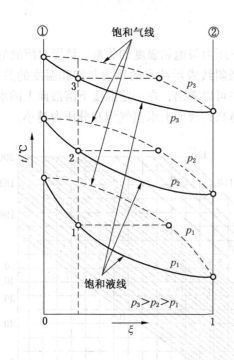

图 7-28 二元溶液在不同压力下的温度-浓度关系

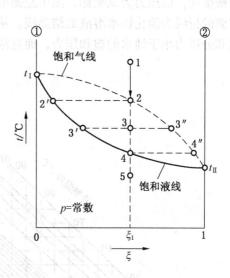

图 7-29 封闭容器内二元气态溶液的定压冷凝

综上所述，二元溶液与纯物质有很大不同。纯物质在一定压力下只有一个饱和温度，其定压气化或冷凝过程是定温过程。而二元溶液在一定压力下的饱和温度与浓度有关。随着溶液的气化，剩余液体中低沸点物质含量的减少，其温度将逐渐升高。所以，二元溶液的定压气化过程是升温过程，定压冷凝过程则是降温过程。

湿蒸气中饱和液与饱和气的温度相同而浓度不同，饱和液的浓度低于湿蒸气的浓度，饱和气的浓度高于湿蒸气的浓度。对于一定浓度的二元溶液，其饱和温度随压力的增加而上升。

二元溶液的饱和液或饱和气状态点必须由压力、温度、浓度中任意两个参数确定，其他状态点则需由压力、温度和浓度 3 个参数确定。

2. 溴化锂水溶液的性质

溴化锂（LiBr）水溶液是一种无色粒状结晶物，锂和溴分别属于碱和卤族元素，所以其性质与食盐（NaCl）相似。无水溴化锂的熔点为 549 ℃，沸点为 1265 ℃；化学性质稳定，在大气中不变质，不分解或挥发。溴化锂极易溶解于水，形成溴化锂水溶液。

溴化锂水溶液的主要特性如下。

（1）溴化锂水溶液的水蒸气分压力小，比同温度下纯水的饱和蒸汽压力小得多，所以具有较强的吸水性。

（2）溴化锂水溶液的饱和温度与压力和浓度有关，在一定压力下，其饱和温度随浓度变化，浓度越大，相应的饱和温度越高。

（3）溴化锂水溶液的温度过低或浓度过高，均容易发生结晶。

（4）溴化锂水溶液对一般金属材料具有很强的腐蚀性，并且腐蚀产生的不凝性气体对制冷机的影响很大。

1）溴化锂水溶液的压力－饱和温度图

图7-30所示为溴化锂水溶液在不同浓度下压力与饱和温度的关系。该图以溶液的温度为横坐标，以压力为纵坐标，图中左侧第一条斜线表示纯水的压力与饱和温度的关系，最右侧的折线为溴化锂水溶液的结晶线。从图中可以看出，在一定温度下溶液面上的水蒸气饱和分压力小于纯水的饱和压力，而且浓度越高，液面上水蒸气饱和分压力越小。

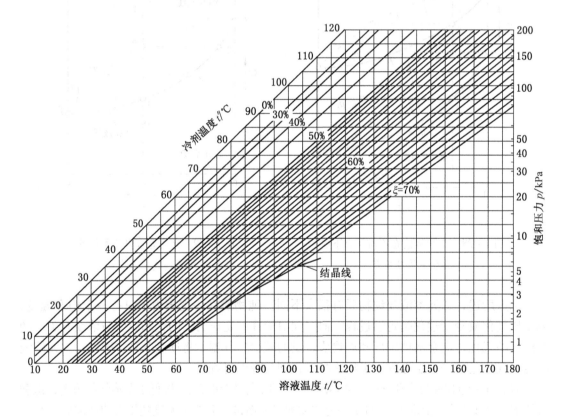

图7-30 溴化锂水溶液不同浓度下压力与饱和温度的关系

2）溴化锂水溶液的比焓－浓度图

溴化锂水溶液的比焓－浓度图如图7-31所示。该图以比焓值 h 为纵坐标，以溶液的浓度 ξ 为横坐标。它表示溴化锂水溶液的 h、ξ、t 和 p 之间的相互关系，对于饱和溶液，只要知道其中任意两个参数，就能确定其他两个参数，同时也可确定溶液面上处于过热状态的水蒸气比焓值，所以 $h-\xi$ 图是进行溴化锂吸收式制冷循环的理论分析和热力计算的主要图表。该图分为上下两部分，下部是沸腾溶液的状态曲线，上部是与溶液平衡的等压水蒸气辅助曲线。由于溶液面上水蒸气的温度和溶液的温度相等，故不另画等温线。

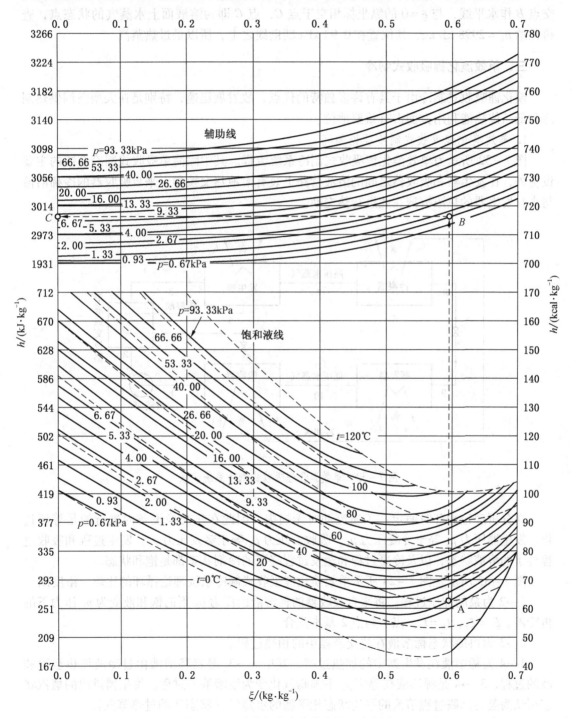

图 7-31　溴化锂水溶液的比焓–浓度图

【例7.1】已知饱和溴化锂水溶液的压力为 0.93 kPa，温度为 40 ℃，求溶液及液面上水蒸气的各状态参数。

解 在溴化锂 $h-\xi$ 图中，找到 0.93 kPa 的等压线与 40 ℃ 等温线交点 A，查得比焓值 $h_A = 255$ kJ/kg，浓度 $\xi_A = 0.59$。通过点 A 的等浓度线 $\xi_A = 0.59$ 与压力 0.93 kPa 的辅助线交点 B 作水平线，与 $\xi = 0$ 的纵坐标相交于点 C，点 C 即为溶液面上水蒸气的状态点，查得比焓 $h_C = 2998$ kJ/kg，其位置在 0.93 kPa 辅助线之上，所以是过热蒸汽。

三、单效溴化锂吸收式制冷

溴化锂吸收式制冷由于具有许多独特的优点，故发展迅速，特别是在大型空调供热制冷和低品位热能利用方面占有重要地位。

1. 单效溴化锂吸收式制冷理论循环

图 7－32 所示为单效溴化锂吸收式制冷系统流程。其中除简单吸收式制冷系统的主要设备外，在发生器和吸收器之间的溶液管路上装有溶液热交换器，来自吸收器的冷稀溶液与来自发生器的热浓溶液在此进行热交换。

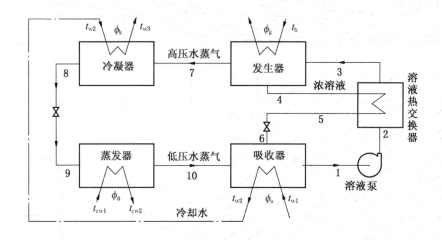

图 7－32 单效溴化锂吸收式制冷系统流程

在分析理论循环时假定：工质流动时无损失，因此在热交换设备内进行的是等压过程，发生器压力 p_g 等于冷凝压力 p_k，吸收器压力 p_a 等于蒸发压力 p_0。发生过程和吸收过程终了的溶液状态，以及冷凝过程和蒸发过程终了的冷剂状态都是饱和状态。

图 7－33 所示是图 7－24 所示单效溴化锂吸收式制冷系统理论循环的比焓－浓度图。

1→2 为泵的加压过程。将来自吸收器的稀溶液由压力 p_0 下的饱和液变为 p_k 压力下的再冷液。$\xi_1 = \xi_2$，$t_1 = t_2$，点 1 与点 2 基本重合。

2→3 为再冷状态稀溶液在热交换器中的预热过程。

3→4 为稀溶液在发生器中的加热过程。其中 3→3_g 是将稀溶液由过冷液加热至饱和液的过程；3_g→4 是稀溶液在等压 p_k 下沸腾汽化变为浓溶液的过程。发生器排出的蒸汽状态可认为是与沸腾过程溶液的平均状态相平衡的水蒸气（状态 7 的过热蒸汽）。

7→8 为冷剂水蒸气在冷凝器内的冷凝过程，其压力为 p_k。

8→9 为冷剂水的节流过程。制冷剂由压力 p_k 下的饱和水变为压力 p_0 下的湿蒸汽。状态 9 的湿蒸汽由状态 9′ 的饱和水与状态 9″ 的饱和水蒸气组成。

9→10 为状态 9 的制冷剂湿蒸汽在蒸发器内吸热汽化至状态 10 的饱和水蒸气过程，其压力为 p_0。

4→5 为浓溶液在热交换器中的预冷过程。即把来自发生器的浓溶液在压力 p_k 下由饱和液变为再冷液。

5→6 为浓溶液的节流过程。将浓溶液由压力 p_k 下的过冷液变为压力 p_0 下的湿蒸汽。

6→1 为浓溶液在吸收器中的吸收过程。其中 6→6_a 为浓溶液由湿蒸汽状态冷却至饱和液状态；6_a→1 为状态 6_a 的浓溶液在等压 p_0 下与状态 10 的冷剂水蒸气放热混合为状态 1 的稀溶液的过程。

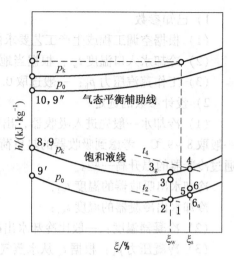

图 7-33　$h-\xi$ 图上的溴化锂吸收式制冷循环

决定吸收式制冷热力过程的外部条件是 3 个温度：热源温度 t_h、冷却介质温度 t_w 和被冷却介质温度 t_{cw}。它们分别影响着制冷机的各内部参数。

被冷却介质温度 t_{cw} 决定了蒸发压力 p_0（蒸发温度 t_0）；冷却介质温度 t_w 决定了冷凝压力 p_k（冷凝温度 t_k）及吸收器内溶液的最低温度 t_1；热源温度 t_h 决定了发生器内溶液的最高温度 t_4。进而，p_0 和 t_1 又决定了吸收器中稀溶液浓度 ξ_w；p_k 和 t_4 决定了发生器中浓溶液的浓度 ξ_s 等。

溶液的循环倍率 f 表示系统中每产生 1 kg 制冷剂需要的制冷剂 – 吸收剂的千克数，一般取 20 ~ 50。设从发生器流入冷凝器的制冷剂流量为 D kg/s，从吸收器流入发生器的制冷剂 – 吸收剂稀溶液流量为 F kg/s（浓度为 ξ_w），则从发生器流入吸收器的浓溶液流量为 $(F-D)$ kg/s（浓度为 ξ_s）。由于从溴化锂水溶液中汽化出的冷剂水蒸气中不含溴化锂，故根据溴化锂的质平衡方程可导出

$$f = \frac{F}{D} = \frac{\xi_s}{\Delta\xi} \tag{7-16}$$

$$\Delta\xi = \xi_s - \xi_w \tag{7-17}$$

式中　$\Delta\xi$——浓溶液与稀溶液的浓度差，称为"放气范围"。

图 7-33 所示的理想溴化锂吸收式制冷循环的热力系数 ζ 为

$$\zeta = \frac{h_{10} - h_9}{f(h_4 - h_3) + (h_7 - h_4)} \tag{7-18}$$

由式（7-18）可知，循环倍率 f 对热力系数 ζ 的影响非常大，为增大 ζ，必须减小 f；由式（7-16）可知，欲减小 f 必须增大放气范围 $\Delta\xi$ 或减小浓溶液浓度 ξ_s。

2. 热力计算

溴化锂吸收式制冷机的热工计算一般是根据已知条件（空气调节工程或生产工艺对制冷量的要求、冷冻水温度、冷却水温度、加热介质的温度或压力等），合理选择某些设计参数（传热温差、放气范围等），从而进行各热交换设备的热负荷和传热面积的设计计算。

1）已知参数

（1）根据空调工程或生产工艺要求的制冷 ϕ_0 和冷冻水进出蒸发器的温度 t_{cw1}、t_{cw2}。

（2）冷却水入口温度 t_{w1}：根据当地自然条件决定。

（3）工作蒸汽压力 p_h：一般选取 0.1 MPa（表压）的工作蒸汽。

2）设计参数的选定

（1）冷却水一般先进入吸收器，出吸收器的冷却水再进入冷凝器。冷却水总的温升一般取 8 ~ 9 ℃，考虑到吸收器的热负荷比冷凝器大，因此，冷却水通过吸收器的温升比通过冷凝器的温升高一些。

冷却水出吸收器的温度 t_{w2}：　　　　　　$t_{w2} = t_{w1} + \Delta t_{w1}$

冷却水出冷凝器的温度 t_{w3}：　　　　　　$t_{w3} = t_{w2} + \Delta t_{w2}$

（2）冷凝器温度：一般比冷却水出冷凝器的温度高 3 ~ 5 ℃，即 $t_k = t_{w3} + (3 ~ 5)$。

（3）冷凝压力 p_k：根据 t_k 从水蒸气表中查得相应的饱和压力。

（4）蒸发温度 t_0：一般比冷冻水出蒸发器的温度低 2 ~ 5 ℃，即 $t_0 = t_{cw2} - (2 ~ 5)$。

（5）蒸发压力 p_0：根据 t_0 从水蒸气表中查得相应的饱和压力。

（6）稀溶液出吸收器的温度 t_2：一般比冷却水出吸收器的温度高 3 ~ 5 ℃，即 $t_2 = t_{w2} + (3 ~ 5)$。

（7）吸收器压力 p_a：因冷剂水蒸气流经挡水板时的阻力损失，吸收器压力小于蒸发器压力，压降 Δp_0 的大小与挡板的结构和气流速度有关，一般取 $\Delta p_0 = (0.13 ~ 0.67) \times 10^2 Pa$，即 $p_a = p_0 - \Delta p_0 = p_0 - (0.13 ~ 0.67) \times 10^2 Pa$。

（8）稀溶液浓度 ξ_w：根据 p_a 和 t_2，从 $h - \xi$ 图中查得。

（9）浓溶液浓度 ξ_s：一般放气范围（$\xi_s - \xi_w$）为 0.03 ~ 0.06，$\xi_s = \xi_w + (0.03 ~ 0.06)$。

（10）溶液出发生器的温度 t_4：根据 ξ_s 和 p_k，从 $h - \xi$ 图中查得。

（11）溶液出热交换器的温度 t_5：浓溶液出热交换器的温度 t_5 应比 ξ_s 对应的结晶温度高 10 ℃以上，以防止在热交换器出口处产生结晶，$t_5 = t_2 + (15 ~ 25)$。

3）确定循环节点参数

利用 $h - \xi$ 图或公式求出各循环节点的参数，计算出循环倍率 f。

4）设备热负荷计算

在 $h - \xi$ 图上确定制冷循环中有关状态点的参数后，就可以通过热平衡式计算出各热交换设备的热负荷。

（1）发生器的单位热负荷：

$$q_g = f(h_4 - h_3) + (h_7 - h_4)$$

（2）冷凝器的单位热负荷：

$$q_k = h_7 - h_8$$

（3）蒸发器的单位热负荷：

$$q_0 = h_{10} - h_9$$

（4）吸收器的单位热负荷：

$$q_a = f(h_6 - h_1) + (h_{10} - h_6)$$

（5）热交换器单位热负荷：

$$q_t = (f-1)(h_4 - h_5)$$

5）热力系数

$$\xi = \frac{q_0}{q_g}$$

6）各设备的热负荷及流量

（1）冷剂循环量：

$$D = \frac{\phi_0}{q_0}$$

（2）稀溶液循环量：

$$F = fD$$

（3）浓溶液循环量：

$$F - D = (f-1)D$$

（4）各设备的热负荷。

发生器： $\qquad \phi_g = Dq_g$

吸收器： $\qquad \phi_a = Dq_a$

冷凝器： $\qquad \phi_k = Dq_k$

热交换器： $\qquad \phi_t = D \cdot q_t$

7）水量及加热蒸汽量

（1）冷却水量。

冷凝器： $\qquad G_{wk} = \dfrac{\phi_k}{c_{pw} \Delta t_{wk}}$

或吸收器： $\qquad G_{wa} = \dfrac{\phi_a}{c_{pw} \Delta t_{wa}}$

（2）冷冻水量：

$$G_c = \frac{\phi_0}{c_{pw}(t_{cw1} - t_{cw2})}$$

（3）加热蒸汽量（汽化潜热 $r = 2202.68$ kJ/kg）：

$$G_g = \frac{\phi_g}{r}$$

8）热力完善度

$$\zeta_{max} = \frac{T_g - T_e}{T_g} \frac{T_0}{T_e - T_0}$$

$$\eta_a = \frac{\zeta}{\zeta_{max}}$$

各设备传热面积的计算不再赘述。

在实际工程中，冷却条件和要求制取的低温通常为给定条件。当 t_w 和 t_{cw} 不变时，随着热源温度 t_h 的升高，$\Delta\xi$ 呈直线关系上升，溶液 f 及热交换器的热负荷 ϕ_t 呈双曲线关系下降，而热力系数 ζ 先快速增加，后渐变平缓。

经验认为，溴化锂吸收式制冷机的放气范围 $\Delta\xi = 4\% \sim 5\%$ 为宜，此范围内的热源温度常被看作是经济热源温度 $t_{h,eco}$。经济的和最低的热源温度都随冷冻水温的降低和冷却水温的升高而升高。欲保持放气范围不变，当降低热源温度 t_h 时，须提高 t_{cw} 或降低 t_w。

3. 单效溴化锂吸收式制冷机的典型结构与流程

1）单效溴化锂吸收式制冷机的典型结构

溴化锂吸收式制冷机是在高度真空下工作的，稍有空气渗入，制冷量就会降低，甚至不能制冷。因此，结构的密封性是最重要的技术条件，要求结构安排必须紧凑，连接部件尽量减少。通常把发生器等4个主要换热设备合置于一个或两个密闭筒体内，即所谓单筒结构和双筒结构。

因设备内压力很低（高压部分约1/10绝对大气压，低压部分约1/100绝对大气压），蒸汽的流动损失和静液高度的影响很大，必须尽量减小，否则将造成较严重的吸收不足和发生不足，严重降低制冷机的效率。为减少冷剂蒸汽的流动损失，采取将压力相近的设备合放在一个筒体内，以及使外部介质在管束内流动、冷剂蒸汽在管束外较大的空间内流动等措施。

在蒸发器的低压下，100 mm 高的水层会使蒸发温度升高 10～12 ℃，因此，蒸发器和吸收器必须采用喷淋式换热设备。发生器仍多采用沉浸式，但液层高度应小于 300～350 mm，并需在计算时计入由此引起的发生温度变化。有时发生器采用双层布置以减少沸腾层高度的影响。

图 7-34 所示为双筒形单效溴化锂吸收式制冷机结构简图。在吸收器内，吸收水蒸气而生成的稀溶液，积聚在吸收器下部的稀溶液囊内。此稀溶液通过发生器泵送至溶液热交换器，被加热后进入发生器。热媒（加热用蒸汽或热水）在发生器的加热管束内通过；

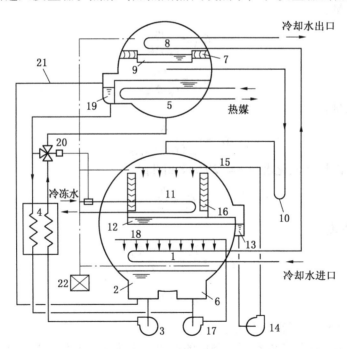

1—吸收器；2—稀溶液囊；3—发生器泵；4—溶液热交换器；5—发生器；6—浓溶液囊；7—挡液板；
8—冷凝器；9—冷凝器水盘；10—U 形管；11—蒸发器；12—蒸发器水盘；13—蒸发器水囊；
14—蒸发泵；15—冷剂水喷淋系统；16—挡水板；17—吸收器泵；18—溶液喷淋系统；
19—发生器浓溶液囊；20—三通阀；21—浓溶液溢流管；22—抽气装置

图 7-34　双筒型单效溴化锂吸收式制冷机结构简图

管束外的稀溶液被加热、升温至沸点，经沸腾过程变为浓溶液。此浓溶液自液囊沿管道经热交换器，被冷却后流入吸收器的浓溶液囊中。发生器溶液沸腾生成的水蒸气向上流经挡液板进入冷凝器（挡液板的作用是避免溴化锂溶液飞溅入冷凝器）。冷却水在冷凝器的管束内通过，管束外的水蒸气被冷凝为冷剂水，收集在冷凝器水盘内，靠压力差的作用沿 U 形管水封流至蒸发器。U 形管相当于膨胀阀，起减压节流作用，其高度应大于上下筒之间的压力差。吸收式制冷机也可不采用 U 形管，而采用节流孔口，以简化构造，但其对负荷变化的适应性不如 U 形管。

冷剂水进入蒸发器后，被收集在蒸发器水盘内，并流入水囊，靠冷剂水泵（蒸发器泵）送往蒸发器内的喷淋系统，经喷嘴喷出，淋洒在冷冻水管束外表面，吸收管束内冷冻水的热量，汽化变成水蒸气。一般冷剂水的喷淋量大于实际蒸发量，以使冷剂水能均匀地淋洒在冷冻水管束上。因此，喷淋的冷剂水中只有一部分蒸发为水蒸气，另一部分未曾蒸发的冷剂水与来自冷凝器的冷剂水一起流入冷剂水囊，重新送入喷淋系统蒸发制冷。冷剂水囊应保持一定的存水量，以适应负荷的变化，同时避免冷剂水量减少时冷剂水泵发生气蚀。蒸发器中汽化形成的冷剂水蒸气经过挡水板再进入吸收器，从而将蒸汽中混有的冷剂水滴阻留在蒸发器内继续汽化，以免造成制冷量损失。

吸收器的管束内通过的是冷却水。浓溶液囊中的浓溶液由吸收器泵送入溶液喷淋系统，淋洒在冷却水管束上，溶液被冷却降温，同时吸收充满于管束之间的冷剂水蒸气而变成稀溶液，汇流至稀浓两个液囊中。流入稀溶液囊的稀溶液由发生器泵经热交换器送往发生器。流入浓溶液液囊的稀溶液则与来自发生器的浓溶液混合，由吸收器泵重新送至溶液喷淋系统。回到喷淋系统的稀溶液的作用只是"陪同"浓溶液一起循环，以加大喷淋量，提高喷淋式热交换器喷淋侧的放热系数。

对真空条件下工作的系统中的所有其他部件也必须有很高的密封要求。如溶液泵和冷剂泵需采用屏蔽型密闭泵，并要求该泵允许吸入真空高度较高，管路上的阀门需采用真空隔膜阀等。

从以上结构特点看出，溴化锂吸收式制冷机除屏蔽泵外没有其他转动部件，因而振动、噪声小，磨损和维修量少。

2）溴化锂吸收式制冷机的主要附加措施

（1）防腐蚀问题。溴化锂水溶液对一般金属有腐蚀作用，尤其是有空气存在的情况下腐蚀更为严重。腐蚀不但缩短机器的使用寿命，而且产生不凝性气体，使筒内真空度难以维持。所以，吸收式制冷机的传热管采用铜镍合金管或不锈钢管，筒体和管板采用不锈钢板或复合钢板。虽然如此，为防止溶液对金属的腐蚀，一方面须确保机组的密封性，经常维持机内的高度真空，在机组长期不运行时充入氮气；另一方面须在溶液中加入有效的缓蚀剂。在溶液温度不超过 120 ℃ 的条件下，溶液中加入 0.1% ~ 0.3% 的铬酸锂（Li_2CrO_4）和 0.02% 的氢氧化锂，使溶液呈碱性，pH 处于 9.5 ~ 10.5 范围，对碳钢 – 铜的组合结构防腐蚀效果良好。当溶液温度高达 160 ℃时，上述缓蚀剂对碳钢仍有很好的缓蚀效果。此外，还可选用其他耐高温缓蚀剂，如在溶液中加入 0.001% ~ 0.1% 的氧化铅（PbO），或加入 0.2% 的三氧化二锑（Sb_2O_3）与 0.1% 的铌酸钾（$KNbO_3$）的混合物等。

（2）抽气设备。由于系统内的工作压力远低于大气压力，尽管设备密封性好，也难免有少量空气渗入，并且因腐蚀也会产生一些不凝性气体。所以，必须设有抽气装置，以

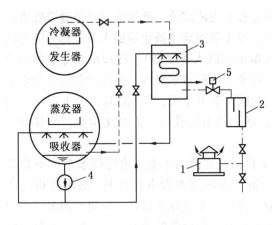

1—真空泵; 2—阻油器; 3—辅助吸收器;
4—吸收器泵; 5—调节阀

图 7-35 抽气系统

排出聚积在筒体内的不凝性气体, 保证制冷机的正常运行。此外, 该抽气装置还可用于制冷机的抽空、试漏与充液。常用的抽气系统如图 7-35 所示。图中辅助吸收器又称冷剂分离器, 其作用是将一部分溴化锂-水溶液淋洒在冷盘管上, 在放热的条件下吸收所抽出气体中含有的冷剂水蒸气, 使真空泵排出的只是不凝性气体, 以提高真空泵的抽气效果, 减少冷剂水的损失。阻油器的作用是防止真空泵停车时, 泵内润滑油倒流入机体。真空泵一般采用旋片式机械真空泵。该抽气系统只能定期抽气, 为改进溴化锂吸收式制冷机的运转效能, 可附设自动抽气装置。

(3) 防止结晶问题。从溴化锂水溶液蒸气压力-饱和温度图可以看出, 溶液的温度过低或浓度过高均容易发生结晶。因此, 当进入吸收器的冷却水温度过低 (如小于 20~25 ℃) 或发生器加热温度过高时可能引起结晶。结晶现象一般先发生在溶液热交换器的浓溶液侧, 因为此处溶液浓度最高, 温度较低, 通路窄。发生结晶后, 浓溶液通路被阻塞, 引起吸收器液位下降, 发生器液位上升, 直到制冷机不能运行。为解决热交换器浓溶液侧的结晶问题, 在发生器中设有浓溶液溢流管 (图 7-34 所示中的浓溶液溢流管, 也称为防晶管)。该溢流管不经过热交换器, 而直接与吸收器的稀溶液囊相连。当热交换器浓溶液通路因结晶被阻塞时, 发生器的液位升高, 浓溶液经溢流管直接进入吸收器。

(4) 制冷量的调节。吸收式制冷机的制冷量一般是根据蒸发器出口被冷却介质的温度, 用改变加热介质流量和稀溶液循环量 (采用图 7-34 所示中的电磁三通阀) 的方法进行调节的。用这种方法可以实现 10%~100% 范围内制冷量的无级调节。

四、双效溴化锂吸收式制冷机

从式 (7-6) 可以看出, 当冷却介质和被冷却介质温度给定时, 提高热源温度 t_h, 可有效改善吸收式制冷机的热力系数。但由于溶液结晶条件的限制, 单效溴化锂吸收式制冷机的热源温度不能很高。当有较高温度热源时, 应采用多级发生的循环。如利用表压为 600~800 kPa 的蒸汽或燃油、燃气作热源的双效型溴化锂吸收式制冷机, 分别称为蒸汽双效型和直燃双效型。

根据溶液循环方式的不同, 常用双效溴化锂吸收式制冷机主要分为串联流程和并联流程两大类。串联流程系统性能稳定、调节方便; 并联流程系统热力系数较高。

1. 蒸汽双效型溴化锂吸收式制冷机的流程

串联流程双效型溴化锂吸收式制冷系统流程如图 7-36a 所示。从吸收器引出的稀溶液经发生器泵输送至低温热交换器和高温热交换器, 吸收浓溶液放出的热量后, 进入高压发生器, 在高压发生器中被加热沸腾, 产生高温水蒸气和中间浓度溶液, 中间溶液经高温热交换器进入低压发生器，被来自高压发生器的高温蒸汽加热，再次产生水蒸气并形成浓溶液。浓溶液经低温热交换器与来自吸收器的稀溶液换热后，进入吸收器，在吸收器中吸收来自蒸发器的水蒸气，成为稀溶液。

串联流程双效型溴化锂吸收式制冷系统的工作过程如图7－36b所示。

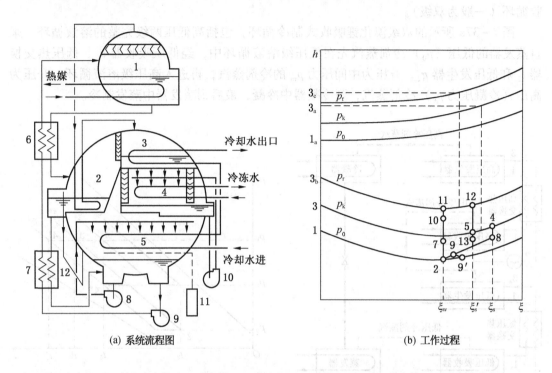

        (a) 系统流程图   (b) 工作过程

1—高压发生器；2—低压发生器；3—冷凝器；4—蒸发器；5—吸收器；6—高温热交换器；7—低温热交换器；
8—吸收器泵；9—发生器泵；10—蒸发器泵；11—抽气装置；12—防晶管

图7－36　串联流程双效型溴化锂吸收式制冷系统

（1）溶液的流动过程：点2的低压稀溶液（浓度为ξ_w）经发生器泵加压后压力提高至p_r，经低温热交换器加热到达点7，再经过高温热交换器加热到达点10。溶液进入高压发生器后，先加热到点11，再升温至点12，成为中间浓度ξ_s'的溶液，在此过程中产生水蒸气，其焓值为h_{3c}。从高压发生器流出的中间浓度溶液在高温热交换器中放热后，达到点5，并进入低压发生器。

中间浓度溶液在低压发生器中被高压发生器产生的水蒸气加热，成为点4的浓溶液（浓度为ξ_s），同时产生水蒸气，其焓值为h_{3a}。点4的浓溶液经低温热交换器冷却放热至点8，成为低温的浓溶液，它与吸收器中的部分稀溶液混合后，达到点9，闪发后至点9′，再吸收水蒸气成为点2的低压稀溶液。

（2）冷剂水的流动过程：高压发生器产生的蒸汽在低压发生器中放热后凝结成水，比焓值降为h_{3b}，进入冷凝器后冷却又降至h_3。而来自低压发生器产生的水蒸气也在冷凝器中冷凝，焓值同样降至h_3。冷剂水经节流孔口后进入蒸发器，其中液态水的比焓值为h_1，在蒸发器中吸热制冷后成为水蒸气，比焓值为h_{1a}，此水蒸气在吸收器中被溴化锂溶液吸收。

2. 双级溴化锂吸收式制冷机

前面提及，当其他条件一定时，随着热源温度的降低，吸收式制冷机的放气范围 $\Delta\xi$ 将减小。若热源温度很低，致使其放气范围 $\Delta\xi < 3\%$，甚至成为负值，此时需采用多级吸收循环（一般为双级）。

图 7-37a 所示的双级溴化锂吸收式制冷循环，包括高低压两级完整的溶液循环。来自蒸发器的低压（p_0）冷剂蒸汽先在低压级溶液循环中，经低压吸收器 a_2、低压热交换器 t_2 和低压发生器 g_2，升压为中间压力 p_m 的冷剂蒸汽，再进入高压级溶液循环，升压为高压（冷凝压力 p_k）冷剂蒸汽，到冷凝器中冷凝，最后到蒸发器中蒸发制冷。

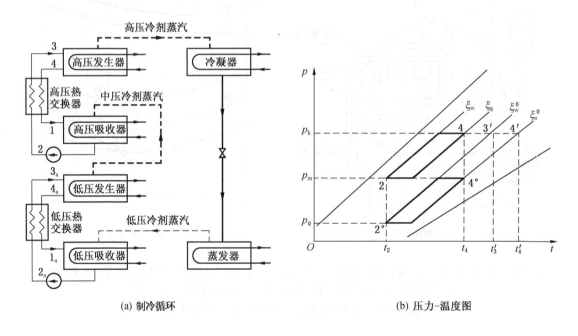

(a) 制冷循环　　　　　　　　　　　　(b) 压力-温度图

图 7-37　双级溴化锂吸收式制冷

高低压两级溶液循环中的热源和冷却水条件一般是相同的。因而，高低压两级的发生器溶液最高温度 t_4 及吸收器溶液的最低温度 t_2 也是相同的。

从图 7-37b 所示的压力-温度图中可以看出，在冷凝压力 p_k、蒸发压力 p_0 及溶液最低温度 t_2 一定的条件下，发生器溶液最高温度 t_4 若低于 t_3'，则单效循环的放气范围将成为负值。而同样条件下采用两级吸收循环就能增大放气范围，实现制冷。

这种两级吸收式制冷机可以利用 90~70℃ 废气或热水作热源，但其热力系数较小，约为普通单效机的 1/2，它所需的传热面积约为普通单效机的 1.5 倍。若将两台单效机串联使用，达到相同制冷量，其传热面积约为普通单效机的 2.5 倍。

3. 直燃双效型溴化锂吸收式冷热水机组

直燃双效型溴化锂吸收式制冷机（简称直燃机）和蒸汽双效型制冷原理完全相同，只是高压发生器不是采用蒸汽加热换热器，而是锅筒式火管锅炉，由燃气或燃油直接加热稀溶液，制取高温水蒸气。直燃型溴化锂吸收式冷热水机组由燃气或燃油直接燃烧加热的高压发生器，以及低压发生器、蒸发器、吸收器和冷凝器组成。它实际上是一种双效吸收式制冷机的特殊形式，只是将其功能扩大为夏季供冷、冬季供暖、全年可供应卫生用热水。

图 7-38 所示为直燃型溴化锂吸收式冷热水机组工作流程图。在夏季制冷工况下，冷却水经过吸收器和冷凝器，带走热量，空调系统循环水经过蒸发器放出热量降低温度；而在冬季制热工况下，关闭冷却水系统，空调系统循环水经过高温发生器中的热水器吸收热量升高温度；全年提供的卫生用热水通过高温发生器中的热水器进行加热升温。

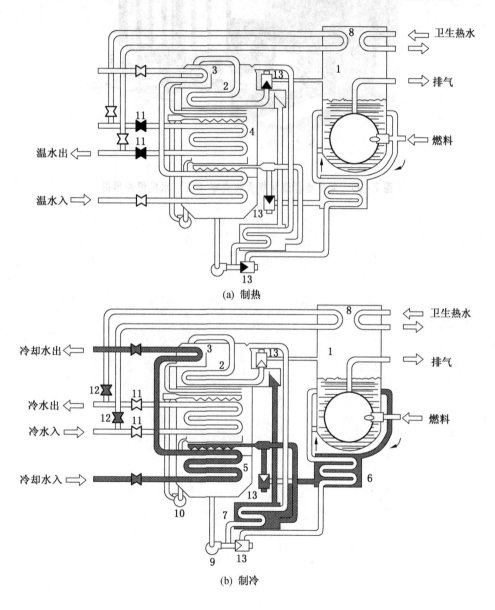

(a) 制热

(b) 制冷

1—高温发生器；2—低温发生器；3—冷凝器；4—蒸发器；5—吸收器；6—高温热交换器；7—低温热交换器；
8—热水器；9—溶液泵；10—冷剂泵；11—冷水阀（开）；12—温水阀（关）；13—冷热转换阀（开）

图 7-38 直燃型溴化锂吸收式冷热水机组工作流程图

图 7 - 39 所示为某直燃型溴化锂吸收式冷（温）水机组外形图。

图 7 - 39　某直燃型溴化锂吸收式冷（温）水机组外形图

第八章 蓄冷技术

第一节 概述

一、蓄冷技术的基本概念

某些工程材料（介质）具有蓄冷特性，利用这种蓄冷特性并加以合理应用的技术称为蓄冷技术。

蓄冷设备是用来储存水、冰和其他蓄冷物质的设备，通常是一个空间或一个容器，也可以是一个存放蓄冷介质的换热器。蓄冷系统包括蓄冷设备、制冷设备、连接管路、控制设备以及有关的辅助设备等，是一种具有蓄冷能力的冷热源系统。蓄冷空调系统则是蓄冷系统和空调系统的总称。

二、蓄冷系统工作原理及其分类

1. 蓄冷系统工作原理

图 8-1 所示为蓄冷空调系统基本原理图，它在常规空调系统的供冷循环系统中增加了一个既与蒸发器并联又与空调换热器并联的蓄冷槽，并增加了一个水泵和两个阀门。这样，供冷循环回路就可以出现以下几种新的循环方式。

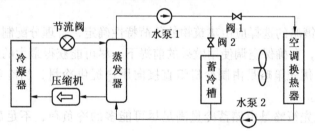

图 8-1 蓄冷空调系统基本原理图

（1）常规空调供冷循环，此时蓄冷槽不工作，阀 1 开，阀 2 关，水泵 1、水泵 2 开，制冷机直接供冷。

（2）蓄冷循环，此时空调换热器不工作，阀 1 关，阀 2 开，水泵 1 开，水泵 2 关，制冷机向蓄冷槽蓄冷。

（3）联合供冷循环，此时蒸发器和蓄冷槽联合向空调换热器供冷，阀 1、阀 2 开，水泵 1、水泵 2 开。此循环也称部分蓄冷空调循环，因为运行此循环时，蓄冷只是补充制冷机供冷不足部分的空调负荷。这种供冷方式是较常见的蓄冷空调系统。

（4）单蓄冷供冷循环，此时制冷机停止运行，水泵 1 停，阀 1、阀 2 开，水泵 2 开，空调负荷全部由蓄冷槽的冷量提供，此循环也称为全量蓄冷空调循环。

2. 蓄冷系统的分类

用于空调的蓄冷方式较多，根据储能方式可分为显热蓄冷和潜热蓄冷两大类；也可以根据蓄冷介质分为水蓄冷、冰蓄冷、共晶盐蓄冷和气体水合物蓄冷 4 种方式；按照工作模式和运行策略可分为全负荷蓄冷策略和部分负荷蓄冷策略。

三、蓄冷系统的设计、运行与控制策略

1. 设计策略

设计策略说明项目设计阶段要确定的条款，主要着眼于设计工况，重点要考虑以下因素：①经济性，包括初投资、运行费用、维护费用、与其他蓄冷系统以及非蓄冷系统之间的经济性分析比较电价结构和电力政策、系统未来扩建的可能性等；②建筑物的使用功能、能量优化指标、室内环境质量、对运行维护人员的要求等；③蓄冷技术和制冷设备的选择可能造成的使用风险等；④建筑物和系统的限制，如空间、系统温度、系统布置等。

2. 运行策略

所谓运行策略是指蓄冷系统以设计循环周期（如设计日或周等）内建筑物的负荷特性及其冷量的需求为基础，按电价结构等条件对系统做出最优的运行安排。

（1）全负荷蓄冷（负荷全部转移）策略：是指制冷机组在非峰值时段满负荷运行，高峰时段所需冷量全部由储存的蓄冷量供应。

（2）部分负荷蓄冷策略：是指按建筑物设计周期所需要的冷量部分由蓄冷装置供给，部分由制冷机供给。

（3）分时蓄冷策略：是指根据电价结构对系统运行做出安排，充分利用低谷电力，减少高峰时段用电量，实现系统的经济运行。

3. 控制策略

蓄冷空调控制策略的选择应由建筑物的负荷特性确定，合理分配制冷机组直接供冷量和蓄冷装置释冷量，在确保空调使用效果的前提下，尽可能获得最大的经济效益。

（1）制冷机组优先策略是由制冷机组直接向用户提供冷量，当冷负荷超过机组容量时由所蓄冷量补充。

（2）冷装置优先策略是由储蓄冷量满足尽可能多的冷负荷，不足部分由冷水机组直接供冷。

（3）优化控制策略根据电价政策，借助完善的参数检测和控制系统，在负荷分析、预测的基础上最大限度发挥蓄冷装置的释冷、供冷能力，同时保证制冷机尽可能在满负荷下高效运行。

第二节　冰蓄冷技术

一、基本概念

1. 冰蓄冷

冰蓄冷是指用水作为蓄冷介质，利用其相变潜热来储存冷量。在电力非峰值期间利用

制冷机组把水制成冰，将冷量储存起来；在电力峰值或空调负荷高峰期间利用冰的融解将冷量释放出来，满足用户的冷量要求。

2. 蓄冰率

蓄冰率（冰充填率，Ice Packing Factor，IPF）指蓄冰槽内最大制冰量与总水量之比。

3. 蓄冰温度和取冷温度

蓄冰温度指制冰工况时传热介质的温度。

取冷温度指释冷工况时蓄冰装置的供冷温度。

4. 名义蓄冷量与净可利用蓄冷量

名义蓄冷量指蓄冷装置的理论蓄冷量。

净可利用蓄冷量指冰蓄冷设备在规定的融冰速度和不高于设计取水温度条件下能够提供的实际最大冷量。可以用名义蓄冷量与残冰量之差表示。

二、冰蓄冷装置的种类及特点

1. 冰蓄冷装置的种类

冰蓄冷装置有多种形式。按制冰方式分为静态制冰和动态制冰，按传热介质分为直接蒸发式和间接冷媒式，按融冰方式分为外融冰式和内融冰式。静态制冰方式包括盘管蓄冰和封装冰，封装冰根据容器形状分为冰球、冰板和蕊心冰球等。动态制冰包括冰片滑落式和冰晶式等。

2. 冰蓄冷技术的特点

（1）兼有水的显热和潜热，利用较小的槽容量可以获得较大的蓄冷量。

（2）槽的表面积减小，热损失也较小。

（3）取冷温度低，配管管径小。

（4）蓄冷密度大，蓄冷槽体积小，容易实现设备标准化。

（5）供冷温度低且供冷稳定，与低温送风系统结合，可以减小水泵、风机、冷却塔等辅助设备的容量和耗电量，减小管路尺寸，节省建筑空间，降低造价。

（6）设备和管路比较复杂，自控和操作技术要求较高。

（7）制冷机组一般能实现空调工况和制冰工况的转换，须选用双工况制冷机组，制冷机组在制冰工况时蒸发温度低，导致性能系数减小，能耗增加。

三、常见的冰蓄冷系统

1. 静态制冰和动态制冰

静态制冰是指制冰过程中所制备的冰处于不可运动的状态。盘管式蓄冰是常用的静态制冰方式，由沉浸在充满水的储槽中的金属或塑料盘管作为换热表面，制冷剂或乙二醇水溶液在盘管内循环，吸收储槽中水的热量，在盘管外形成圆筒形冰层。

封装冰是另一种静态制冰方式。将注入蓄冷介质并密封的容器密集地堆放在储槽中，蓄冷介质在容器内冻结成冰。按容器的形状分为冰球、冰板和蕊心冰球。

动态制冰是指制冰过程中制备的冰处于可运动的状态。用特殊设计的蒸发段来生产和剥落冰片或冰晶。制冰时，来自蓄冰槽的水被泵送到蒸发器的表面，冷却冻结成冰。也可以将载冷剂与水的混合溶液冷却，使一部分水冻结成冰晶。还可以将低温传热介质直接通入蓄冰槽，促使水冻结成冰。

2. 盘管蓄冰

根据盘管蓄冷传热介质的不同，分为直接蒸发式蓄冷和间接冷媒式蓄冷；根据盘管的融冰方式可分为内融冰和外融冰两种方式。

1）直接蒸发式蓄冷

直接蒸发式制冰以制冷机组的蒸发器为换热表面，冰层在蒸发器表面生长或融化。采用直接蒸发式的蓄冰方式主要有盘管外融冰式、冰片剥落式和冰晶式等。以盘管式蓄冰为例，说明直接蒸发式制冰的工作原理，其系统原理图如图8-2所示。制冷剂经压缩、冷凝后，高温液态制冷剂经膨胀阀进入蓄冰盘管蒸发，与蓄冰槽内的水交换热量，使水降温并在盘管外表面结冰。气态制冷剂回流到压缩机，进入下一制冷循环。

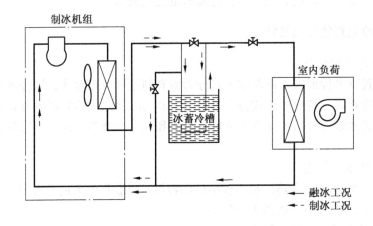

图8-2 直接蒸发式制冰系统原理图

2）间接冷媒式蓄冷

采用间接冷媒式的冰蓄冷技术主要有盘管蓄冰和封装冰等制冰方式。间接冷媒式制冰系统原理图如图8-3所示。载冷剂（一般为浓度25%的乙二醇溶液）被制冷机组冷却后进入蓄冰槽的制冰盘管，与蓄冷槽内的水或者封装容器内的水进行热交换，使水在盘管外表面或容器内结冰。随着蓄冰过程的进行，冰层逐渐增厚，传热热阻增加，为保持一定的蓄冰速率，载冷剂温度也须随之下降，待冰层达到设计厚度时蓄冰过程结束。

3）内融冰

内融冰即蓄冷系统在融冰释冷时，冰层自内向外逐渐融化。内融冰又分为完全冻结式内融冰和不完全冻结式内融冰两种方式。

4）外融冰

外融冰即蓄冷系统在融冰释冷时，冰层自外向内逐渐融化。蓄冷过程完成时，水被冻结成具有一定厚度的冰层，包裹在盘管外壁上，蓄冰槽内仍有液态水，融冰释冷时温度较高的空调回水直接进入蓄冰槽，冰层自外向内逐渐融化，蓄冰槽内的水直接参与空调水循环。

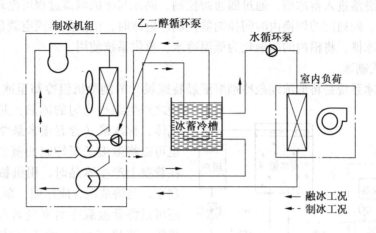

图 8-3　间接冷媒式制冰系统原理图

3. 封装冰

封装冰蓄冷系统采用水或有机盐溶液作为蓄冷介质，将蓄冷介质封装在塑料密封件内，再把这些装有蓄冷介质的密封件堆放在密闭的金属储罐内或开放的储槽中一起组成蓄冰装置。蓄冰时，制冷机组提供的低温二次冷媒（乙二醇水溶液）进入蓄冷装置，使封装件内的蓄冷介质冻结；释冷时，仍以乙二醇水溶液作为载冷剂，将封装件内冷量取出，直接或间接（通过热交换装置）向用户供冷。

封装式蓄冰装置按封装件形式的不同有所不同，目前主要有冰球蓄冰装置、冰板蓄冰装置和蕊心冰球蓄冰装置等。

封装式的蓄冷容器分为密闭式储罐和开敞式储槽。密闭式储罐由钢板制成圆柱形，根据安装方式又可分为卧式和立式。开敞式储槽通常为矩形，可采用钢板、玻璃钢加工，也可采用钢筋混凝土现场浇筑。蓄冷容器可布置在室内或室外，也可埋入地下，在施工过程中应妥善处理保温隔热，以及防腐或防水问题，尤其应采取措施保证乙二醇水溶液在容器内和封装件内均匀流动，防止开敞式储槽中蓄冰元件在蓄冷过程中向上浮起。

4. 动态制冰

动态制冰方式主要有冰片滑落式和冰晶式。

1）冰片滑落式制冰

该系统基本组成是以制冰机为制冷设备，以保温的槽体为蓄冷设备。冰片滑落式蓄冷系统原理图如图 8-4 所示。制冰机安装在蓄冷槽的上方，在若干块平行板内通入制冷剂作为蒸发器。水泵不断地将蓄冰槽中的水抽出，至蒸发器的上方喷洒而下，遇到冰冷的板式蒸发器之后，结成一层薄冰。待冰达到一定厚度（一般在 3~6.5 mm 之间，时间为 10~30 min）时，制冰设备中的四通阀切换，压缩机的排气直接进入蒸发器而加热板面，使冰剥离，时间控制在 20~30 s。蒸发器板面上的薄冰依

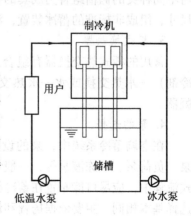

图 8-4　冰片滑落式
蓄冷系统原理图

靠自身的重量滑落进入蓄冰槽。通过四通阀控制，制冰与冰的剥离过程可循环进行，直至蓄冰过程结束。四通阀的切换由时间控制器控制。融冰时，由换热器或空调负荷端流回的冷冻水进入蓄冰槽，将槽内的冰融化为低温冷水，再供系统使用。

2）冰晶式制冰

冰晶式制冰系统是将低浓度载冷剂溶液经特殊设计的制冷机组冷却至冰点温度以下，使之产生细小均匀的冰晶，并形成泥浆状流体，称冰浆（含有很多悬浮冰晶的水）。也可以将溶液送至特制的蒸发器，当溶液在管壁上产生冰晶时，用机械方法将冰晶刮下，与溶液混合成冰泥，泵送至蓄冰槽。还可以将低温载冷剂直接通入蓄冰槽与水接触（直接制冰），水冻结成冰晶浮在蓄冰槽上部。释冷时，混合溶液被直接送到空调负荷端使用，升温后回到蓄冰槽，将槽内的冰晶融化成水，完成释冷过程，冰

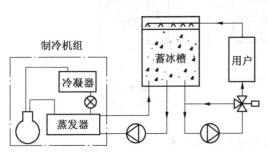

图 8-5 冰晶式蓄冷系统原理图

晶式蓄冷系统原理如图 8-5 所示。

四、冰蓄冷系统主要设备及附件的选择

1. 制冷设备的选择

冰蓄冷系统的充冷温度一般为 -9 ~ -3℃，须选用双工况制冷机组，如活塞式或螺杆式制冷机，三级离心式制冷机也可以用于蓄冷量较大的工程。

在蓄冷空调系统中，大、中型制冷机组常采用水冷式，而中、小型机组采用风冷式更为经济。制冷机组制冰工况的产冷量小于空调工况的产冷量，一般比额定工况减少30%~40%，实际使用时根据厂商提供的制冷机不同工况下的性能数据确定。

2. 蓄冰盘管

常用的冰盘管有金属管（铜、铝等）和塑料管，结构形状有蛇形、圆筒形和 U 形，与不同种类的储槽组合为成套的各种标准型号的蓄冰装置。也可以根据需要制作成非标准尺寸，组成非标准的蓄冰装置，满足用户的特殊需要。

3. 板式换热器

常用的板式热交换器有组合式和整体烧焊式。组合式板式换热器常用于制冷剂（载冷剂）—水热交换或水—水热交换。整体烧焊式换热器常用作制冷机组的蒸发器和冷凝器。

4. 泵的选择

在空调蓄冷系统中，泵的设置按其功能的不同分为综合泵、制冷泵、充冷泵、释冷泵、负荷泵、不冻液泵等，一般情况各类泵应设置2台或2台以上，可不设置备用泵。开式流程中，应尽可能布置在蓄冷槽底部。不冻液泵与常规空调系统中的冷冻、冷却水泵的选择基本相同，主要依据扬程和流量。但它又有不同之处，必须考虑乙二醇水溶液等不冻液的浓度、温度、比热容、密度、黏度等。

5. 辅助设备的选定

冰蓄冷系统的辅助设备包括除污器、阀门及膨胀水箱等，应根据不同的蓄冷方式及流程配置等进行选定。

五、冰蓄冷系统的运行模式

1. 制冷机组与蓄冷装置并联运行模式

图 8-6 所示为并联运行系统示意图。在单蓄冷时，制冷机运行（用电低谷时段），此时泵 P_2、P_3 关闭，三通阀 V_2 将通向用户的通路 2 和通路 3 关闭，阀门 V_1 打开。乙二醇水溶液在制冷机、蓄冰桶和泵 P_1 之间构成环路循环，制冷机在制冰工况下运行，直至蓄冰结束。

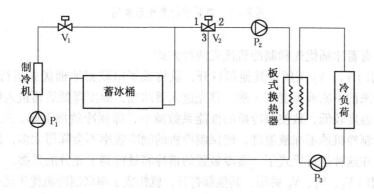

图 8-6　并联运行系统示意图

在空调负荷较低且处于用电平段时，系统可能要同时蓄冷和供冷。制冷机一边向蓄冰桶供冷，继续使蓄冰桶蓄冰，一边向空调用户供冷。此时，泵 P_2、P_3 打开运行，阀门 V_1 打开，三通阀 V_2 根据温度要求调节来自板式换热器和制冷机的不冻液流量。泵 P_1 使部分不冻液流经三通阀 V_2 供给空调用户，一部分经蓄冰桶再与来自板式换热器的温度高一些的不冻液混合后进入制冷机。

在空调负荷高峰期间，要同时实现融冰供冷和制冷机供冷。阀门 V_1 开、泵 P_2、P_3 运行、三通阀 V_2 进行调节，泵 P_2 提供的不冻液由两部分组成：一部分是泵 P_1 提供的流量恒定的不冻液，流经制冷机进行降温；另一部分是变流量的不冻液，流经蓄冰桶，由蓄冰桶中的冰融化而降温。在用电高峰期间，关闭制冷机和冷却水系统，仅用蓄冰桶供冷（单释冷）。此时制冷机、泵 P_1、阀门 V_1 都停止运行，泵 P_2、P_3 运行。通过三通阀 V_2 的调节，确保用户的冷冻水温度保持不变，这样可以最大限度地把高峰用电移到用电低谷时段，起到移峰填谷的作用。

2. 制冷机组与蓄冷装置串联运行模式

图 8-7 所示为串联运行系统示意图。串联蓄冷运行时，阀门 V_2、V_4、V_5、V_6，泵 P_2 关闭。蓄冷开始，阀门 V_3 打开，三通阀 V_1 调至非旁通状态，乙二醇水溶液在制冷机、阀门 V_3、蓄冰桶、阀门 V_1、泵 P_1 之间构成环路，制冷机在蓄冰工况下运行，直至蓄冰结束。

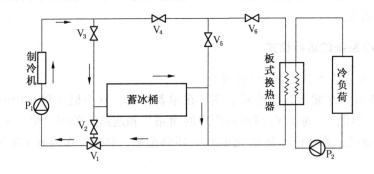

图 8-7　串联运行系统示意图

串联释冷有蓄冰桶优先和制冷机优先两种方式。

（1）若阀门 V_3、V_5 关闭，其他都打开，就构成了串联蓄冰桶优先运行模式。此时，从板式换热器来的不冻液温度高一些，首先进入蓄冰桶，温度降低后再进入制冷机，这样由于不冻液的温度较低，致使制冷机的性能系数减小，即制冷效率下降。三通阀 V_1 主要用于调节进入制冷机的不冻液温度，确保制冷机的制冷效率不会降得太多，同时控制蓄冰桶释冷速度。在这种运行模式下，蓄冷装置的蓄冷容量得到了充分的发挥。

（2）若阀门 V_2、V_4、V_6 关闭，其他都打开，就构成了串联制冷机优先运行模式。从板式换热器来的温度较高的不冻液，直接流经制冷机的蒸发器，蒸发温度升高，制冷机性能系数增大，制冷效率提高。冷量不足部分由蓄冰桶提供，蓄冰装置的容量没有得到充分发挥。

第三节　水 蓄 冷 技 术

一、水蓄冷技术的特点和应用形式

水蓄冷是指以水为蓄冷介质、利用水的显热蓄存冷量的技术。在夏热冬冷地区，可以设计成冬季蓄热、夏季蓄冷的用途，提高水槽利用率。

1. 水蓄冷系统的构成

图 8-8 所示为水蓄冷空调系统示意图。充冷循环时，一次水泵将水从水蓄冷槽的高温端汲取出来，经制冷机组冷却到 4~6 ℃，送入水蓄冷槽的低温端储存起来，当槽内充满 4~6 ℃冷水时，充冷循环结束。释冷循环时，二次水泵从水蓄冷槽的低温端取出冷水，送往空气处理设备，回水送入水蓄冷槽的高温端。

2. 水蓄冷系统分类

（1）按照槽内水温不同可分为冷水专用槽、热水专用槽、冷热水槽、冷水专用槽＋冷热水槽、冷水专用槽＋热水槽等。冷水专用槽是全年只蓄冷水，热水专用槽是全年只蓄热水，根据季节和负荷的变化交替用于蓄冷水和热水时为冷热水槽，冷水蓄水温度一般为 5~15 ℃，热水蓄水温度一般为 35~45 ℃。

（2）按照槽内水的混合特点分为混合型和温度分层型水蓄冷槽。

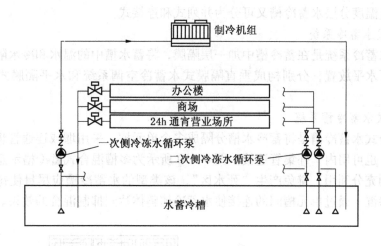

图 8-8 水蓄冷空调系统示意图

（3）按照槽的结构形式可以分为多槽混合型，温度分层型，空、实槽多槽切换型，隔膜型和平衡型等。

二、常见水蓄冷系统

1. 分层式水蓄冷系统

分层式水蓄冷系统是根据不同水温会使密度大的水自然聚集在蓄水槽的下部，形成高密度的水层来进行的。在分层蓄冷时，通过使 4 ~ 6 ℃ 的冷水聚集在蓄冷槽的下部，6 ℃以上的温水自然地聚集在蓄冷槽的上部，实现冷温水的自然分层。

图 8-9 所示为自然分层水蓄冷空调系统图。在蓄冷过程中，阀门 F_1 和 F_2 关闭，水泵 B 停开；F_3 和 F_4 打开，水泵 A 和冷水机组运行。从冷水机组来的冷水通过 F_3 由下部散流器缓慢流入蓄水槽，而温水从上部散流器缓慢流出，通过 F_4 和水泵 A 进入冷水机组的蒸发器制备冷水。由于蓄水槽中总的水量不变，随着冷水量的增加，温水量的减少，斜温层向上移动，直到槽中全部为冷水为止。在释冷过程中，阀门 F_3 和 F_4 关闭，水泵 A 和冷水机组停止运行；F_1 和 F_2 打开，水泵 B 运行。从空调用户回来的温水通过阀门 F_2 由上部散流器缓慢流入蓄水槽，而冷水由下部散流器缓慢流出，通过 F_1 和水泵 B 送到用户，与空气进行热湿交换，温度升高，再进入蓄水槽，直到蓄水槽中全部为温水为止。

温度分层式水蓄系统分为单槽式和多

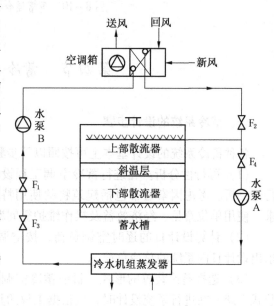

图 8-9 自然分层水蓄冷空调系统图

槽式，多槽式温度分层水蓄冷槽又可分为并列式和连接式。

2. 隔膜式水蓄冷系统

隔膜式水蓄冷系统是在蓄冷槽中加一层隔膜，将蓄水槽中的温水和冷水隔开。隔膜可垂直放置也可水平放置，分别构成垂直隔膜式水蓄冷空调系统和水平隔膜式水蓄冷空调系统。

3. 混合式水蓄冷槽系统

多槽混合式水蓄冷槽是将蓄冷水槽分隔成多个单元槽，采用堰或连通管将单元槽有序地串联起来，也可用内、外集管连接。图 8－10 所示为多槽混合式蓄冷槽示意图。为了使槽的容积得到充分利用，避免产生"死水区"，该类型的水蓄冷槽应尽量使每一个单元槽内的水完全掺混，通过单元槽间的连接使水蓄冷槽整体达到抑制混合的效果。

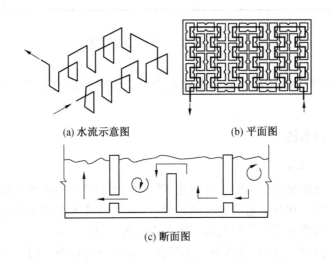

(a) 水流示意图   (b) 平面图

(c) 断面图

图 8－10　多槽混合式蓄冷槽示意图

第四节　蓄冷系统的设计

一、蓄冷系统的设计步骤

各种蓄冷系统的设计基本上可按照以下步骤进行。

（1）可行性分析。在进行蓄冷空调工程设计之前，需要先进行技术和经济方面的可行性分析。考虑因素通常包括建筑物的使用特点、电价、可以利用的空间、设备性能要求、使用单位意见、经济效益及操作维护等问题。

（2）计算设计日的逐时空调负荷，按空调使用时间逐时累加，并计入各种冷损失，求出设计日内系统的总冷负荷。

（3）选择蓄冷装置的形式。目前蓄冷空调工程中应用较多的是水蓄冷、内融冰和封装式系统。在进行系统设计时，应根据工程的具体情况和特点选择合适的形式。

（4）确定系统的蓄冷模式、运行策略及循环流程。蓄冷系统有多种蓄冷模式、运行策略及循环流程可供选择。如蓄冷模式包括全部蓄冷模式和部分蓄冷模式；运行策略包括主机优先和蓄冷优先策略；系统循环流程包括串联和并联；串联流程中又存在主机和蓄冷槽孰在上游的问题。

（5）确定制冷机和蓄冷装置的容量，计算蓄冷槽的容积。

（6）系统设备的设计及附属设备的选择。主要指制冷机选型、蓄冷槽设计、泵及换热器等附属设备的选择等。对于宾馆、饭店等夜间仍需要供冷的商业性建筑，往往需要配置基载冷水机组。这是由于夜间制冷机在效率低的制冰工况下运行，若同时有供冷要求，则需将 0 ℃以下的载冷剂经换热器后供应 7 ℃的空调冷水，致使制冷机的运行效率较低。

（7）经济效益分析。包括初始投资、运行费用、全年运行电费的计算，求出与常规空调系统相比的投资回收期。

二、冰蓄冷主要设备容量确定

冰蓄冷系统的主机一般采用双工况的螺杆式制冷机。制冰工况时制冷机的冷量会有明显降低，当出水温度从 5 ℃降至 −5 ℃时，螺杆机的冷量约下降至 70%。因此，在确定主机容量时必须考虑制冰工况下冷量降低带来的影响。采用制冷机优先的运行策略时，要求夜间蓄冷量和设计日内制冷机直接供冷量之和能够满足设计日内空调系统的总冷负荷，所需的制冷机及蓄冷槽容量最小，其制冷机容量按式（8-1）确定，即

$$R = \frac{Q}{H_C C_1 + H_D} \tag{8-1}$$

式中　　R——制冷机在空调工况下的制冷量，kW；

　　　　Q——设计日内系统的总冷负荷，kW·h；

　　　　H_C——蓄冷装置在电力谷段的充冷时间，h；

　　　　C_1——制冷机在制冰工况下的容量系数，一般为 0.65 ~ 0.7；

　　　　H_D——制冷机在设计日内空调工况运行的时间，h。

式（8-1）是按充冷与供冷满负荷运行计算的。若出现 n 个小时的空调负荷小于计算出的制冷机容量，则制冷机不会满负荷运行，应该将这 n 个小时折算成满负荷运行时间，然后代入式（8-1），对 R 进行修正。折算后的 H_D 应修正为

$$H_D = \frac{(H_D - n) + \sum_{i=1}^{n} Q_i}{R} \tag{8-2}$$

式中　　Q_i——n 个小时中第 i 个小时的空调负荷，kW。

如果采用融冰优先的运行策略，则要求高峰负荷时的释冷量与制冷机供冷量之和能够满足高峰负荷，一般采用恒定的逐时释冷速率，则有

$$\frac{RH_C C_1}{H_S} + R = Q_{max} \tag{8-3}$$

式中　　H_S——系统在非电力谷段融冰供冷的时间，h；

　　　　Q_{max}——设计日内系统的高峰负荷，kW。

由式（8-3）可以得出采用融冰优先策略时的制冷机容量为

$$R = \frac{Q_{max} H_S}{H_C C_1 + H_S} \quad\quad (8-4)$$

蓄冰槽的容积可按下式计算，即

$$V = \frac{R H_C C_1 b}{q} \quad\quad (8-5)$$

式中　b——容积膨胀系数，一般取 $1.05 \sim 1.15$；

　　　q——单位蓄冷槽容积的蓄冷量，取决于蓄冷装置的形式，$kW \cdot h/m^3$。

第九章 冷热源系统及机房设计

第一节 燃气供应系统设计

锅炉房供气系统，一般由调压系统、供气管道进口装置、锅炉房内配管系统及吹扫放散管道等组成。

一、供气管道系统设计的基本要求

1. 燃气管道供气压力确定

在燃气锅炉房供气系统中，从安全角度考虑，宜采用次中压（0.005 MPa $< p \leqslant$ 0.2 MPa）、低压（$p \leqslant 0.005$ MPa）供气系统；燃气锅炉房供气压力主要是根据锅炉类型及其燃烧器对燃气压力的要求来确定。当锅炉类型及燃烧器的形式已确定时，供气压力可按下式确定：

$$p = p_r + \Delta p \tag{9-1}$$

式中　　p——锅炉房燃气进口压力；

p_r——燃烧器所要求的燃气压力（各种锅炉要求的燃气压力见制造厂家资料）；

Δp——管道阻力损失。

2. 供气管道进口装置设计要求

由调压站至锅炉房的燃气管道，除有特殊要求外一般均采用单管供气。锅炉房引入管进口处应装设总关闭阀，按燃气流动方向，阀前应装放散管，并在放散管上装设取样口，阀后应装吹扫管接头。

3. 锅炉房内燃气配管系统设计要求

（1）为保证锅炉安全可靠地运行，要求供气管路和附件的连接严密可靠，能承受最高使用压力。在设计配管系统时应考虑便于管路的检修维护。

（2）管道及附件不得装设在高温或有危险的地方。

（3）配管系统使用的阀门应选用明杆阀或阀杆带有刻度的阀门，以便操作人员能识别阀门的开关状态。

（4）当锅炉房安装的锅炉台数较多时，供气干管可按需要用阀门分隔成数段，每段供应 2~3 台锅炉。

（5）在通向每台锅炉的支管上，应装有关闭阀和快速切断阀（可根据情况采用电磁阀或手动阀）、流量调节阀和压力表。

（6）在支管至燃烧器前的配管上应装关闭阀，阀后串联两只切断阀（手动阀或电磁阀），并应在两阀之间设置放散管（放散阀可采用手动阀或电磁阀）。靠近燃烧器的安全切断电磁阀，至燃烧器的间距尽量缩短，以减少管段内燃气渗入炉膛的数量。

4. 吹扫放散管道系统设计

燃气管道在停止运行进行检修时，为保证检修工作安全，需要把管道内的燃气吹扫干净；系统较长时间停止工作再投入运行时，为防止燃气空气混合物进入炉膛引起爆炸，亦需进行吹扫，将可燃混合气体排入大气。因此，在锅炉房供气系统设计中，应设置吹扫和放散管道。

（1）燃气系统应在下列部位设置吹扫点：①锅炉房进气管总关闭阀后面（顺气流方向）；②燃气管道系统以阀门隔开的管段上需要考虑分段吹扫的适当部位。

（2）吹扫方案应根据用户的实际情况确定。

可以考虑设置专用的惰性气体吹扫管道，用氮气、二氧化碳或蒸汽进行吹扫；也可不设专用吹扫管道而在燃气管道上设置吹扫点，在系统投入运行前用燃气进行吹扫，停运检修时用压缩空气进行吹扫。

（3）燃气系统应在下列部位设置放散管道：①锅炉房进气管总切断阀的前面（顺气流方向）；②燃气干管的末端、管道、设备的最高点；③燃烧器前两切断阀之间的管段；④系统中其他需要考虑放散的适当部位。

（4）放散管可根据具体布置情况分别引至室外或集中引至室外。

放散管出口应安装在适当的位置，使放散出去的气体不致被吸入室内或通风装置内。放散管出口应高于屋脊 2 m 以上。

（5）放散管的管径根据吹扫管段的容积和吹扫时间确定。

一般将吹扫时间为 15 ~ 30 min、排气量为吹扫段容积的 10 ~ 20 倍作为放散管管径的计算依据。

二、锅炉常用燃气供应系统

1. 一般手动控制燃气系统

燃气管道由外网或调压站进入锅炉房后，在管道入口处装一个总切断阀，总切断阀前设放散管，阀后设吹扫点。由干管至每台锅炉引出的支管上，安装一个关闭阀，阀后串联安装切断阀和调节阀，切断阀和调节阀之间设有放散管。在切断阀前引出一点火管路供点火使用。调节阀后安装压力表。

2. 强制鼓风供气系统

图 9 - 1 所示中，强制鼓风供气系统装有自力式压力调节阀和流量调节阀，能保持进气压力和燃气流量的稳定。在燃烧器前的配管系统上装有安全切断电磁阀，电磁阀与风机、锅炉熄火保护装置、燃气和空气压力监测装置等联锁动作，当鼓风机、引风机发生故障（或停电），燃气压力或空气压力出现异常、炉膛熄火等情况时，系统能够迅速切断气源。

强制鼓风供气系统能在较低压力下工作，由于装有机械鼓风设备，调节方便，可在较大范围内改变负荷而使燃烧相当稳定。因此，这种系统在大中型供暖和生产的燃气锅炉房中经常采用。

三、燃气调压系统

为了保证燃气锅炉能安全稳定地燃烧，对于供给燃烧器的气体燃料，应根据燃烧设备的设计要求保持一定的压力。一般情况下，由气源经城市煤气管网供给用户的燃气，如果

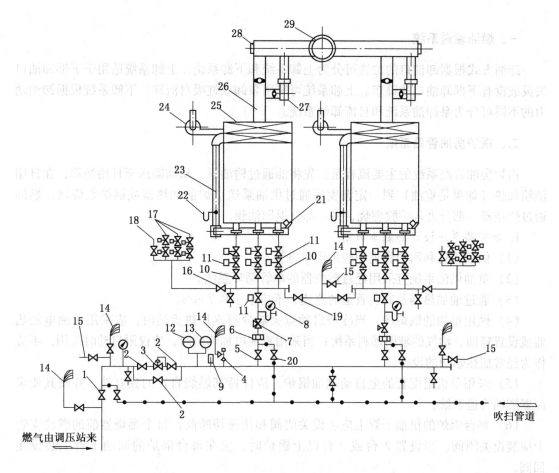

1—锅炉房总关闭阀；2—手动闸阀；3—自力式压力调节阀；4—安全阀；5—手动切断阀；6—流量孔板；7—流量
调节阀；8—压力表；9—温度计；10—手动阀；11—安全切断电磁阀；12—压力上限开关；13—压力下限开关；
14—放散阀；15—取样短管；16—手动阀；17—自动点火电磁阀；18—手动点火阀；19—放散管；20—吹扫阀；
21—火焰监测装置；22—风压计；23—风管；24—鼓风机；25—空气预热器；26—烟道；
27—引风机；28—防爆门；29—烟囱

图 9-1 强制鼓风供气系统

直接供锅炉使用，往往压力偏高或压力波动太大，不能保证稳定燃烧。当压力偏高时，会引起脱火和发出很大的噪声；当压力波动太大时，可能引起回火或脱火，甚至引起锅炉爆炸事故。因此，对于供给锅炉使用的燃气，必须进行调压。

调压站是燃气供应系统进行降压和稳压的设施。调压站设计应根据气源（或城市燃气管网）供气和用气设备的具体情况，确定站房的位置和形式，选择系统的工艺流程和设备，并进行合理布置。

第二节　燃油供应系统设计

燃油供应系统是燃油锅炉房的组成部分，主要由运输设施、卸油设施、储油罐、油泵及管路等组成，在油罐区还有污油处理设施。

一、燃油输送系统

卸油方式根据卸油口的位置可分为上卸系统和下卸系统。上卸系统适用于下部卸油口失灵或没有下部卸油口的罐车。上卸系统可采用泵卸或虹吸自流卸。下卸系统根据卸油动力的不同可分为泵卸油系统和自流卸油系统。

二、锅炉房油管路系统

锅炉房油管路系统的主要流程是：先将油通过输油泵，从油罐送至日用油箱，在日用油箱加热（如果是重油）到一定温度后通过供油泵送至炉前加热器或锅炉燃烧器，燃油通过燃烧器一部分进入炉膛燃烧，另一部分返回油箱。

1. 油管路系统设计的基本原则

（1）供油管道和回油管道一般采用单母管。

（2）重油供油系统宜采用经过燃烧器的单管循环系统。

（3）通过油加热器及其后管道的流速，不应小于 0.7 m/s。

（4）燃用重油的锅炉房，当冷炉启动点火缺少蒸汽加热重油时，应采用重油电加热器或设置轻油、输气的辅助燃料系统；当采用重油电加热器时，应仅限启动时使用，不应作为经常加热燃油的设备。

（5）采用单机组配套的全自动燃油锅炉，应保持其燃烧自控的独立性，并按其要求配置燃油管道系统。

（6）每台锅炉的供油干管上应装设关闭阀和快速切断阀，每个燃烧器前的燃油支管上应装设关闭阀。当设置 2 台或 2 台以上锅炉时，应在每台锅炉的回油干管上装设止回阀。

（7）在供油泵进口母管上，应设置 2 台油过滤器，其中 1 台备用。

（8）采用机械雾化燃烧器（不包括转杯式）时，应在油加热器和燃烧器之间的管路上设置细过滤器。

（9）当日用油箱设置在锅炉房内时，油箱上应有直接通向室外的通气管，通气管上设置阻火器及防雨装置。室内日用油箱应采用闭式油箱，油箱上不应采用玻璃管液位计。在锅炉房外还应设地下事故油罐，日用油箱上的溢油管和放油管应接至事故油罐或地下储油罐。

（10）炉前重油加热器可在供油总管上集中布置，亦可在每台锅炉的供油支管上分散布置。分散布置时，一般每台锅炉设置一个加热器，除特殊情况外，一般不设备用。集中布置时，对于常年不间断运行的锅炉房，应设置备用加热器；同时，加热器应设旁通管；加热器组宜能进行调节。

2. 典型的燃油系统

1）燃烧轻油的燃油系统

燃烧轻油的锅炉房燃烧系统如图 9 – 2 所示，由汽车运来的轻油，靠自流下卸到卧式地下储油罐中，储油罐中的燃油通过 2 台（1 用 1 备）供油泵送入日用油箱，日用油箱中的燃油经燃烧器内部的油泵加压后一部分通过喷嘴进入炉膛燃烧，另一部分返回油箱。该系统未设置事故油罐，当发生事故时，日用油箱中的油可放入储油罐。

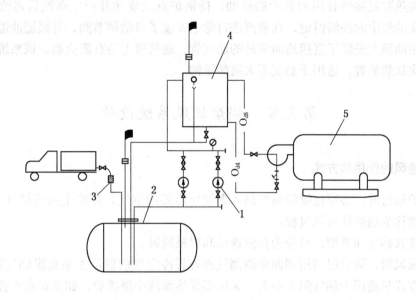

1—供油泵；2—卧式地下储油罐；3—卸油口（带滤网）；4—日用油箱；5—全自动锅炉

图9-2 燃烧轻油的锅炉房燃烧系统

2）燃烧重油的燃油系统

燃烧重油的锅炉房燃油系统如图9-3所示，由汽车运来的重油，靠卸油泵卸到地上储油罐中，储油罐中的燃油由输油泵送入日用油箱，日用油箱中的燃油经加热后，经燃烧器内部的油泵加压，通过喷嘴一部分进入炉膛燃烧，另一部分返回日用油箱。该系统在日用油箱中设置了蒸汽加热装置和电加热装置，在锅炉冷炉点火启动时，由于缺乏汽源，此

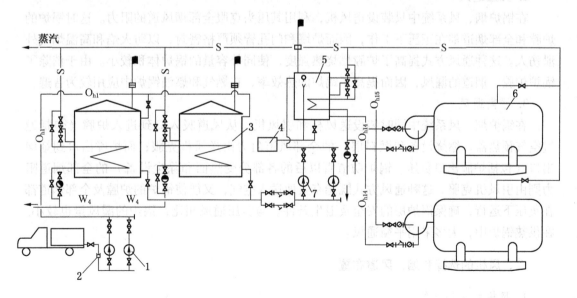

1—卸油泵；2—快速接头；3—地上储油罐；4—事故油池；5—日用油箱；6—全自动锅炉；7—供油泵

图9-3 燃烧重油的锅炉房燃油系统

时借助电加热装置加热日用油箱中的燃油，待锅炉点火成功并产生蒸汽后再改为蒸汽加热。为保证油箱中的油温恒定，在蒸汽进口管上安装了自动调节阀，可根据油温调节蒸汽量。在日用油箱上安装了直接通向室外的通气管，通气管上装有阻火器。该系统未设置炉前重油二次加热装置，适用于黏度不太高的重油。

第三节　锅炉烟风系统设计

一、通风的作用和方式

在锅炉运行时，必须连续向锅炉供入燃烧所需要的空气，并将生成的烟气不断引出，这一过程被称为锅炉的通风过程。

锅炉按其容量和类型，可分为自然通风和机械通风。

自然通风时，锅炉仅利用烟囱中热烟气和外界冷空气的密度差来克服烟气流动阻力。这种通风方式只适用于烟气阻力不大，无尾部受热面的小型锅炉，如立式水火管锅炉等。

对于设置尾部受热面和除尘装置的小型锅炉，或较大容量的供热锅炉，因烟、风道的阻力较大，必须采用机械通风，即借助风机产生的压头克服烟、风道的流动阻力。目前采用的机械通风方式有以下 3 种。

1. 负压通风

除利用烟囱外，还在烟囱前装设引风机用于克服烟、风道的全部阻力。这种通风方式对小容量的、烟风系统阻力不太大的锅炉较为适用。如烟、风道阻力很大，采用这种通风方式必然在炉膛或烟、风道中造成较高的负压，从而增加漏风量，降低锅炉热效率。

2. 正压通风

在锅炉烟、风系统中只装设送风机，利用其压头克服全部烟风道的阻力。这时锅炉的炉膛和全部烟道都在正压下工作，因而炉墙和门孔皆须严格密封，以防火焰和高温烟气外泄伤人。这种通风方式提高了炉膛燃烧热强度，使同等容量的锅炉体积较小。由于消除了锅炉炉膛、烟道的漏风，因而提高了锅炉的热效率，在燃气和燃油锅炉中应用较为普遍。

3. 平衡通风

在锅炉烟、风系统中同时装设送风机和引风机。从风道吸入口到进入炉膛（包括通过空气预热器、燃烧设备和燃料层）的全部风道阻力由送风机克服；而炉膛出口到烟囱出口（包括炉膛出口负压、锅炉防渣管以后的各部分受热面和除尘设备）的全部烟道阻力则由引风机克服。这种通风方式既能有效地送入空气，又能使锅炉的炉膛及全部烟道都在负压下运行，确保锅炉房的安全及卫生条件。与负压通风相比，锅炉的漏风量也较小。在供热锅炉中，大多采用平衡通风。

二、风机的选择和烟、风道布置

1. 风机的选择计算

当锅炉在额定负荷下烟、风道的流量和阻力确定之后，即可选择所需要的风机型号。

送风机和引风机的计算流量（m^3/h）为

$$Q_j = \beta_1 V \frac{101325}{b} \qquad (9-2)$$

式中　　V——额定负荷时的空气或烟气流量，m^3/h；

　　　　β_1——流量储备系数，取 1.10；

　　　　b——当地平均大气压力，Pa。

　　送风机的计算压头（Pa）为

$$H_j = \beta_2 \Delta H \qquad (9-3)$$

　　引风机的计算压头（Pa）为

$$H_j = \beta_2 (\Delta H - S_r) \qquad (9-4)$$

式中　　ΔH——锅炉风道或烟道的全压降，Pa；

　　　　β_2——压头储备系数，取 1.20；

　　　　S_r——烟囱引力，Pa。

　　由于风机厂是以标准大气压（101325 Pa）下的空气为介质，并选定温度（送风机为20 ℃，引风机为200 ℃）作为产品设计参数，因此，需将风机压头折算为风机厂设计条件下的压头：

$$H = K_p H_j \qquad (9-5)$$

$$K_p = \frac{T}{T_k} \frac{101325}{b} \qquad （对送风机） \qquad (9-6)$$

$$K_p = \frac{1.293}{\rho^0} \frac{T}{T_k} \frac{101325}{b} \qquad （对引风机） \qquad (9-7)$$

式中　　ρ^0——烟气在标准状态下的密度，$1.3\ kg/m^3$；

　　　　T——空气或烟气的绝对温度，K；

　　　　T_k——风机厂设计条件下取用空气的绝对温度，K。

　　2. 烟、风道布置的一般要求

　　（1）锅炉的送、引风机宜单炉配置。当需要集中配置时，每台锅炉的风、烟道与总风、烟道连接处，应设置密封性好的风、烟道闸门。

　　（2）集中配置风机时，送风机和引风机均不应少于 2 台，其中各有 1 台备用，并应能使风机并联运行，并联运行后风机的风量和风压富余量与单炉配置时相同。

　　（3）应选用高效、节能和低噪声风机。

　　（4）应使风机常年处于较高的效率范围内运行。

　　（5）燃气燃油锅炉房的烟道和烟囱应采用钢制或钢筋混凝土构筑。

　　（6）燃气燃油锅炉的烟道上均应装设防爆门，防爆门的位置应有利于泄压，设在不危及人员安全及转弯前的适当位置。

　　三、通风系统的烟囱设计

　　1. 机械通风时烟囱高度的确定

　　在自然通风和机械通风时，烟囱的高度都应根据排出烟气中所含的有害物质——SO_2、NO_2 等的扩散条件确定，使附近的环境处于允许的污染程度之下，因此，烟囱高度的确定，应符合现行国家标准《工业"三废"排放试行标准》《工业企业设计卫生标准》

《锅炉大气污染物排放标准》和《大气环境质量标准》的规定。

机械通风时,烟风道阻力由送、引风机克服。因此,烟囱的主要作用不是用于产生引力,而是使排出的烟气符合环境保护的要求。

每个新建锅炉房只能设一个烟囱。烟囱高度应根据锅炉房总容量,按供热锅炉房烟囱高度推荐值(表9-1)执行。

表9-1 供热锅炉房烟囱高度推荐值

蒸发量/$(t \cdot h^{-1})$	<4	5~8	9~15	>16
烟囱高度/m	20	25	30	45

新建锅炉烟囱周围半径200 m距离内有建筑物时,烟囱应高于最高建筑物3 m以上。

锅炉房总容量大于28 MW(40 t/h)时,其烟囱高度应按环境影响评价要求确定,但不得低于45 m。

2. 烟囱直径的计算

烟囱直径的计算(出口内径 d_2)可按下式计算为

$$d_2 = 0.0188 \sqrt{\frac{V_{yz}}{w_2}} \qquad (9-8)$$

式中　V_{yz}——通过烟囱的总烟气量,m^3/h;

w_2——烟囱出口烟气流速,m/s。额定负荷为10~20 m/s,最小负荷为4~5 m/s。

设计时应根据冬、夏季负荷分别计算。如负荷相差悬殊,则应首先满足冬季负荷要求。

砖烟囱底部(进口)直径 d_1 可按下式计算为

$$d_1 = d_2 + 2iH_{yz} \qquad (9-9)$$

式中　　i——烟囱锥度,通常取0.02~0.03;

H_{yz}——烟囱高度,m。

第四节　冷热源水系统

一、热水锅炉水系统

热水锅炉在建筑中通常用作供暖、空调、通风、热水供应系统或其他用热(如工厂的工艺用热)的热源,不同的应用场合要求的热水参数、工作压力是不一样的。如热水供暖系统要求供回水温度为75/50 ℃或85/60 ℃,空调系统一般要求60/50 ℃,热水供应系统一般要求供水温度不大于60 ℃。并且系统形式、阻力都不一样,因此,循环水泵的扬程也不一样。当建筑只有一种用热系统时,可用锅炉直接供热。有些建筑有多种用热系统。当采用同一供热锅炉时,可采用间接供热方式,即分别用水—水热交换器对二次热媒进行加热后供不同系统(供暖、通风、空调、热水供应或其他热用户)使用,二次热媒系统各为独立的系统;或主要负荷的系统由锅炉直接供热,其他用热系统用水—水换热器进行间接供热。有条件和有必要时,建筑中的每个系统可各自配置热水锅炉。

图 9 - 4 所示为暖通空调系统热水锅炉房内典型水系统图。图中有 2 台热水锅炉并联运行；循环水泵的台数宜与锅炉台数对应，在寒冷和严寒地区的供暖或空调供热系统中，当循环水泵不超过 3 台时，其中 1 台宜为备用泵。水泵前后设有柔性接管（软接头）隔振；在吸入段的干管上设除污器，也可以在每台泵的吸入管上分别设置除污器。图 9 - 4 所示的系统是闭式热水循环系统。为补偿水温变化引起水容积的变化和定压的需要，在系统循环水泵的吸入管上设定压罐（或膨胀水箱）。定压点的压力主要与供热系统的高度有关。对于供暖系统或空调系统，定压点的压力约等于建筑高度的水静压力。系统中设有补水泵补充系统的失水。

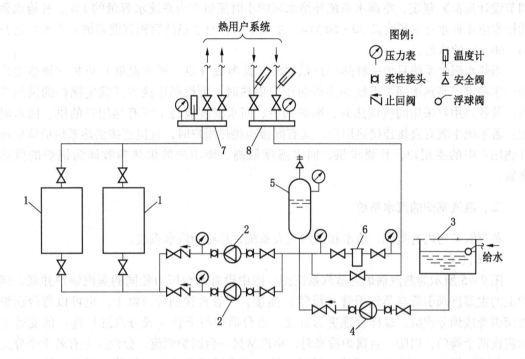

1—热水锅炉；2—循环水泵；3—补给水箱；4—补给水泵；5—定压罐；
6—除污器；7—分水器；8—集水器
图 9 - 4 暖通空调系统热水锅炉房内典型水系统图

当锅炉热水系统有多个用热系统时，应在锅炉房内设分水器和集水器，以便在锅炉房内集中控制每个用热系统。通常在每个系统的回水管上设温度计，了解系统的用热情况。当热水锅炉只有一个热用户时，可不设分、集水器。对于供应高温水的热水锅炉系统，还应校核锅炉出口的压力，不得低于最高供水温度加上 20 ℃对应的饱和压力，以防汽化。锅炉出口压力 = 系统定压点的压力 + 循环水泵扬程 - 锅炉房内部阻力损失。

锅炉热水系统还应防止循环水泵突然停止运行（如突然停电），锅炉内水不能循环，而炉膛尚有余热，致使锅炉内水汽化造成事故，系统应有如下措施之一。

（1）热水锅炉直接引入自来水，并排除热水，以降低炉内水温。但要求自来水压力必须满足炉内水流动所要求的压力，并大于热水温度对应的饱和压力。自来水管接到锅炉的入口处，并设关闭阀和止回阀，热水锅炉出口用管引至排水点。

（2）设置由内燃机驱动的备用循环水泵。

（3）设有备用电源，并使循环水泵自动切换到备用电源。

锅炉房内管路系统的最低点还应设泄水阀，最高点窝气的地方应设自动放气阀或集气罐；为防止锅炉内水结垢，热水系统内还应设有物理或化学防垢措施。

补给水泵的流量与系统失水量有关。管路中阀门、附件等连接点处可能漏水，放气阀放气、除污器排污、附件维修等都可能放水，从而导致系统失水。补给水泵流量还应满足事故补水量的要求。《锅炉房设计标准》规定，补给水泵总流量应根据热水系统正常补给水量和事故补给水量确定，并宜为正常补给水量的 4 ~ 5 倍；《民用建筑供暖通风与空气调节设计规范》规定，空调水系统补给水泵的小时流量宜为系统水容量的 1%。补给水泵的扬程应比补水点的压力高 30 ~ 50 kPa。系统中的补给水箱的容积宜能容纳补给水泵运行 30 ~ 60 min 的水量。

当热水锅炉系统只为一种热用户供热时，其参数（供、回水温度）可根据该热用户的要求确定。当热水锅炉系统为多种热用户供热时，可根据连接方式确定锅炉的供热参数。若各热用户采用间接供热时，锅炉的供、回水温度应高于所有热用户的供、回水温度；若系统中既有直接连接热用户，又有间接连接热用户时，直接连接供热系统应该是所有热用户中的主用户，且要求供、回水温度最高，该用户的供热参数即为锅炉的供热参数。

二、蒸汽锅炉的汽水系统

蒸汽锅炉房内有蒸汽、给水和排污三大系统，总称为汽水系统。

1. 蒸汽系统

图 9 - 5 所示为蒸汽锅炉的蒸汽系统图。图中设有两台压力相同的蒸汽锅炉并联。锅炉上的主蒸汽阀引管与蒸汽干管（母管）连接，干管再接到分汽缸上。也可以每台锅炉直接引管接到分汽缸，这样管理更为方便。每台锅炉与干管（或分汽缸）连接的支管上均应设两个阀门，以防一台锅炉检修时，蒸汽从另一台锅炉倒流。分汽缸上有若干个分支管向各蒸汽用户（例如空调系统、供暖系统、溴化锂吸收式制冷机等）供汽。锅炉房内给水除氧、汽动水泵或生活用汽等也从分汽缸引出。有些锅炉需要吹灰，一般直接从本台锅炉引出。锅炉上的安全阀、放气阀均应接管引至室外。每台锅炉都设有孔板流量计，以便测量锅炉的蒸发量。分汽缸上积聚的蒸汽管沿途形成的凝结水通过疏水器返回凝结水箱。

在锅炉房内蒸汽管路的最高点须设置放空气阀，便于管道水压试验时排除空气。蒸汽管路的最低点须装疏水器或放水阀，以排除沿程形成的凝结水。

2. 给水系统

给水系统是将用户系统返回的凝结水及除氧后的软化水供给锅炉，使运行中的锅炉始终保持一定的水位。图 9 - 6 所示为蒸汽锅炉给水系统图。图示的系统是多台锅炉的集中给水系统，图中仅表示 1 台锅炉，其余锅炉的给水连接与图示相同。从蒸汽用户返回的凝结水和锅炉房自用蒸汽的凝结水均进入锅炉房内的凝结水箱。凝结水泵将凝结水输送至除氧器（除氧水箱）除氧。由于部分蒸汽用户不回收凝结水（如室内加湿、直接用蒸汽加热水等），锅炉排污和管路系统的跑冒滴漏会损失一些蒸汽和凝结水，因此，系统需要补

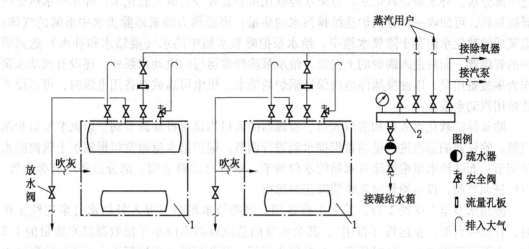

1—蒸汽锅炉；2—分汽缸

图 9-5　蒸汽锅炉的蒸汽系统图

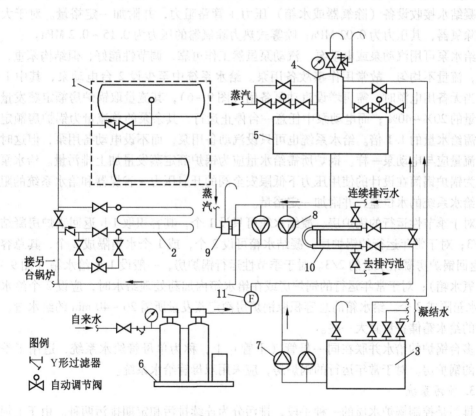

1—蒸汽锅炉；2—省煤器；3—凝结水箱；4—热力除氧器；5—除氧水箱；6—软化水装置；
7—凝结水泵；8—电动给水泵；9—汽动给水泵；10—水—水热交换器；11—流量计

图 9-6　蒸汽锅炉给水系统图

充一部分水。补水须是软化水。自来水经软化水装置处理后成为软化水，经水—水热交换器被预热，可回收一部分锅炉连续排污水的热量；再经热力除氧器除去水中溶解的气体；除氧后的软化水储存于除氧水箱中。给水泵把除氧水箱中的水（凝结水和补水）送到锅炉的省煤器，而后进入锅炉的上锅筒。给水泵除经常运行的电动水泵外，还设有汽动水泵作为事故备用泵，以便突然停电时保证锅炉的给水。供电可靠或有备用电源时，可不设事故备用汽动水泵。

除氧器的软化水入口和蒸汽入口、省煤器的入口均设有自动调节阀，以调节水量和蒸汽量。除氧器的蒸汽进入量通常根据水温进行调节；锅炉给水量通常根据锅炉上锅筒的水位调节；而补给水量根据除氧水箱的水位调节。所有自动调节阀、部分设备均有旁通管，以保证调节阀、设备检修时系统能够正常运行。

凝结水泵至少应设 2 台，其中 1 台备用。当凝结水箱中不混入补给水且泵连续工作时，任意一台泵停止运行（备用），其余水泵的总流量都不应小于回收凝结水流量的 1.2 倍；水泵可间歇工作，这时任意一台泵停止运行，其余泵的总流量都不应小于回收凝结水流量的 2 倍。当凝结水和软化补给水在凝结水箱中混合时，任意一台泵停止运行，其余泵的总流量都应为锅炉房额定蒸发量所需给水量的 1.1 倍（泵连续工作）。凝结水泵的扬程应为凝结水接收设备（除氧器或水箱）压力 + 管路阻力，并附加一定裕量。对于大气式热力除氧器，其压力为 0.02 MPa；喷雾式热力除氧器的压力为 0.15 ~ 0.2 MPa。

给水泵可用汽动泵或电动泵。汽动泵虽然工作可靠，调节性能好，但结构笨重，耗汽量大，流量不均匀，故常用作事故备用泵。给水系统中至少设 2 台电动泵，其中 1 台备用；当无备用电源时，需再增设汽动泵备用（图 9 - 6），其流量取锅炉房额定蒸发量所需给水量的 20% ~ 40%；而电动泵中任意一台停止运行，其余泵的总流量为锅炉房额定蒸发量所需给水量的 1.1 倍。给水系统也可只设汽动备用泵，而不设电动备用泵，但这时汽动泵的流量应与电动泵一样。锅炉所需给水量应为锅炉额定蒸发量加上排污量。给水泵的扬程应为锅炉锅筒在设计的使用压力下低限安全阀的开启压力 + 省煤器和给水系统的阻力损失 + 给水系统的水位差，并附加一定裕量。

对于季节性运行的锅炉房，凝结水箱可只设 1 个，其容积取 1 h 返回锅炉房凝结水量的 1/3；对于常年运行的锅炉房，凝结水箱可设 2 个，或 1 个水箱隔成 2 个，其总容积取 1 h 返回锅炉房凝结水量的 2/3。对于季节性运行锅炉房，一般设 1 个给水箱（图 9 - 6 中的除氧水箱）；对于常年运行的锅炉房或在给水箱内加药处理给水时，应设 2 个给水箱或 1 个水箱隔成 2 个。给水箱的总容积取锅炉房额定蒸发量所需 20 ~ 40 min 的给水量，小型锅炉的给水箱储备量宜大一些。

多台锅炉的给水并联在同一母管（干管）上，称为单母管给水系统，适用于季节性运行的锅炉房。对于常年运行的锅炉房，应采用双母管给水系统。

3. 排污系统

排污是控制锅炉水质的一种手段，排污分为连续排污和定期排污两种。由于上锅筒的蒸发面附近盐分浓度较高，因此，在上锅筒的低水位下面设排污管连续排污。这种水面下的排污习惯上也称为表面排污。锅炉水中还有一些水渣（松散状沉淀物），通常锅炉水循环回路底部浓度最高，在这些部位进行定期排污。定期排污除排除水渣外，也排除一些盐分。有些小型锅炉只进行定期排污。

图 9 - 7 所示为蒸汽锅炉排污系统图。上锅筒连续排污管排出的热水有可利用的热能，通常可引到排污膨胀器，将压力降至 0.12 ~ 0.2 MPa，形成二次蒸汽，可用于热力除氧器或给水箱中加热给水或用于加热生活热水。排污膨胀器中的饱和水可通过水—水热交换器加热软化水（图 9 - 6）或原水。使用后的排污水排入排污降温池。

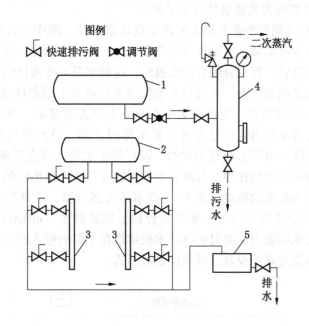

1—上锅筒；2—下锅筒；3—下集箱；4—排污膨胀器；5—排污降温池

图 9 - 7　蒸汽锅炉排污系统图

每台锅炉的连续排污管宜分别接到排污膨胀器，以免互相影响，并便于检修。锅炉上锅筒的连续排污管应设两只阀门，一只起到开、关的作用，另一只作为排污量调节阀。

下锅筒和下集箱的排污管用于定期排污。由于排污水量小，排污水热能利用价值小，故一般直接排到排污降温池中，与冷水混合降温（约 50 ℃）后排入下水道。一般每台锅炉每天排污 2 ~ 3 次，每次排污时间不超过 0.5 ~ 1 min。

三、蒸气压缩式冷水机组的冷冻水系统

蒸气压缩式冷水机组冷媒（冷冻水，也称冷水）系统分为两类：开式系统和闭式系统。开式系统是将冷水机组制备的冷冻水储于冷水箱中，再由水泵压送至用户。系统中有与大气相通的水面，这种系统通常用于水蓄冷系统或具有敞开式用冷设备的系统。闭式系统是指将冷水机组制取的冷冻水用水泵压送至用户，使用后再返回冷水机组。由于开式系统的水与大气直接接触，水质差，管路设备易腐蚀，且克服水静压力消耗的能量多，空调建筑中很少应用（除水蓄冷系统外）。闭式系统水输送能耗少，系统不易腐蚀，因此空调系统中普遍采用。

冷源是为空调用户服务的，因此冷源侧的冷水系统与用户水系统（负荷侧水系统）是密切相关的。若负荷侧系统的水量随着负荷的变化而变化，则称为变流量系统；若负荷

侧水流量随着负荷的变化而不变，则称为定流量系统。冷源侧冷水系统也分为定流量和变流量两类。负荷侧与冷源侧冷水系统组合而成的冷水系统包括三类：①负荷侧和冷源侧均为定流量系统；②负荷侧为变流量系统，冷源侧为定流量系统；③负荷侧和冷源侧均为变流量系统。

1. 负荷侧和冷源侧均为定流量的冷水系统

图 9-8 所示为负荷侧和冷源侧均为定流量的冷水系统。图中多台冷水机组并联，每台冷水机组配置 1 台冷冻水泵。水泵可以与冷水机组一一对应布置，也可以多台泵并联在一起，将冷水汇集到总管，然后分到各冷水机组，这种水泵与冷水机组不固定对应连接的布置方案有水泵互为备用的优点。水泵与冷水机组连接通常采用柔性接管（软管）隔振。每台水泵入口前设 Y 形过滤器，也可以集中在总管上设置过滤器。对于大型系统，机房内管路也很长，此时冷水机组入口处也宜安装 Y 形过滤器。分水器与集水器用于分配冷冻水至用户的各子系统。由于系统是闭式的，设有膨胀水箱（或定压罐），起到定压、补偿温度变化引起水容积变化的作用。与膨胀水箱连接点的压力是恒定的，即膨胀水箱水面高度的静压力一般约为建筑的高度。图 9-8 所示的连接方案，水泵出口接冷水机组，冷水机组蒸发器水侧承受的压力约等于水泵扬程加上建筑高度（mH_2O）。对于高层建筑，可能会超过蒸发器的承压能力。此时需将冷水机组设在水泵的吸入段。如果这种连接仍然超压，则需选用承压能力高的设备，或改换系统形式。

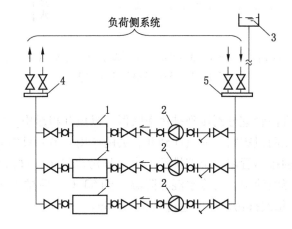

1—冷水机组；2—冷冻水泵；3—膨胀水箱；4—分水器；5—集水器

图 9-8　负荷侧和冷源侧均为定流量的冷水系统

如果只有一台冷水机组，则在整个运行期间水量恒定，水输送能耗也恒定。负荷变化时，回水温度变化，冷水机组将根据实测冷负荷或供水温度的变化进行调节。对于有多台冷水机组的系统，当负荷减少了相当于 1 台机组的制冷量时，即可关闭 1 台机组及相应的水泵。这样实现阶段性变流量，可以节省部分输送能耗；对于每台冷水机组而言，则始终是定流量的。

对于全年运行的空调系统，冬季需供热水，通常可以采用同一管路系统供热，即夏季供冷水，冬季供热水。这种采用同一管路系统供冷与供热的系统称为双管制系统。在机房内只需与冷水机组并联制备热水的设备及相应的水泵即可。

水冷式冷水机组还需有冷却水系统。

2. 负荷侧为变流量、冷源侧为定流量的冷水系统

图9-9所示为负荷侧为变流量、冷源侧为定流量的冷水系统。为简明表示，图中省略了过滤器、止回阀等部件。图9-9a为单级泵系统，系统中水泵的扬程应能克服负荷侧和冷源侧的管路、管件、设备的阻力。它与定流量系统的区别在于分水器与集水器之间增加一旁通管，其作用是平衡负荷侧与冷源侧流量的差异。在系统运行时，由于负荷侧是变流量，冷源侧流量将大于或等于负荷侧的流量，多余的流量可从旁通管返回冷源侧。旁通流量由旁通管上的电动阀门根据分水器与集水器间的压差控制。当负荷减小时，负荷侧换热盘管的冷水阀门关小，系统阻力增加，分水器与集水器间的压差增大，控制器令电动调节阀开大，增加旁通流量；反之，负荷增大，电动调节阀关小，甚至关闭，旁通流量减小或降为零。各冷水机组进行能量调节保持供出的冷水温度在某一设定值（如7℃），同时应根据负荷变化减少或增加冷水机组和相应水泵的运行台数。控制的方法有多种，如根据回水温度控制，根据压缩机电机的电流值或实测系统冷负荷控制等。

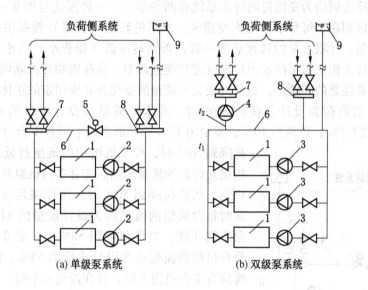

1—冷水机组；2—冷冻水泵；3—一次泵；4—二次泵；5—电动调节阀；
6—旁通管；7—分水器；8—集水器；9—膨胀水箱

图9-9 负荷侧为变流量、冷源侧为定流量的冷水系统

图9-9a所示的冷水输送能耗与定流量系统相同。在部分负荷时，负荷侧流量虽然减少了，但输送能耗并未减小。图9-9b所示的双级泵系统解决了上述问题。系统中负荷侧与冷源侧系统的水泵分开设置。冷源侧系统的水泵称一次泵，其扬程用于克服旁通管下面冷水的流动阻力；负荷侧的水泵称为二次泵，其扬程用于克服旁通管上面冷水的流动阻力。二次泵可采用变速泵（如变频泵），根据供回水干管末端的压差或分水器与集水器之间的压差控制泵的转速（流量），所设定的最小压差应包括换热盘管、调节阀及其管件和管段的压降。二次泵也可以设多台并联，用供回水管压差控制泵的运行台数实现变流量。

用水泵台数控制节约的冷水输送能耗不如变速泵节约得多。对于大型系统，二次泵可以设多组，分别负担某个区域空调系统的冷水供应。例如，高层建筑中高低区可分别设置二次泵、分别设定最小压差以控制水泵的流量，这样更节省冷水的输送能耗。

双级泵系统的冷源侧供冷量的调节方法是，每台冷水机组的制冷量根据冷水温度进行调节，即保持设定的供水温度；冷水机组运行台数的控制与单级泵系统一样，可以根据实测系统冷负荷控制，或根据回水温度控制，也可根据压缩机电机的电流控制等。旁通管内水的流向宜控制在供水侧到回水侧（图中从左到右），如果方向相反，二次泵的供水温度将因混入部分回水而升高，供水温度是空调用户所要求的，一般不宜升高。旁通管内的流向通过比较冷源侧供水温度 t_1 和二次泵供水温度 t_2 即可判断。当 $t_2 > t_1$ 时，表明有回水与供水混合，旁通水流向是从回水侧到供水侧，为保证供水温度，需增开一台冷水机组和相应的一次泵。

双级泵系统比单级泵系统节省输送能耗，但系统较复杂，占用机房面积大。而单级泵系统比较简单，机房面积小，宜用于小型系统。

3. 负荷侧和冷源侧均为变流量的冷水系统

负荷侧和冷源侧均为变流量的冷水系统有两种形式。一种形式与图9-8的定流量系统一样，主要区别在于每台水泵均为变速泵。水泵的转速（流量）根据供回水干管末端的压差进行控制。并联水泵的转速必须一致，否则转速低（扬程小）的水泵将对系统产生负面影响。冷水机组根据冷水出口温度进行能量调节。负荷侧和冷源侧均为变流量的单级泵系统，必须注意的问题是，负荷的变化与流量的变化并非成固定的正比关系，例如当空气冷却盘管的负荷为设计负荷的80%时，冷水的流量为设计流量的60%；负荷为50%，流量为27.5%；负荷为30%，流量为17%。如果系统中只有1台冷水机组，当负荷降到50%时，冷水机组中的流量过低，已超出冷水机组允许的变流量范围。若有多台机组并联，比如3台机组，当负荷降到50%时，可以采用2台机组运行，此时每台机组的流量约为设计流量的41%；如果有4台机组并联，当负荷降到50%时，有2台机组运行，每台机组的流量约为设计流量的55%。因此，这种系统应有多台机组并联，且在流量减小时，减少运行机组的台数。

为解决上述负荷变化与冷水流量并非正比关系，存在冷水机组可能出现流量太低的问题，采用图9-10所示的系统形式。其特点是：水泵均为变速泵，与冷水机组并不一一对应，台数也不一定相等；水泵流量和台数控制与冷水机组控制分开，并不是联锁控制。水泵的变速或启停根据负荷侧供回水干管末端压差进行控制，该压差保证负荷侧所需的流量。为不使冷水机组的流量低于允许的最小流量，应在回水总管上设流量传感器，当分配到各冷水机组的流量低于机组允许的流量时，打开旁通管上的电动调节阀，允许部分水旁通。冷水机组根

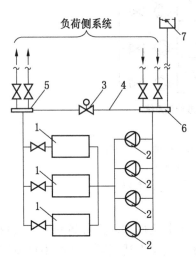

1—冷水机组；2—冷冻水泵；3—电动调节阀；4—旁通管；5—分水器；6—集水器；7—膨胀水箱

图9-10 负荷侧和冷源侧均为变流量的冷水系统

据设定的冷水供水温度进行能量调节，冷水机组的运行台数根据负荷或压缩机电机的电流值进行调节。

负荷侧和冷源侧均为变流量的冷水系统，与双级泵的系统相比，冷水输送能耗更低，设备少，系统相对简单，机房面积小。但对于大型建筑或多栋建筑的冷水系统，各子系统距离不等，采用双级泵系统会优于图9-10所示的变流量系统。

上述所有的水系统中，还应有补水、泄水、放气等阀门或部件；水泵前后设压力表，分水器、集水器上设压力表、温度计；对于既供冷又供热的系统，为防止水在传热面结垢，必须有防结垢措施，如采用软化水作热媒，这时需设置小型软化水装置，或在管路上装设水处理装置。

四、溴化锂吸收式机组的冷热媒系统

1. 蒸汽型溴化锂吸收式制冷机的冷热媒系统

图9-11所示为蒸汽型双效溴化锂吸收式制冷机（以下简称溴机）的冷热媒系统。当锅炉房供应的蒸汽压力大于溴机需要的压力时，必须安装减压阀对工作蒸汽进行减压，压力波动范围为±0.02 MPa。溴机前的蒸汽管路应装设电动调节阀，根据冷水出水温度控制蒸汽量，它实质上是进行能量调节。蒸汽进入溴机前应将夹带的凝结水排除。溴机溴化锂溶液中的添加剂乙基乙醇和铬酸锂在高温下易发生反应生成有机酸，消耗缓蚀剂和表面活性剂，影响设备制冷量。因此，双效溴机高压发生器溶液温度一般控制在164 ℃以下，当进入温度大于175 ℃的过热蒸汽时，应对蒸汽降温（去过热度）。溴机中凝结水排出管上都装有疏水器，因此，在机外的排出管上装止回阀和截止阀即可，凝结水排出的压力（背压）一般为0.05 MPa（表压）。在此压力下，凝结水自流到凝结水箱。

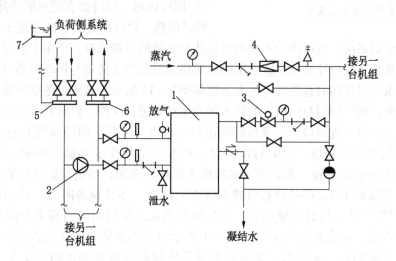

1—溴化锂吸收式制冷机；2—冷冻水泵；3—电动调节阀；4—减压阀；
5—集水器；6—分水器；7—膨胀水箱

图9-11 蒸汽型双效溴化锂吸收式制冷机的冷热媒系统

应校核冷水系统工作压力是否超过设备的承压能力，如超压，需把溴机设在水泵吸入段或改换系统形式。溴机冷源侧的冷水系统和负荷侧水系统的连接方式与蒸气压缩式冷水机组的冷冻水系统相同，不再赘述。

2. 直燃型溴化锂吸收式冷热水机组的冷热水系统

直燃型溴化锂吸收式冷热水机组（简称直燃机）有两类机型：供热、供冷交替型；同时供热、供冷型。二者的冷热水管路系统是不相同的。

1）供热、供冷交替型直燃机的冷热水系统

供热、供冷交替型直燃机只适用于冬季只需供热、夏季只需供冷的空调系统。这种系统中，冷、热水共用一套管路（供、回水管），即双管制系统。图9-12所示为供热、供冷交替型直燃机冷热水系统。对于标准型的直燃机，供热和供冷时的水流量是一样的，因此，供热和供冷可用同一水泵。

所选用的直燃机，其制冷能力和制热能力都应满足夏季冷负荷和冬季热负荷的要求。一般应按夏季冷负荷选用机组，再校核其制热能力是否满足热负荷要求。若制热能力稍微不足，可选用制热量加大型直燃机；这时供热和供冷时的水流量不相等，应分别设置水泵。若制热能力与热负荷相差很大，宜增加一台燃料与直燃机相同的热水锅炉，并联或串联于水系统中。

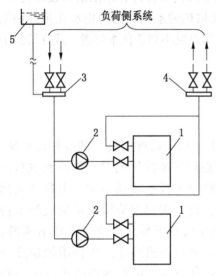

1—直燃机；2—冷冻水泵；3—集水器；
4—分水器；5—膨胀水箱
图9-12　供冷、供热交替型
直燃机冷热水系统

2）同时供热、供冷型直燃机的冷热水系统

同时供热、供冷的直燃机既可用于需要同时供热和供冷的空调系统，也可用于不需同时供热和供冷的空调系统。当用于后者时，采用两管制的管路系统。但设计时应注意选用的机组供热时的热水流量与供冷时的冷水流量是否相等。冷热水流量相同的直燃机冷热水系统如图9-13所示。该系统冬季供热和夏季供冷用同一台水泵，利用阀门与机组上的热水和冷水接管进行切换，以转换运行工况。图中机组侧部接管表示冷水进出口，上部接管表示热水进出口。开、闭冷水管和热水管上的阀门，即可实现制冷和制热工况的转换。对于热水流量与冷水流量不同的直燃机，若仍采用图9-13所示的流程，则会增加水的输送能耗，例如，当机组供热时若水流量仅为制冷时冷水流量的1/2，则热水在管路系统中的阻力（不计设备阻力）约为冷水阻力的1/4，从而导致供热运行时流量过大，或为减少热水流量用阀门消耗多余的压头而造成能量损失。因此，这类机组宜采用图9-14所示的冷热水泵分别设置的直燃机冷热水系统，以节省泵的能耗。其中热水泵和冷水泵分别根据热水和冷水的流量及系统的总阻力选择。

对于确实需要同时供冷与供热的空调系统，其冷热水系统需用四管制（2根热水管和2根冷水管）系统。这时无论哪种类型的直燃机，都需将热水和冷水分为2个独立系统，分别设置热水泵和冷水泵，并分别设置膨胀水箱（或定压罐）。

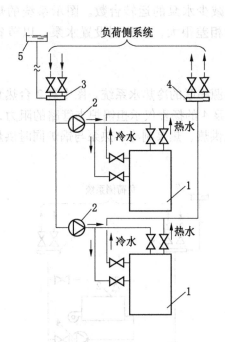
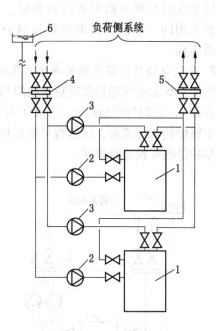

1—直燃机；2—循环水泵；3—集水器；
4—分水器；5—膨胀水箱
图9-13 冷热水流量相同的
直燃机冷热水系统

1—直燃机；2—冷冻水泵；3—热水泵；
4—集水器；5—分水器；6—膨胀水箱
图9-14 冷热水泵分别设置的
直燃机冷热水系统

五、热泵机组的冷热水系统

空气—水热泵或水—水热泵均是以水为热媒将热量供给用户的。建筑中应用的热泵大多要求既可在冬季供热，又可在夏季供冷；有时还要求同时供冷和供热。以下简要介绍几种典型的热泵机组的冷热源侧冷热水系统，与负荷侧系统的连接方式同蒸气压缩式冷水机组的冷水系统。

1. 热泵与辅助热源并联的冷热水系统

图9-15所示为空气源热泵冷热水机组与辅助热源并联的冷热水系统。冷水与热水共用一套管路（二管制）。热泵机组制热与制冷运行转换是通过四通换向阀转换制冷剂流程实现的。

当由热泵进行供热（冬季）或供冷（夏季）时，关闭锅炉前后的阀门，回水经热泵机组的水侧换热器（冬季为冷凝器，夏季为蒸发器）加热（冬季）或冷却（夏季）后，由循环水泵送至空调用户。当由锅炉供热时，关闭热泵机组前后的阀门，回水经锅炉加热后，由水泵压送至空调用户。

图9-15所示的热泵与锅炉并联流程只适合热泵机组或锅炉单独运行。若此时采用热泵机组和锅炉同时运行，分流一部分水经锅炉加热，则通过热泵机组的水流量将减小，导致热泵供热能力下降和性能系数减小。

图9-15中只表示了2台水泵，当热泵机组为2台以上时，水泵数应与机组数一

致，以便在减少热泵机组运行台数时，相应地减少水泵的运转台数。图示系统的热泵与锅炉采用同一水泵。如果热泵与锅炉的阻力相差很大，宜分别设置水泵，以节省水的输送能耗。

2. 热泵与辅助热源串联的冷热水系统

图9-16为空气源热泵冷热水机组与辅助热源串联的冷热水系统。图中有2台热泵机组（并联），它们与辅助热源（锅炉）串联。水泵4的扬程仅承担锅炉支管路的阻力，流量等于锅炉的额定流量，该流程可实现热泵单独供热、热泵制冷、热泵与锅炉同时供热和锅炉单独供热4种运行模式。

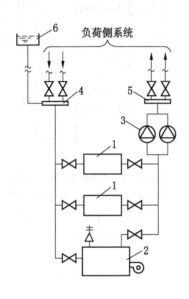

1—空气源热泵冷热水机组；2—燃气锅炉
（辅助热源）；3—循环水泵；4—集水器；
5—分水器；6—膨胀水箱
图9-15 空气源热泵冷热水机组与
辅助热源并联的冷热水系统

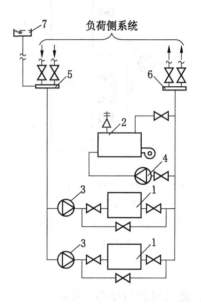

1—空气源热泵冷热水机组；2—燃气锅炉；
3—循环水泵；4—水泵；5—集水器；
6—分水器；7—膨胀水箱
图9-16 空气源热泵冷热水机组与
辅助热源串联的冷热水系统

图9-16所示中空气源热泵冷热水机组的制冷与制热运行转换是用四通阀改变制冷剂流程实现的。水—水热泵机组的制冷剂系统通常不能转换流程，即换热器的功能不能转换。因此，热泵机组制冷运行和制热运行的转换需要通过改变水路实现，水—水热泵机组与辅助热源串联的冷热水系统如图9-17所示。热泵机组制热运行时，开启阀V1和V4，关闭阀V2和V3，热水经冷凝器后送至负荷侧系统；制冷运行时，开启阀V2和V3，关闭阀V1和V4，冷水经蒸发器冷却后送至负荷侧系统。当冬季室外温度很低，热泵的制热量不满足需要时，可投入锅炉运行。这时开启锅炉水管路上的阀门，并启动水泵5和锅炉。图9-17所示的系统只有1台热泵机组，如果有2台或2台以上热泵机组，则应在阀V1和V3、V2和V4之间的管路上并联热泵机组，水泵也应多台（与热泵机组台数相等）并联。该系统只适用于蒸发器和冷凝器水流量相同或相近的水—水热泵机组。如果两者流量相差很大，则应分设冷、热水泵。

3. 土壤热源水系统

土壤热源的热量利用土壤—水热交换器（简称土壤热交换器）传递给二次循环水（或乙二醇水溶液），再由二次循环水传递给热泵机组。

土壤热交换器可分为两类：水平式和垂直式。

土壤热交换器除了水平式的平行排管外，都是由若干个 U 形管组成。最普通的一种连接方式是用干管将若干个 U 形管并联在一起，再引入机房。图 9-18 所示为垂直式土壤热交换器的水系统。水系统均采用同程布置方式，以使 U 形管内的流量均匀。每一分支管都带有若干个 U 形管，并联连接；各分支管直接连接到集水器上。这样既便于调节每个分支管的流量，又可以在部分负荷时交替使用各分支管的土壤热交换器，有利于管周围土壤温度的恢复。U 形管比较短时，可以将 2 个或 4 个 U 形管串联成一组，然后将各组 U 形管并联连接到分支管上。但这种连接的缺点是排除管内空气困难。土壤热源的水系统是闭式循环系统，它设有膨胀水箱或其他定压设备。系统高点设有放气装置，水泵前后设有相应附件。如土壤热源用作水—水热泵机组的低位热源时，可参照图 9-17 所示的方式将土壤热交换器水系统与机组连接。如果用作水—空气热泵空调机组的低位热源，则可参照图 7-18 所示的方式，与机组水侧换热器连接，组成土壤热源水环热泵系统。

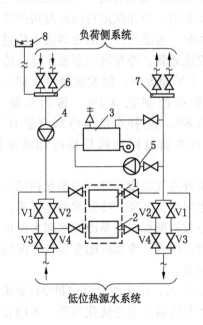

1—热泵冷凝器；2—热泵蒸发器；
3—燃气锅炉；4—循环水泵；5—水泵；
6—集水器；7—分水器；8—膨胀水箱

图 9-17　水—水热泵机组与辅助
热源串联的冷热水系统

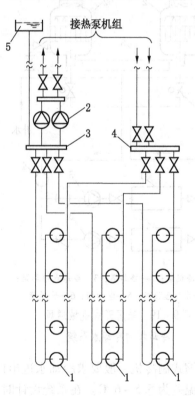

1—井孔内的 U 形换热器；2—水泵；
3—供水集水器；4—回水集水器；
5—膨胀水箱

图 9-18　垂直式土壤
热交换器的水系统

六、制冷装置的冷却水系统

制冷过程就是将热量从低温物体中转移到周围环境中。利用空气作冷却介质，即可将热量释放到大气中；利用水作介质（称冷却水），则通过不同途径将热量释放到环境中。冷却水可以是地表水（江、河、湖、池塘、水库、海水等）、地下水、自来水等。大多数建筑中冷源的冷却水都循环使用，将制冷装置中的热量传递至蒸发冷却设备，并通过它将热量释放到周围空气中。因此，这种循环式的冷却水系统由蒸发冷却设备、水泵、管路系统等组成。

蒸发冷却设备包括喷水池和冷却塔。喷水池的水冷却原理是在水池上方将水喷入空中，水与空气直接接触进行热湿交换，其热量被空气带走。喷水池结构简单，但冷却效果较差。

冷却塔种类很多，主要分为两类：开式（冷却水与空气直接接触）冷却塔和闭式冷却塔。开式冷却塔分为自然通风与机械通风两类，其中又因结构形式不同而分为若干种形式。开式机械通风冷却塔最为常用。

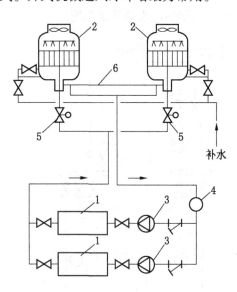

1—制冷机组；2—冷却塔；3—冷却水循环泵；
4—水处理设备；5—电动阀；6—连通管
图 9 - 19　采用开式机械通风
冷却塔的冷却水系统

图 9 - 19 所示为采用开式机械通风冷却塔的冷却水系统。图中有两台冷却塔并联运行，其台数与冷水机组台数相对应。冷却塔运行台数也与冷水机组运行台数一致。当其中一台冷却塔不运行时，冷却塔的风机关闭，冷却塔进水管上的电动阀自动关闭。当并联运行的冷却塔的冷却水阻力不均衡时，可能出现有的冷却塔水位过高而溢流，应设连通管。冷却塔的蒸发水量与冷却水温差有关，5 ℃温差时，蒸发水量约 0.83%；飘水损失一般可控制在 0.2%；排污水量一般为 0.2% ~ 0.8%。总补水量为冷却水量的 1.2% ~ 1.6%。补水通过浮球阀根据冷却塔水位自动补入。

当室外空气温度下降，空调负荷减少时，冷却塔出水温度也下降。冷却水温度下降，制冷机的性能系数将增加。但是冷却水温太低也会产生负面影响，因此，冷却塔随着运行工况的变化也需进行调节。

压缩式制冷机一般要求冷却水进出口温度差为 5 ℃，溴化锂吸收式制冷机要求冷却水进出口温差为 5.5 ~ 6 ℃。在系统设计时，采用多大的温差也是优化问题。采用较大的温差，可减少冷却水量，降低管路系统、水泵等投资，从而降低冷却水输送能耗，但制冷机的制冷量、性能系数有所下降，因此可以选择合适的温差，使总能耗（包括制冷机、水泵、冷却塔能耗）最小。

图 9 - 19 所示为冷却塔的冷却水系统，水泵的出口连接到冷水机组冷凝器的冷却水入口端，这是常规的连接方式。应注意这种连接方式冷水机组入口处的压力要小于机组的承

压能力。如果由于机房内设备布置的限制而把泵连接在冷水机组冷凝器冷却水出口侧，即水泵的吸入口与冷水机组冷却水出口端连接，这时应注意防止水泵出现汽蚀。

七、冷热源水质控制

在冷热源系统中特别是锅炉房，所用的各种水源，如天然水（湖水、江水和地下水）及水厂供应的生活用水（自来水），由于其中含有杂质，都必须经处理后才能作为系统给水，否则会严重影响冷热源设备的安全、经济运行。因此，必须设置合适的水处理设备，以保证系统的给水质量，这是冷热源尤其是锅炉房工艺设计中的一项重要工作。

1. 水质要求

自然界中没有纯净水。无论地面水还是地下水，由于水本身是一种很好的溶剂，或多或少含有各种杂质。这些杂质按颗粒大小可分为 3 类：颗粒最大的称为悬浮物；其次是胶体；颗粒最小的是离子和分子，即溶解物质。

悬浮物是指水流动时以悬浮状态存在，但不溶于水的颗粒物质，其颗粒直径大于 10^{-4} mm，通过滤纸可以分离出来。悬浮物主要是沙子、黏土及动植物的腐败物质。

胶体是颗粒直径为 $10^{-6} \sim 10^{-4}$ mm 的微粒，是许多分子和离子的集合体，通过滤纸不能分离出来。天然水中的有机胶体多半是动植物腐烂和分解后生成的腐殖质，同时还带有一部分矿物胶质体，主要是铁、铝和硅等的化合物。

天然水中的溶解物质，主要是钙、镁、钾、钠等盐类，它们大都以离子状态存在，其颗粒小于 10^{-6} mm。天然水中的溶解气体主要有氧和二氧化碳。

对于建筑热源来说，不同容量、参数的锅炉，按其不同工作条件、水处理技术水平和长年运行经验，规定了不同的水质要求和锅水水质指标。我国现行的国家标准《工业锅炉水质》（GB/T 1576—2018）规定，采用锅外水处理的自然循环蒸汽锅炉和汽水两用锅炉的给水和锅水水质应符合其中表 1 的规定。

额定蒸发量小于或等于 4 t/h，并且额定蒸汽压力小于或等于 1.0 MPa 的自然循环蒸汽锅炉和汽水两用锅炉可以采用单纯锅内加药、部分软化或天然碱度法等水处理方式，但应保证受热面平均结垢速率不大于 0.5 mm/a，其给水和锅水水质应符合《工业锅炉水质》（GB/T 1576—2018）中表 2 的规定。

热水锅炉补给水和锅水水质应符合《工业锅炉水质》（GB/T 1576—2018）中表 5 的规定。

2. 水处理方法

在水处理工艺中，为除去水中离子状态的杂质，目前广泛采用的是离子交换法。对于供热锅炉用水，离子交换处理的目的是使水得到软化，即要求降低原水（或称生水，即未经软化的水）中的硬度和碱度，以达到锅炉用水的水质标准。通常采用的是阳离子交换法。

常用的阳离子交换水处理方法有钠离子、氢离子、铵离子交换等，进行软化和除碱。

钠离子交换的缺点是只能使原水软化，不能降低水中碱度。为降低经钠离子交换处理后水的碱度，最简单的方法是向软水中加酸（一般用硫酸），但必须控制加酸量，以使处理后的软水中保持一定的残余碱度（一般为 0.3 ~ 0.5 mmol/L），避免加酸过量而腐蚀给水系统的管道及设备。加酸后会增加水中的溶解固形物，如采用氢 – 钠、铵 – 钠及部分钠离子交换系统，既能软化水，又可降低碱度和含盐量。

其他水处理方式有锅内加药、电渗析和反渗透等。

（1）锅内加药。我国额定蒸发量小于或等于 2 t/h，并且额定蒸汽压力小于或等于 1.0 MPa 的蒸汽锅炉和汽水两用锅炉，以及额定功率小于或等于 4.2 MW 非管架式承压的热水锅炉和常压热水锅炉为数不少，而且多为壳管式锅炉，对水质要求比较低，所以常采用锅内加药的方法。

（2）电渗析。电渗析技术的基本原理是将含盐水导入有选择性的阴、阳离子交换膜，浓、淡水隔板交替排列，在正、负极之间形成的电渗析器中，此含盐水在电渗析槽中流动时，在外加直流电场的作用下，利用离子交换树脂对阴、阳离子具有选择透过性的特征，使水中阴、阳离子定向地由淡水隔室通过膜移到浓水隔室，从而达到淡化、除盐的目的。

电渗析水处理不仅能除盐，也能达到除硬、除碱的目的。但单靠电渗析，尚不能达到锅炉给水水质指标，通常作为预处理或与钠离子交换联合使用。

（3）反渗透。渗透是水从稀溶液一侧通过半透膜向浓溶液一侧自发流动的过程。半透膜只允许水通过，而阻止溶解固形物（盐）通过。浓溶液随着水的流入而不断被稀释。当水向浓溶液流动产生的压力足够用于阻止水继续净流入时，渗透处于平衡状态。平衡时，水通过半透膜从任一边向另一边流入的数量相等，即处于动态平衡状态，而此时压力称为溶液的渗透压。当在浓溶液上外加压力，且该压力大于渗透压时，浓溶液中的水就会通过半透膜流向稀溶液，使浓溶液的浓度更大，这一过程就是渗透的相反过程，称为反渗透。

反渗透装置对处理含盐量较高的水及制备纯水有独到的优势，使该装置广泛用于电力、电子、饮用水、化工、食品、医药用水等领域及废水处理，如生活废水、石油化工废水、印染废水、农药废水、冶金工业废水、电镀废水、汽车工业废水、造纸废液、食品废液、放射性废液的处理等。

3. 水的除氧

水中溶解氧、二氧化碳气体会对锅炉金属壁面产生化学和电化学腐蚀，因此必须采取除气措施，特别是除氧。常用的除氧方法有热力除氧、真空除氧、解吸除氧和化学除氧。

热力除氧是将水加热至沸点，从而将析出水面的氧除去的方法。供热锅炉常用热力除氧。

真空除氧也属于热力除氧，不同的是它利用低温水在真空状态下达到沸腾，从而达到除氧和减少锅炉房自用蒸汽的目的。

解吸除氧是将不含氧的气体与要除氧的软水强烈混合，由于不含氧气体中的氧分压力为零，软水中的氧就扩散到无氧气体中，从而降低软水的含氧量，达到除氧的目的。

常用的化学除氧有钢屑除氧和药剂除氧。钢屑除氧是使含有溶解氧的水流经钢屑过滤器，钢屑与氧反应，生成氧化铁，达到水被除氧的目的。药剂除氧是向给水中加药，使其与水中溶解氧化合成无腐蚀性物质，达到给水除氧的目的。

第五节　冷热源机房设计

在进行冷热源机房工艺设计之前，必须对用户的要求和水源等方面的情况进行调查研究，了解和收集有关原始资料，作为设计工作的重要依据。

（1）用户要求。用户需要的冷量、热量及其变化情况，供冷、供热方式，冷热媒水的供、回水温度，以及用户使用场所和使用安装方面的要求。

（2）水源资料。冷热源机房附近的地面水和地下水的水量、水温、水质等情况。

（3）气象条件。当地的最高和最低气温、大气相对湿度、土壤冻结深度、全年主导风向和当地大气压力等。

（4）能源条件。当地的天然气、油料、煤炭、电力等物性资料及能源增容费及使用价格。

（5）地质资料。冷热源机房所在地区的土壤等级、承压能力、地下水位和地震烈度等资料。

（6）发展规划。设计冷热源机房时，应了解冷热源机房的近期和远期发展规划，以便在设计中考虑冷冻站的扩建余地。

一、机房设备安装设计

机房的设备布置和管道连接应符合工艺流程，并应便于安装、操作与维修。

（1）制冷机突出部分到配电柜的通道宽度不应小于 1.5 m；两台制冷机突出部分之间的距离不应小于 1.0 m；制冷机与墙壁之间的距离和非主要通道的宽度不应小于 0.8 m。

（2）大、中型冷水机组（离心式制冷机、螺杆式制冷机和吸收式制冷机）的间距为 1.5~2.0 m（控制盘在端部可以小些，控制盘在侧面可以大些），其换热器（蒸发器和冷凝器）一端应留有检修（清洗或更换管簇）的空间，其长度按厂家要求确定。

（3）大型制冷机组的机房上部最好预留起吊最大部件的吊钩或设置电动起吊设备。

（4）布置制冷机时，温度计、压力表及其他测量仪表应设置在便于观察的地方。阀门高度一般离地 1.2~1.5 m，高于此高度时，应设工作平台。

（5）机房设备布置应与机房通风系统、消防系统和电气系统等统筹考虑。

1. 机房设备的隔振与降噪

（1）机房冷热源设备、水泵和风机等动力设备均应设置基础隔振装置，防止和减少设备振动对外界的影响。通过在设备基础与支撑结构之间设置弹性元件实现。

（2）设备振动量控制按有关标准规定及规范执行，在无标准可循时，一般无特殊要求可控制振动速度 $v \leqslant 10$ mm/s（峰值），开机或停机通过共振区时 $v \leqslant 15$ mm/s（峰值）。

（3）设备转速小于或等于 1500 r/min 时，宜选用弹簧隔振器；设备转速大于 1500 r/min 时，宜选用橡胶等弹性材料的隔振垫块或橡胶隔振器。

（4）选择弹簧隔振器时，应符合下列要求：①设备的运转频率与弹簧隔振器垂直方向的自振频率之比，应大于或等于 2；②弹簧隔振器承受的荷载不应超过工作荷载；③当共振振幅较大时，宜与阻尼大的材料联合使用。

（5）选择橡胶隔振器时，应符合下列要求：①应考虑环境温度对隔振器压缩变形量的影响；②压缩变形量宜按制造厂提供的极限压缩量的 1/3~1/2 计算；③设备的运转频率与橡胶隔振器垂直方向的自振频率之比，应大于或等于 2；④橡胶隔振器承受的荷载不应超过允许工作荷载；⑤橡胶隔振器应避免太阳直接辐射或与油类接触。

（6）符合下列要求之一时，宜加大隔振台座质量及尺寸：①设备重心偏高时；②设备重心偏离中心较大且不易调整时；③隔振要求严格时。

（7）冷热源设备、水泵和风机等动力设备的流体进出口，宜采用软管与管道连接。

当消声与隔振要求较高时，管道与支架间应设有弹性材料垫层。管道穿过围护结构处，其周围的缝隙应用弹性材料填充。

（8）机房通风应选用低噪声风机，位于生活区的机房通风系统应设置消声装置。

2. 机房设备、管道和附件的防腐和保温

（1）机房设备、管道和附件的防腐。为了保证机房设备、管道和附件的有效工作年限，机房金属设备、管道和附件在保温前须将表面清除干净，涂刷防锈漆或防腐涂料，做防腐处理。

如设计无特殊要求，应符合：①明装设备、管道和附件必须涂刷一道防锈漆、两道面漆。如有保温和防结露要求，应涂刷两道防锈漆；暗装设备、管道和附件应涂刷两道防锈漆。②防腐涂料的性能应能适应输送介质温度的要求；介质温度大于 120 ℃ 时，设备、管道和附件表面应刷高温防锈漆；凝结水箱、中间水箱和除盐水箱等设备的内壁应涂刷防腐涂料。③防腐油漆或涂料应密实覆盖全部金属表面，设备安装或运输过程中被破坏的漆膜应补刷完善。

（2）机房设备、管道和附件的保温。机房设备、管道和附件的保温可以有效减少冷（热）损失。设备、管道和附件的保温应遵守安全、经济和施工维护方便的原则，设计施工应符合相关规范和标准的要求，并满足：①制冷设备和管道保温层厚度的确定要考虑经济上的合理性。最小保温层厚度应使其外表面温度比最热月室外空气的平均露点温度高 2 ℃，保证保温层外表面不发生结露现象。②保温材料应使用成形制品，具有导热系数小、吸水率低、强度较高、允许使用温度高于设备或管道内热介质的最高运行温度、阻燃、无毒性挥发等性能，且价格合理、施工方便的材料。③设备、管道和附件的保温应避免任何形式的冷（热）桥出现。

二、机房的供暖、空调、通风与防火设计

（1）集中供暖地区制冷机房的室内温度不应低于 15 ℃，停止运转期间不低于 5 ℃。

（2）对于通风不能满足空气热湿环境要求的机房，应设置空调系统，为节约能源，机房内空气温度和相对湿度要求可适当放宽（28 ~ 30 ℃、70% ~ 90%）。空调值班室应设置独立的空调系统或安装分体式空调机。

（3）机房应有良好的通风措施：①制冷机房宜采用机械通风，一般通风量可按换气次数 4 ~ 6 次/h 计算，对燃油燃气设备，通风量不包括燃烧用风量。②对采用高度毒性制冷剂的机房，应有严格的通风安全保护措施。③机房内必须注意气流组织，以免机房设备与通风系统布置不当而造成通风死区。制冷机应布置在排风和进风之间的区域，气流能通过所有制冷机，可分设上下排风口。下部排风口排除泄漏的制冷剂，上部排风口排除机房内余热。④制冷机房的通风系统必须独立设置，不得与其他通风系统联合。⑤设置在地下层的机房除设置排风系统外，还需设置送风系统，其风量不低于排风量的 85%；设置在高层建筑设备层的机房，通风系统的设置应考虑高层建筑风压对系统运行的影响。⑥对有爆炸危险的房间，应有每小时不少于 3 次的换气量。当自然通风不能满足要求时，应设置机械通风装置，并应有每小时换气不少于 8 次的事故通风装置，通风装置应防爆。⑦燃油泵房和日用油箱间，除采用自然通风外，燃油泵房应有每小时换气 10 次的机械通风装置，日用油箱间应有每小时换气 3 次的机械通风装置，燃油泵房和日用油箱同为一间时，按燃

油泵房的要求执行，通风装置应防爆。⑧在地面上的燃油泵房及日用油箱间，当建筑外墙下设有百叶窗、花格墙等对外常开孔口时，可不设置机械通风装置。

（4）机房的防火、防爆措施：①机房及其辅助用房应有消防设施。②附设在高层建筑中的机房，应按照《高层民用建筑设计防火规范》规定的要求进行防火设计。③采用二氧化碳或卤代烷等固定灭火装置的机房，应设机械排风系统，以保证灭火后从室内下部地带排除烟气和气体。使用二氧化碳灭火装置者，排气换气次数应为 6 次/h；使用卤代烷灭火剂时为 3 次/h。该系统穿入防护区时，应设有能自动复位的防火阀。④设置在地下室的机房，设置排烟系统时应有补风系统，其风量不少于排烟量的 50%；排烟系统可以和机房的通风系统兼用同一系统，采用双速排烟风机，平时低速通风，火灾时高速排烟。⑤对于燃油燃气设备机房，为满足泄爆和疏散要求，机房必须靠外墙设置。

三、冷热源机组的选择

（一）冷热源选择原则及常用组合方案

1. 建筑冷热源方案选择原则

建筑冷热源方案的选择必须综合考虑国家能源政策，当地的能源特点及价格，建筑物功能及冷热负荷特点，能源利用率及节能技术措施，环境保护，安全技术规定等，遵循《采暖通风与空气调节设计规范》《民用建筑热工设计规范》《公共建筑节能设计标准》《民用建筑绿色设计规范》《建筑节能与可再生能源利用通用规范》等，减少初投资和运行费用，实现冷热源系统高效运行。这是一个技术经济综合比较工程，也是一个多目标决策过程。

在具体选择与论证冷热源时，遵循的主要原则和规范如下。

（1）热源应优先采用城市、区域供热或工厂余热（废热）。高度集中的热源能效高，便于管理，也有利于环保，受国家能源政策鼓励。

（2）具有城市燃气供应的地区，尤其是在实行分季计价、价格低廉的地区，可以采用燃气锅炉、燃气冷（热）水机组进行供热、供冷。利用直燃型溴化锂吸收式冷温水机组能调节燃气的季节负荷，均衡电力负荷峰谷，改善环境质量。

（3）当无上述热源和气源时，可以采用燃油燃气锅炉供热，电动压缩式冷水机组供冷，或燃油溴化锂吸收式冷水机组供冷，或燃油溴化锂吸收式冷（热）水机组供冷、供热。

（4）具备多种能源的大型建筑，可采用复合能源供冷、供热。在影响能源价格的因素较多，很难确定某种能源最经济时，配置不同能源的机组是最稳妥的方案。

（5）天然气供应充足的地区，宜推广应用分布式热电冷联供和燃气空调技术，实现电力和天然气的削峰填谷，提高能源的综合利用率。

（6）夏热冬冷地区、干旱缺水地区的中小型建筑，可以采用空气源热泵或地下埋管式地源热泵冷（热）水机组供冷、供热。

（7）当可利用天然水资源时，宜采用水源热泵冷（热）水机组供冷、供热。

（8）在执行分时电价、峰谷电价差较大的地区，若利用低谷电价时段蓄冷（热）能明显节省运行费用，则可采用蓄冷（热）系统供冷（热）。

（9）在技术经济合理的情况下，冷、热源宜利用浅层地能、太阳能、风能等可再生能源。当受到气候等原因的限制无法采用可再生能源时，应设置辅助冷、热源。

（10）除了无集中热源且符合下列情况之一外，不得采用电热锅炉、电热水器等作为直接采暖和空调的热源：①电力充足、供电政策支持和电价优惠地区的建筑；②以供冷为主，采暖负荷较小且无法利用热泵提供热源的建筑；③无燃气源，煤、油等燃料被环保或消防严格限制使用的建筑；④夜间可利用低谷电进行蓄热，且蓄热式电锅炉不在日间用电高峰和平段时间启用；⑤利用可再生能源发电地区的建筑。

2. 空调冷热源常用组合方案

各种不同的冷源和热源形式经过组合，可形成多种空调冷热源方案。

（1）单效溴化锂吸收式冷水机组＋余热（废热）。

（2）蒸汽双效溴化锂吸收式冷水机组＋燃煤锅炉。

（3）蒸汽双效溴化锂吸收式冷水机组＋城市热网。

（4）水冷电动式冷水机组＋燃煤锅炉。

（5）水冷电动式冷水机组＋燃气锅炉。

（6）水冷电动式冷水机组＋燃油锅炉。

（7）水冷电动式冷水机组＋城市热网。

（8）水冷电动式冷水机组＋电锅炉。

（9）风冷电动冷水机组＋燃煤锅炉。

（10）风冷电动冷水机组＋燃气锅炉。

（11）风冷电动冷水机组＋燃油锅炉。

（12）风冷电动冷水机组＋电锅炉。

（13）燃油直燃式溴化锂吸收式冷热水机组。

（14）燃气直燃式溴化锂吸收式冷热水机组。

（15）燃气直燃式溴化锂吸收式冷热水机组＋燃气锅炉。

（16）燃油直燃式溴化锂吸收式冷热水机组＋燃油锅炉。

（17）空气/水热泵冷热水机组。

（18）空气/水热泵冷水机组＋燃油锅炉。

（19）空气/水热泵冷水机组＋燃气锅炉。

（20）空气/水热泵冷水机组＋电锅炉。

（21）空气/水热泵冷水机组＋城市热网。

（22）水（风）冷电动式冷水机组＋水（冰）蓄冷设备＋燃气锅炉。

（23）水（风）冷电动式冷水机组＋冰蓄冷＋燃油锅炉。

实际上，可选择的方案远不止这些。方案也可进一步细分，如电动冷水机组中可选用不同类型的机组，或不同厂商的机组，甚至选用不同台数的机组组合，也会形成多种可能的备选方案。

（二）冷源机组的选择

冷源设备的选择计算主要根据工艺的要求和系统总耗冷量确定，是在耗冷量计算的基础上进行的。冷源设备选择得恰当与否，会影响整个冷源装置的运行特性、经济性能指标及运行管理工作。冷源设备的选择计算一般按下列步骤进行。

1. 确定制冷系统的总制冷量

制冷系统的总制冷量应包括用户实际所需要的制冷量，以及制冷系统本身的供冷系统的冷损失，可按下式计算：

$$Q_0 = (1 + A)Q = \sum K_i Q_i \qquad (9-10)$$

式中　Q_0——制冷系统的总制冷量，kW；

　　　Q——用户实际所需的制冷量，kW；

　　　A——冷损失附加系数；

　　　Q_i——各冷用户所需的最大制冷量，kW；

　　　K_i——各冷用户同时使用系数，$K_i \leqslant 1$。

一般对于间接供冷系统，当空调工况制冷量小于 174 kW 时，$A = 0.15 \sim 0.20$；当空调工况制冷量为 $174 \sim 1744$ kW 时，$A = 0.10 \sim 0.15$；当空调工况制冷量大于 1744 kW 时，$A = 0.05 \sim 0.07$。对于直接供冷系统，$A = 0.05 \sim 0.07$。

2. 确定制冷剂种类和系统形式

制冷剂种类、制冷系统形式及供冷方式，一般根据系统总制冷量、冷媒水量、水温及使用条件确定。

所谓制冷系统形式，是指使用多台制冷压缩机时，采用并联制冷系统还是单机组系统。制冷系统形式除与使用条件和使用要求有关外，还与整个系统的能量调节与自动控制方案有关，应同时考虑，一并确定。一般说来，对于制冷量较大、连续供冷时间较长、自动化程度要求较高的系统，均应采用多机组并联系统。

供冷方式是指直接供冷还是间接供冷。一般根据工程的实际需要确定。例如，大中型集中式空调系统，均宜采用间接供冷方式，而冷藏库的冷排管，则多采用直接供冷方式。

此外，应根据总制冷量的大小、当地的气候条件及水源情况，初步确定冷凝器的冷却方式及冷凝器的形式，并根据供冷方式和使用冷媒的种类，初步确定蒸发器的形式。

3. 确定系统的设计工况

制冷系统的设计工况包括蒸发温度、冷凝温度及压缩机吸气温度和过冷温度。

1) 冷凝温度 t_k

冷凝温度即制冷剂在冷凝器中凝结时的温度，其值与冷却介质的性质及冷凝器的形式有关。

采用水冷式冷凝器时，冷凝温度可按下式计算：

$$t_k = \frac{t_{s1} + t_{s2}}{2} + (5 \sim 7)\ ℃ \qquad (9-11)$$

式中　t_k——冷凝温度，℃；

　　　t_{s1}——冷却水进冷凝器的温度，℃；

　　　t_{s2}——冷却水出冷凝器的温度，℃。

冷却水进冷凝器的温度，应根据冷却水的使用情况确定。对于使用冷却塔的循环水系统，冷却水进水温度可按下式计算：

$$t_{s1} = t_s + \Delta t_s \qquad (9-12)$$

式中　t_s——当地夏季室外平均每年不保证 50 h 的湿球温度，℃；

　　　Δt_s——安全值。对于自然通风冷却塔或冷却水喷水池，$\Delta t_s = 5 \sim 7$ ℃；对于机械通风冷却塔，$\Delta t_s = 3 \sim 4$ ℃。

至于直流式冷却水系统的冷却水进水温度，则由水源温度确定。

冷却水出冷凝器的温度与冷却水进冷凝器的温度及冷凝器的形式有关，一般不超过35℃。可按下式确定。

立式壳管式冷凝器：

$$t_{s2} = t_{s1} + (2 \sim 4) \, ℃ \tag{9-13a}$$

卧式或组合式冷凝器：

$$t_{s2} = t_{s1} + (4 \sim 8) \, ℃ \tag{9-13b}$$

淋激式冷凝器：

$$t_{s2} = t_{s1} + (2 \sim 3) \, ℃ \tag{9-13c}$$

一般来说，当冷却水进水温度较低时，冷却水温差取上限值；进水温度较高时，取下限值。

采用风冷式冷凝器或蒸发式冷凝器，冷凝温度可用下式计算：

$$t_k = t_s + (5 \sim 10) \, ℃ \tag{9-14}$$

2）蒸发温度 t_0

蒸发温度与采用的冷媒种类及蒸发器的形式有关。

以淡水或盐水为冷媒，采用螺旋管或直立管水箱式蒸发器时，蒸发温度一般比冷媒出口温度低 $4 \sim 6 \, ℃$，即

$$t_0 = t_{12} - (4 \sim 6) \, ℃ \tag{9-15}$$

式中　t_0——制冷剂的蒸发温度，℃；

　　　t_{12}——冷媒出蒸发器的温度，℃；根据用户实际要求确定。

当采用卧式壳管式蒸发器时，蒸发温度一般比冷媒出口温度低 $2 \sim 4 \, ℃$，即

$$t_0 = t_{12} - (2 \sim 4) \, ℃ \tag{9-16}$$

以空气为冷媒，采用直接蒸发式空气冷却器时，蒸发温度一般比送风温度低 $8 \sim 12 \, ℃$，即

$$t_0 = t_2' - (8 \sim 12) \, ℃ \tag{9-17}$$

式中　t_2'——空气冷却器出口空气的干球温度，即送风温度，℃。

3）过冷温度 t_u

一般情况下，过冷温度比冷凝温度低 $3 \sim 5 \, ℃$，即

$$t_u = t_k - (3 \sim 5) \, ℃ \tag{9-18}$$

对于立式壳管式冷凝器，不考虑过冷。

4）压缩机的吸气温度 t_1

压缩机的吸气温度一般与压缩机吸气管的长短和保温情况有关。通常以氨为制冷剂，吸气温度比蒸发温度高 $5 \sim 8 \, ℃$；以氟利昂为制冷剂，采用回热循环时，吸气温度可取 $15 \, ℃$。

制冷工况确定之后，即可进行循环的热力计算，为选择制冷设备提供必要的原始数据。

4. 制冷机组选择

制冷机组的选择计算，主要是根据制冷系统总制冷量及系统的设计工况，确定机组的台数、型号、每台机组的制冷量及配用电动机的功率。

1）制冷机组的选择原则

（1）制冷机组形式的选择。常用的制冷机组有活塞式、离心式和螺杆式 3 种形式。一般小型冷藏库的设计，多采用活塞式和螺杆式；空调冷源的大中型冷冻站的设计，一般采用离心式和螺杆式；中小型冷冻站则普遍采用活塞式制冷压缩机。

（2）制冷机组台数的选择。台数应根据下式确定：

$$m = \frac{Q_0}{Q_{0g}} \tag{9-19}$$

式中　　m——机组台数；

Q_0——总装机容量，kW；

Q_{0g}——初选定的单台机组的制冷量，kW。

台数一般不宜过多，除全年连续使用的以外，通常不考虑备用。对于制冷量大于 1744 kW 的大中型制冷装置，机组不宜少于 2 台，而且应选择相同系列的压缩机组。这样压缩机的备件可以通用，也便于维护管理。

（3）压缩机级数的选择。应根据设计工况的冷凝压力与蒸发力之比确定。一般以氨为制冷剂，当 $P_k/P_0 \leq 8$ 时，应采用单级压缩机；当 $P_k/P_0 > 8$ 时，则应采用两级压缩机。若以 R22 或 R134a 为制冷剂，当 $P_k/P_0 \leq 10$ 时，应采用单级压缩机：当 $P_k/P_0 \geq 10$ 时，则应采用两级压缩机。

2）机组制冷量的计算

每台活塞式压缩机在设计工况下，其制冷量的计算方法有以下 3 种。

（1）根据压缩机机组的理论输气量计算机组的制冷量。机组的制冷量可由压缩机的理论输气量 V_n 乘以输气系数 λ 及单位容积制冷量 q_v 求得，即

$$Q_{0g} = \lambda V_n q_v \tag{9-20}$$

（2）由冷量换算公式计算机组的制冷量。同一台压缩机在不同工况下的制冷量是不同的。压缩机铭牌上的制冷量，一般是指名义工况或标准工况下的制冷量，工况改变后的制冷量可进行换算。冷量的换算公式，是根据同一台制冷压缩机不同工况下理论输气量不变的原则推导的，即

$$V_{n(A)} = V_{n(B)} \tag{9-21}$$

上式中的（A）、（B）分别表示两种不同的工况。

设（A）为标准工况（或名义工况），则压缩机在该工况下的制冷量为

$$Q_{0(A)} = V_{n(A)} \lambda_{(A)} q_{v(A)} \tag{9-22}$$

设（B）为实际工况（设计工况），则压缩机在（B）工况下的制冷量为

$$Q_{0(B)} = V_{n(B)} \lambda_{(B)} q_{v(B)} \tag{9-23}$$

由于 $V_{n(A)} = V_{n(B)}$，则

$$\frac{Q_{0(A)}}{\lambda_{(A)} q_{v(A)}} = \frac{Q_{0(B)}}{\lambda_{(B)} q_{v(B)}}$$

如果已知工况（A）的制冷量，则工况（B）时的制冷量为

$$Q_{0(B)} = Q_{0(A)} \frac{\lambda_{(B)} q_{v(B)}}{\lambda_{(A)} q_{v(A)}} = Q_{0(A)} K_i \tag{9-24}$$

式中　　K_i——压缩机制冷量换算系数，即

$$K_i = \frac{\lambda_{(B)} q_{v(B)}}{\lambda_{(A)} q_{v(A)}}$$

有些资料给出不同压缩机形式和工作温度的冷量换算系数，可供计算时参考。

已知标准工况下压缩机的制冷量 $Q_{0(A)}$ 和设计工况下的冷量换算系数 K_i，利用式（9 - 24）便可求出设计工况下的制冷量 Q_{0g}。相反，已知设计工况下的制冷量，利用该式也能求出标准工况制冷量。

（3）根据机组的特性曲线图表确定机组在设计工况下的制冷量。每种型号的制冷压缩机组都有其特定的特性曲线图表。因此，可以根据设计工况，在特性曲线图表上查得该工况的制冷量。

利用压缩机的特性曲线图表，不但能求出不同工况下的制冷量，还能确定不同工况下的轴功率。

（三）热源设备容量及台数的确定

1. 最大热负荷的计算

锅炉房最大计算热负荷 Q_{max} 是选择锅炉的主要依据，可根据各项原始热负荷，同时使用系数、锅炉房自耗热量和管网热损失系数由下式求得：

$$Q_{max} = K_0(K_1 Q_1 + K_2 Q_2 + K_3 Q_3 + K_4 Q_4) + K_5 Q_5 \qquad (9-25)$$

式中　　　Q_1、Q_2、Q_3、Q_4——采暖、通风（空调）、生产、生活的最大热负荷，t/h 或 MW；

$\qquad\qquad Q_5$——锅炉房自用热计算热负荷，t/h 或 MW；

$\qquad\qquad K_0$——室外管网散热损失和漏损系数，其取值为：蒸汽管网架空敷设 1.10 ~ 1.15，蒸汽管网地沟敷设 1.08 ~ 1.12，蒸汽管网直埋 1.12 ~ 1.15；热水管网架空敷设 1.07 ~ 1.10，热水管网地沟敷设 1.05 ~ 1.08，热水管网直埋 1.02 ~ 1.06；

$\qquad\qquad K_1$、K_2、K_3、K_4、K_5——采暖、通风（空调）、生产、生活和锅炉房自用热负荷同时使用系数，根据原始资料确定。若无资料，建议取用下值：K_1 为 1.0，K_2 为 0.8 ~ 0.9，K_3 为 0.7 ~ 1.0，K_4 为 0.5（若生活用热和生产用热时间错开，则 K_4 = 0），K_5 为 0.8 ~ 1.0。

2. 平均热负荷

采暖通风平均热负荷 $Q_{i,pj}$ 根据采暖期室外平均温度计算：

$$Q_{i,pj} = \frac{t_n - t_{pj}}{t_n - t_w} Q_i \qquad (9-26)$$

式中　Q_i——采暖或通风最大热负荷，kW；

$\qquad t_n$——采暖房间室内计算温度，℃；

$\qquad t_w$——采暖期采暖或通风室外计算温度，℃；

$\qquad t_{pj}$——采暖期室外平均温度，℃。

生产和生活平均热负荷通常是年平均负荷。如果是日平均负荷，则将随季节变化，因为生产原料、空气和水的温度及设备的散热损失时有变化。

对有季节性负荷（采暖、通风和空调制冷负荷）的锅炉房，其最大计算热负荷和平均热负荷均应按采暖季和非采暖季分别计算得出。

平均热负荷表明热负荷的均衡性，设备选择时应考虑这一因素。

3. 全年热负荷

全年热负荷是计算全年燃料消耗量的依据，也是技术经济比较的一个根据。

全年热负荷 D_0 可按下式计算：

$$D_0 = K_0 (D_1 + D_2 + D_3 + D_4) \left(1 + \frac{Q_5}{Q_{max}}\right) \tag{9-27}$$

式中 D_1、D_2、D_3、D_4——采暖、通风、生产和生活的全年热负荷，kW/年；

$\dfrac{Q_5}{Q_{max}}$——锅炉房自用热系数，符号意义同式（9-25）。

采暖、通风、生产和生活的全年热负荷 D_1、D_2、D_3 及 D_4，分别可用以下公式计算：

$$D_1 = 8n_1 [SQ_{1,pj} + (3-S)Q_{1,f}] \tag{9-28}$$
$$D_2 = 8n_2 SQ_{2,pj} \tag{9-29}$$
$$D_3 = 8n_3 SQ_{3,pj} \tag{9-30}$$
$$D_4 = 8n_3 SQ_{4,pj} \tag{9-31}$$

式中 n_1、n_2、n_3——采暖、通风天数和全年工作天数；

S——每昼夜工作班数；

$Q_{1,pj}$、$Q_{2,pj}$、$Q_{3,pj}$、$Q_{4,pj}$——采暖、通风、生产及生活的平均热负荷；

$Q_{1,f}$——非工作班时保温用热负荷，可按室内温度 $t_n = 5℃$ 代入式（9-26）计算得出。

在确定锅炉房热负荷时应注意下列几点。

（1）对各用热部门提供的热负荷资料，应认真核实，摸清工艺生产、生活及采暖通风等对供热的要求（介质参数、负荷大小及使用情况等），如有条件可绘制热负荷曲线，进行分析研究。

（2）在计算热负荷时应防止层层加码，以免造成锅炉房设计容量过大。

（3）应尽量利用余热，减少锅炉房的供热量。计算热负荷时应扣除已利用的余热量。

（4）用汽负荷波动较大和有条件利用低谷电的电热锅炉房，应考虑装设蓄热器。

4. 锅炉型号和台数选择

锅炉型号和台数应根据锅炉房热负荷、介质、参数和燃料种类等因素选择，并应考虑技术经济方面的合理性，使锅炉房在冬、夏季均能实现经济可靠运行。

1）锅炉型号

根据计算热负荷的大小和燃料特性决定锅炉型号，并考虑负荷变化和锅炉房发展的需要。蒸汽锅炉的压力和温度，根据生产工艺和采暖通风或空调的需要，考虑管网及锅炉房内部阻力损失，结合蒸汽锅炉型谱或类型确定。

选用锅炉的总容量必须满足计算负荷的要求，即选用锅炉的额定容量之和不应小于锅炉房计算热负荷，以保证用汽的需要。

热水锅炉水温的选择，取决于热用户要求、供热系统的类型（如直接供用户或采用热交换站间接换热方式）和热水锅炉型谱或类型。

供采暖的锅炉一般宜选用热水锅炉，当有通风热负荷时应特别注意对热水温度的要求。兼供采暖通风和生产供热的负荷，而且生产热负荷较大的锅炉房可选用蒸汽锅炉，其采暖热水用热交换器制备或选用汽—水两用锅炉，也可分别选用蒸汽锅炉和热水锅炉。

锅炉房中宜选用相同型号的锅炉，以便布置、运行和检修。如需要选用不同型号的锅炉，一般不超过两种。

2）锅炉台数

选用锅炉的台数应考虑对负荷变化和意外事故的适应性，建设和运行的经济性，即

$$n = Q_0/Q_n \tag{9-32}$$

式中　　n——锅炉台数；

　　　　Q_0——最大热负荷；

　　　　Q_n——单台锅炉容量。

一般来说，单机容量较大锅炉的效率较高，锅炉房占地面积小，运行人员少，经济性好；但台数不宜过少，否则适应负荷变化的能力和备用性差。《锅炉房设计规范》规定：当锅炉房内最大1台锅炉检修时，其余锅炉应能满足工艺连续生产所需的热负荷和采暖通风及生活用热所允许的最低热负荷。锅炉房的锅炉台数一般不宜少于2台；当选用1台锅炉能满足热负荷和检修需要时，也可只装置1台。对于新建锅炉房，锅炉台数不宜超过5台；扩建和改建时，最多不宜超过7台。国外有关文献认为，新建锅炉房内装设锅炉的最佳台数为3台。

以供生产负荷为主或常年供热的锅炉房，可以设置1台备用锅炉；以供采暖通风和生活热负荷为主的锅炉房，一般不设置备用锅炉；但对于大宾馆、饭店、医院等有特殊要求的民用建筑而设置的锅炉房，应根据情况设置备用锅炉。

3）燃烧设备

选用锅炉的燃烧设备应能适应所使用的燃料、便于燃烧调节并满足环境保护的要求。

当使用燃料与锅炉的设计燃料不符时，可能出现燃烧困难，特别是燃料的挥发分和发热量低于设计燃料时，锅炉效率和蒸发量可能都得不到保证。

工业锅炉房负荷不稳定，燃烧设备应便于调节；大周期厚煤层燃烧的炉子难以适应负荷调节要求，煤粉炉调节幅度则相当有限。

蒸发量小于1 t/h的小型锅炉虽可采用手烧炉，但难以解决冒黑烟问题。各种机械化层燃炉和"反烧"的小型锅炉，正常运行时烟气黑度均可满足排放标准。但抛煤机炉、沸腾炉和煤粉炉的烟气含尘量相当高，若用于环境要求高的地方，则除尘费用很高。

4）备用锅炉

《蒸汽锅炉安全技术监察规程》规定："运行的锅炉每两年应进行一次停炉内外部检验，新锅炉运行的头两年及实际运行时间超过10年的锅炉，每年应进行一次内外部检验。"在上述计划检修或临时事故停炉时，允许减少供汽的锅炉房可不设置备用锅炉；减少供热可能导致人身事故和重大经济损失时，应设置备用锅炉。

5）方案分析

设计中可能出现几种可供选择的方案，设计者应分析各方案特点，在安全性、经济性和环境保护等方面进行比较，确定选用方案。

第六节　空调冷热源系统设计示例

本例为武汉某酒店办公综合楼冷热源系统设计项目，其系统原理图如图 9-20 所示。室外主要气象参数见表 9-2。

表 9-2　室外主要气象参数

气象参数	空调计算干球温度/℃	空调计算湿球温度/℃	空调计算相对湿度/%	大气压力/hPa
夏季	35.2	28.4	—	1002.1
冬季	-2.6	—	77	1023.5

空调系统的冷热源采用水冷螺杆式冷水机组 + 锅炉系统。

1. 空调冷源

空调冷源采用 2 台螺杆式冷水机组，冷水机组设在制冷机房，冷却塔安装在屋顶，空调水系统采用膨胀水箱进行定压，膨胀水箱安装在屋顶，选用 2 台冷却水泵和 2 台冷冻水泵。

冷水机组主要技术参数见表 9-3，其他设备主要参数见表 9-4。

表 9-3　冷水机组主要技术参数

制冷量	912.2 kW，采用环保冷媒
输入功率	164.5 kW，COP：5.54
电源	三相/380 V/50 Hz
冷冻水流量	156.9 m³/h，冷冻水进出口温度：7/12 ℃，压力降：71 kPa
冷却水流量	195 m³/h，冷却水进出口温度：30/35 ℃，压力降：81.4 kPa
外形尺寸	3288 mm × 1215 mm × 1949 mm（长 × 宽 × 高）
运行重量	4.5 t
冷量调节范围	20% ~ 100%

表 9-4　其他设备主要参数

设备名称	主　要　参　数
冷冻水泵	流量：170 m³/h，扬程：35 mH₂O，电功率：30 kW，2 台
冷却水泵	流量：220 m³/h，扬程：26 mH₂O，电功率：22 kW，2 台
电子除垢仪	最大处理水量：250 m³/h，接管尺寸：DN200
分、集水器	DN400，L = 2000 mm
压差旁通装置	DN150
膨胀水箱	外形尺寸：3000 mm × 5000 mm × 3000 mm（H），食品级 304 不锈钢材质

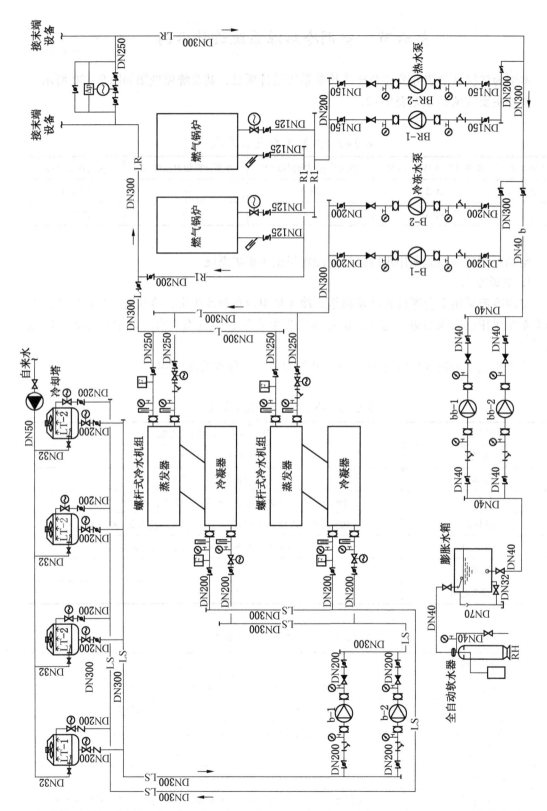

图 9 – 20 某酒店办公综合楼冷热源系统原理图

2. 空调热源

空调热源采用2台燃气冷凝真空热水锅炉，燃气锅炉同时提供空调热水和生活热水，选用2台空调热水泵和2台生活热水泵。燃气冷凝真空热水锅炉主要技术参数见表9-5，其他设备主要参数见表9-6。

表9-5 燃气冷凝真空热水锅炉主要技术参数

换热器一
供热量：580 kW，水流量：50 m³/h，进出口温度：50/60 ℃，空调系统用热水
换热器二
供热量：380 kW，水流量：15 m³/h，进出口温度：60/80 ℃，生活用热水
电功率：1.5 kW，电源：三相/380 V/50 Hz
热效率：>96%，天然气耗量：98 Nm³/h
运行重量：3.85 t，外形尺寸：4540 mm×1500 mm×2300 mm（长×宽×高）

表9-6 其他设备主要参数

设备名称	主 要 参 数
热水泵	流量：60 m³/h，扬程：29 mH₂O，电功率：11 kW，2 台
生活热水泵	流量：18 m³/h，扬程：21 mH₂O，电功率：3 kW，2 台
热水箱	外形尺寸：3000 mm×5000 mm×3000 mm（H），食品级304 不锈钢材质

3. 其他说明

（1）冷热水系统冬夏季自动切换。

（2）供回水主管上设置压差旁通阀调节流量。

（3）空调水系统冷热水回水、冷却水回水主管上设置电子除垢仪用于除垢。

（4）空调水系统采用高位膨胀水箱定压补水。

（5）冷水机组启停控制程序为：冷却塔—冷却水泵（对应阀门）—冷冻水泵（对应阀门）—冷水机组。停机时相反，主机、冷却塔及相应水泵应按照一对一方式运行。

（6）当热水箱温度低于50 ℃，燃气锅炉辅热系统启动，为热水系统加热，直至热水温度达到60 ℃时，停止加热，出水最高温度控制为60 ℃，回水温度控制为50 ℃。水箱安装自洁消毒器消毒。

空调水系统为双管制变水量系统，系统采用开式膨胀水箱进行定压（冬夏共用）。

附　图

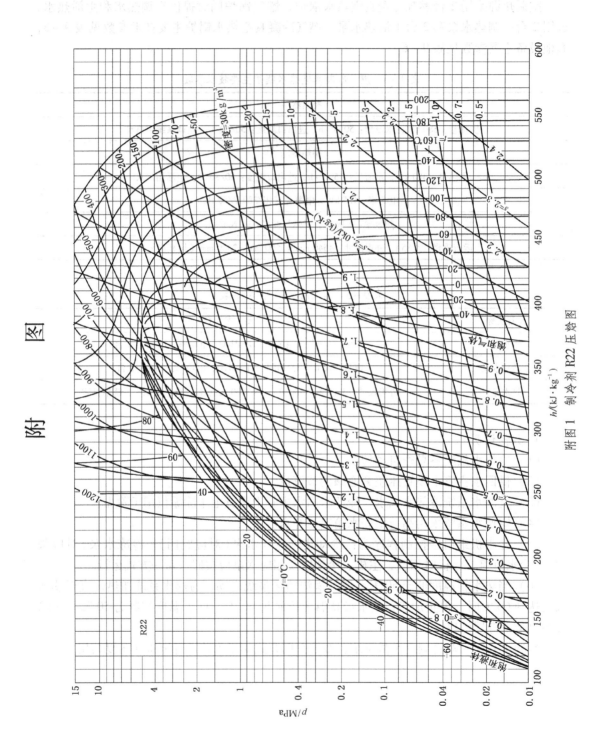

附图 1　制冷剂 R22 压焓图

194

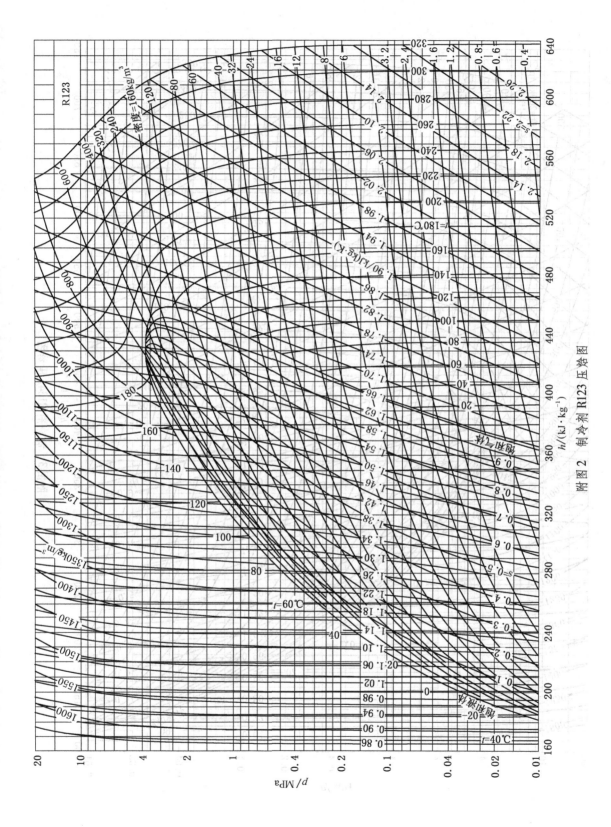

附图 2 制冷剂 R123 压焓图

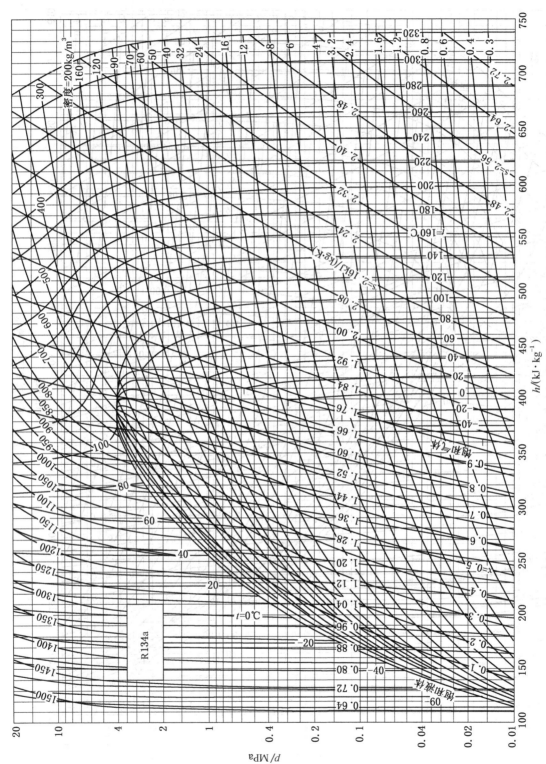

附图 3　制冷剂 R134a 压焓图

196

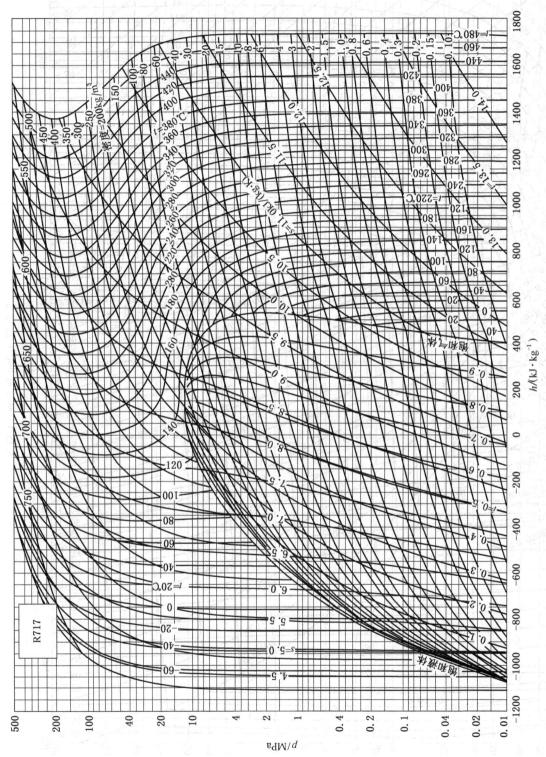

附图 4　制冷剂 R717 压焓图

197

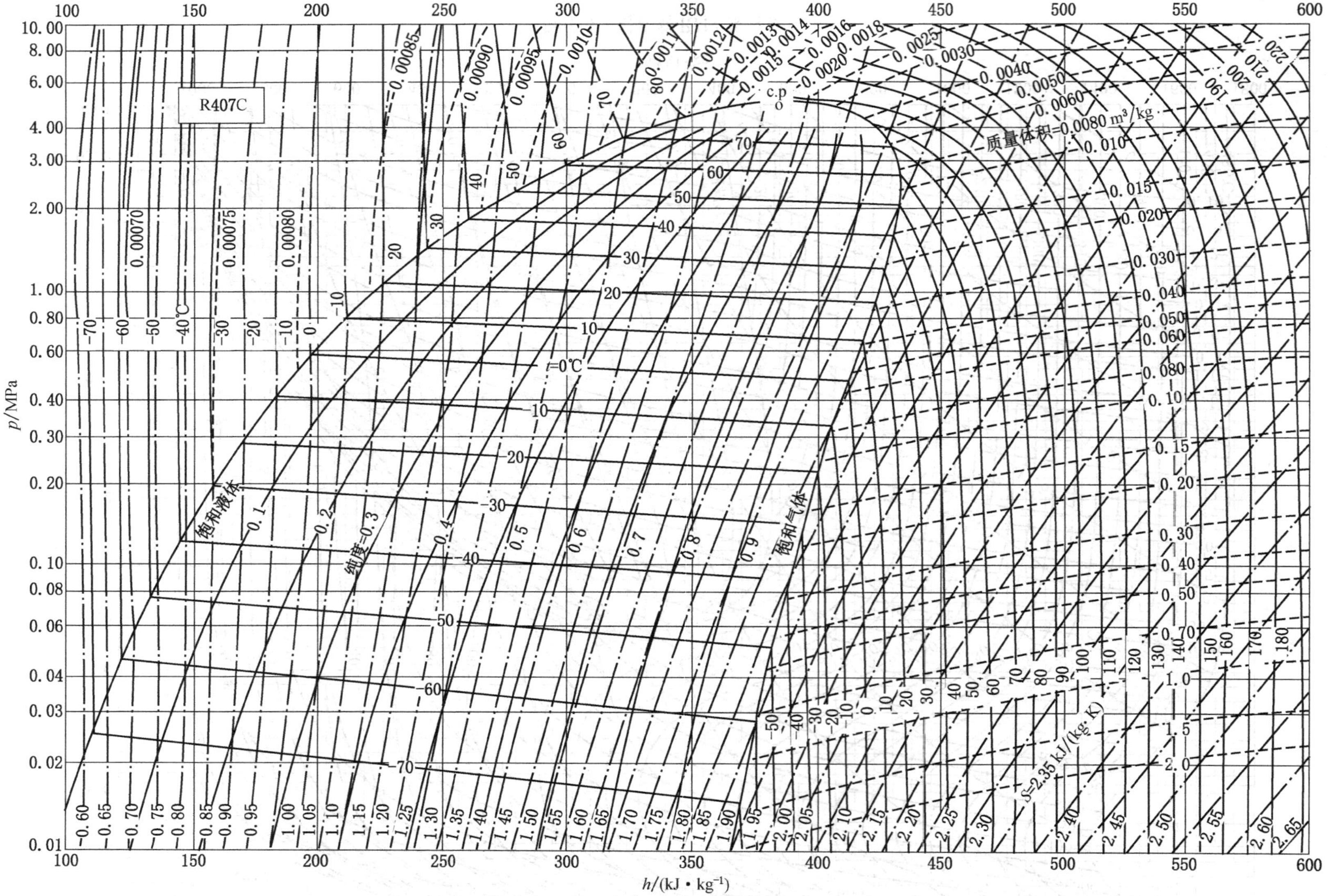

附图 5 制冷剂 R407C 压焓图

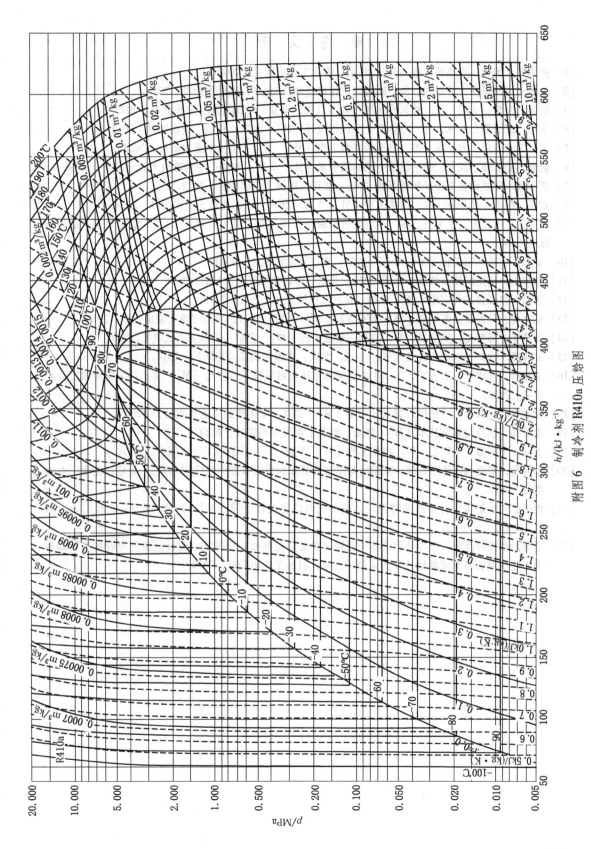

附图 6 制冷剂 R410a 压焓图

199

参 考 文 献

[1] 张维亚，魏鋆. 冷热源工程 [M]. 北京：煤炭工业出版社，2009.

[2] 王子云，龙恩深，吕思强，等. 暖通空调技术 [M]. 北京：科学出版社，2020.

[3] 姚杨，倪龙，王威，等. 建筑冷热源 [M]. 3版. 北京：中国建筑工业出版社，2023.

[4] 王军，武俊梅，常冰，等. 冷热源工程课程设计 [M]. 北京：机械工业出版社，2012.

[5] 丁云飞，于丹，方赵嵩，等. 空调冷热源工程 [M]. 北京：机械工业出版社，2023.

[6] 姚杨，姜益强，倪龙，等. 暖通空调热泵技术 [M]. 2版. 北京：中国建筑工业出版社，2019.

[7] 贾永康. 建筑设备工程冷热源系统 [M]. 北京：机械工业出版社，2022.

[8] 贺平，孙刚，吴华新，等. 供热工程 [M]. 5版. 北京：中国建筑工业出版社，2021.

[9] 石文星，田长青，王宝龙，等. 空气调节用制冷技术（第五版） [M]. 北京：中国建筑工业出版社，2016.

[10] 龙恩深. 冷热源工程 [M]. 2版. 重庆：重庆大学出版社，2013.

[11] 陆耀庆. 实用供热空调设计手册 [M]. 北京：中国建筑工业出版社，2008.

[12] 张昌. 热泵技术与应用 [M]. 2版. 北京：机械工业出版社，2015.

[13] 陆亚俊，马最良，邹平华，等. 暖通空调 [M]. 3版. 北京：中国建筑工业出版社，2015.

[14] 刘泽华，彭梦珑，周湘江，等. 空调冷热源工程 [M]. 北京：机械工业出版社，2005.

[15] 吴味隆. 锅炉及锅炉房设备 [M]. 5版. 北京：中国建筑工业出版社，2014.

[16] 王雅然，李成军，王天宇，等. 中央空调冰蓄冷电蓄热技术及应用 [M]. 北京：中国建筑工业出版社，2023.

[17] 宋孝春. 公共建筑冷热源方案设计指南 [M]. 北京：中国建筑工业出版社，2020.

[18] 党天伟. 制冷与热泵技术 [M]. 西安：西北工业大学出版社，2020.

[19] 黄翔，王天富，朱颖心，等. 空调工程 [M]. 3版. 北京：机械工业出版社，2017.

[20] 李元哲，姜蓬勃，许杰，等. 太阳能与空气源热泵在建筑节能中的应用 [M]. 北京：化学工业出版社，2015.

[21] 燃油燃气锅炉房设计手册编写组. 燃油燃气锅炉房设计手册 [M]. 2版. 北京：机械工业出版社，2013.

[22] 全国勘察设计注册工程师公用设备专业管理委员会秘书处. 全国勘察设计注册公用设备工程师动力专业执业资格考试教材 [M]. 4版. 北京：机械工业出版社，2019.

图书在版编目（CIP）数据

建筑冷热源/张维亚，魏鋆主编．－－北京：应急管理
出版社，2024

普通高等教育"十四五"规划教材

ISBN 978 - 7 - 5237 - 0141 - 6

Ⅰ．①建⋯　Ⅱ．①张⋯　②魏⋯　Ⅲ．①制冷系统—高
等学校—教材　②热源—供热系统—高等学校—教材　Ⅳ.
①TU831.6　②TU833

中国国家版本馆 CIP 数据核字（2023）第 240285 号

建筑冷热源（普通高等教育"十四五"规划教材）

主　编	张维亚　魏　鋆
责任编辑	闫　非
编　辑	田小琴
责任校对	张艳蕾
封面设计	罗针盘

出版发行　应急管理出版社（北京市朝阳区芍药居 35 号　100029）
电　话　010 - 84657898（总编室）　010 - 84657880（读者服务部）
网　址　www.cciph.com.cn
印　刷　北京建宏印刷有限公司
经　销　全国新华书店

开　本　787mm × 1092mm$^1/_{16}$　印张　13　字数　304 千字
版　次　2024 年 10 月第 1 版　2024 年 10 月第 1 次印刷
社内编号　20231357　　　　　　定价　45.00 元